PLASTIC PRODUCT

모빌리티 | 배터리 | 스마트폰 핵심요소기술

플라스틱 제품개발 사례 및 활용

DEVELOPMENT

구민사

플라스틱 제품개발 - 사례 및 활용

초판 인쇄 2023년 8월 10일
초판 발행 2023년 8월 20일

저　　자 이국환
발 행 인 조규백
발 행 처 도서출판 구민사
(07293) 서울특별시 영등포구 문래북로 116, 604호(문래동3가, 트리플렉스)
전　　화 (02) 701-7421~2
팩　　스 (02) 3273-9642
홈페이지 www.kuhminsa.co.kr
신고번호 제2012-000055호 (1980년 2월 4일)

I S B N 979-11-6875-250-4 (93500)
정　　가 35,000원

PREFACE

고분자재료(Polymer, 폴리머) 플라스틱은 우리들의 삶과 생활 스타일을 크게 변화시켰다. 편의점에서 다양한 도시락과 음료를 쉽게 구매하게 된 것도 플라스틱 용기가 있기 때문이다. 그 외에도 우리들 주위 환경의 많은 것들이 플라스틱으로 만들어져 있다. 플라스틱이 없었다면 이 정도까지 우리의 생활이 편리하게 되지는 않았을 것이다. 그리고 플라스틱의 용도는 실생활의 사소한 일상 생활용품, 제품만이 아니라 그 용도는 산업계의 전반에까지 널리 이용되고 있다. 빠른 속도로 융·복합 연구개발이 진행되는 4차 산업혁명의 시대에 있어, 플라스틱은 현재뿐만 아니라 미래산업을 좌우할 핵심 소재인 것이다.

첨단가전제품분야(TV, 세탁기, 냉장고, 청소기, 에어컨, 공기청정기, 식기세척기, 진공청소기. 의류관리기 등), 전기전자분야(차량, 전장, LED, 조명, 광학기기, 전원을 이용한 기기 등), 정보통신분야(스마트폰, 디스플레이, 컴퓨터, 반도체, 반도체소자, 반도체장비 등), 기계시스템·정밀기기분야(센서, 나노, 초정밀기기 제품, 모듈, 부품, 소재 등), 의료기기분야(진단·치료·검사기기, 내시경, 모니터링 시스템, 피부·미용기기, 인체 수술용품, 헬스케어 등), 환경·에너지, 해양·플랜트에 항공기, 드론, 로봇, 무인·자율자동차, 모빌리티, 배터리, 항공우주산업분야에 이르기까지 아주 광범위하게 사용되고 있다. 그 용도는 이루 말할 수가 없다.

가장 대표적인 한 예를 들어보자면, 전기자동차 등 모빌리티(Mobility)에 있어 성능을 좌우하는 특징 중의 하나는 차체의 경량화이다. 이를 위해서는 엔지니어링 플라스틱은 물론 수퍼 엔지니어링 플라스틱의 사용은 필수가 된다.

또한 미래를 선도하는 전략산업기술의 하나인 2차전지(Battery)에 있어서도 주요 구성요소인 분리막의 소재도 현재는 플라스틱이다.

본 저서는 이렇게 여러 산업분야에서 다양하게 사용되고 응용되는 플라스틱을 활용해 실생활에 유익하고, 산업발전에 이바지 하고자 저술하였다.

플라스틱 소재를 활용한 플라스틱 제품(성형품)의 설계, 금형, 사출에 대한 전반적인 개념, 원리, 특성, 용도(제품에 맞는 최적의 플라스틱), 제조방법, 물성, 사용의 예시, 실생활에의 적용 등을 고려한 가장 선행적이며 중요한 제품설계의 기초부터 응용 및 활용까지, 플라스틱 제품개발에 대한 주요하며 필수적인 내용을 서술하고 있다.

제품은 목적에 따라 여러 가지로 인간에게 편의성을 제공한다. 그리고 적용되는 기술도 인간의 지혜와 지식으로 사용상·환경상 나타나는 문제점을 개선·개량시키면서 새로운 기능을 추가하며 성능과 만족감을 발전시켜 간다.

기술혁신은 연구개발과 제품개발에 있어 획기적이고 고도화된 개선이자 개량이다. 이에 대한 결과는 오로지 제품과 모든 것을 포함하는 제품개발력으로 보여주고 입증되며, 이것이 혁신기술에 대한 객관적이고 진정한 평가인 것이다.

우리가 세계적으로 선도적인 기술 경쟁력을 가지고 글로벌 위치를 점유하고 있는 것도 바로 제품설계로 대표되는 제품개발에 대한 핵심 경쟁력을 갖추고 있기 때문이다.

본 저서는 똑똑한 휴대폰인 스마트폰(Smart phone)과 노트북컴퓨터 등 전자제품을 주된 사례 위주로 하여 상세하고 전문적인 제품개발 내용, 즉 설계 노하우(know-how)와 설계표준 및 가이드를 설계 사례와 적용 예을 그림, 설계도면(2D와 3D), 제품사진 등을 다양하게 보여주면서 구체적으로 상세히 설명하였다.

지금까지 저자는 제품개발과 제품설계 관련 수많은 저서를 이미 출간하였고, 3차례에 걸쳐 문화관광부에서 선정한 우수학술저서에 선정되었다. 이 저서들이 대기업, 중견·중소기업, 연구기관 및 대학교 등에서 실무 및 직무교육 교재, 대학교 교재로서 잘 활용되고 있다.

본 저서는 실제로 오랜 시간에 걸쳐 사랑하는 한국공학대학교 학생들과 같이 많은 현품들을 분해하여, 역공학설계(Reverse engineering design)를 하면서 문제점을 분석하고, 개선설계를 통해 도출한 내용들을 담고 있기에 나름대로 자부심을 갖는다.

아무쪼록 4차 산업혁명시대의 핵심소재인 플라스틱을 활용한 제품개발 및 설계기술 경쟁력을 높이고 완제품, 부품, 소재 및 장비·시스템 등의 연구개발과 설계에도 큰 도움을 주는 동시에 길잡이가 되었으면 하는 바람을 갖는다.

저자는 40년 가까이 연구개발에 전념을 해오고 있다. 공학자, 연구자, 개발자로서의 신념은 "기술(Technology)이란 인간의 일상생활을 풍족하고 편리하게 해주는 도구"가 되어야 한다는 것이다.

4차 산업혁명시대의 핵심소재인 플라스틱에 대한 제품개발은 우리가 세계적 경쟁력을 갖는 반도체, 스마트폰 등 ICT 제품, TV를 비롯한 가전제품, 디스플레이, 전장, 모빌리티, 2차전지 등 현재뿐만 아니라 앞으로도 실생활과 산업 전분야에 널리 사용될 것이다.

실생활에 폭넓게 활용되는 플라스틱에 대한 제품개발은 4차 산업혁명시대의 근간이 되는 융·복합 제품의 창출에도 유익한 도움이 되리라 생각한다.

'플라스틱 제품개발 – 사례 및 활용'이 플라스틱의 제품설계 등에 있어 훌륭한 길잡이가 되었으면 한다. 그리고 기술보국(技術報國)의 현장에서 최선을 다하는 독자들에게 큰 도움이 되리라 생각한다.

끝으로 이 책을 펴내는데 있어 수고해주신 구민사 조규백 대표님을 비롯한 직원 여러분께 진심으로 감사를 드린다.

2023년 7월

저자 공학박사 이국환(李國煥)

CHAPTER 01

플라스틱 제품설계

(사출성형품의 설계)

CONTENTS

CONTENTS

CHAPTER 02

성형품(제품)의 2차 가공

CONTENTS

CHAPTER 03
사출성형품의 허용공차

CHAPTER 04
플라스틱 제품의 시제품의 제작

CHAPTER 05

제품설계 및 개발

CONTENTS

CHAPTER 06

제품설계 사례연구

플라스틱 제품개발의 개요

PREVIEW

플라스틱 제품의 제품개발에 있어 가장 중요한 것은 바로 제품설계를 얼마나 잘 하느냐(good design), 못 하느냐(bad design)이다.

제품설계의 양부(良否, good or bad)로서, 즉 사용 용도에 적합한 플라스틱 재료와 물성과 특성에 따른 제품설계의 성과에 따라 사출성형품의 성패가 정해진다 해도 과언이 아니다. 그리고 플라스틱 제품의 제품개발에 있어 제품의 경쟁력은 차별화된 설계기술의 적용이다. 차별화된 기술의 적용도 바로 제품개발의 능력이며 바로 제품설계의 경쟁력인 것이다.

이런 차별화된 설계기술은 사용하는 경쟁 제품군들의 비교와 기능과 고유의 특성을 통해 확인할 수가 있으며, 또한 국내는 물론 선진 해외 특허출원과 등록으로 설계기술의 완성도, 다시 말해 제품개발의 능력을 검증할 수가 있다.

양질의 제품설계로서 제품의 품질이 향상되고, 오래 사용할 수가 있다. 수명과 내구성이 좋다는 것이다. 또한 제작에 있어 플라스틱의 우수한 제품설계로 인해 부품구성(파트리스트, partlist)을 줄여서 금형제작 비용의 절감, 성형의 용이화 그리고 공정에 있어 조립성이 향상되고 공수가 줄어든다.

따라서 우수한 설계(양질의 설계)로 제품원가를 줄이고, 제품의 가격이 싸게 제작될 수 있어 가격 경쟁력도 생겨난다. 반대로 제품설계가 좋지 못하면 부품구성(파트리스트, partlist)도 많아지고, 설계품질도 떨어진다. 다시 말하자면 설계품질의 저하로 인해 플라스틱 제품의 전반적인 성능과 각 부품이 하는 역할(즉, 기능)이 떨어져 성능이 저하되고, 기능이 떨어지며 전체적인 제품의 품질과 사용 내구성이 떨어지게 되어 제품의 경쟁력을 상실한다. 또한 금형제작이 어려워지고, 제작 비용도 높아진다. 성형이 곤란하게 되어 성형 사이클(cycle)이 길어져 제품원가도 높아지며, 금형이 자주 고장을 일으켜 생산이 중단되고 예정된 생산량을 달성할 수 없게 된다. 사출성형품의 조립성에 있어서도 조립성도 나쁘고 공수가 많아진다. 이런 원인과 요인들이 누적되어 양산(대량 생산)하는 도중에 현장 문제 해결을 위한 트러블 슈팅(trouble shooting, 현장에서 발생하는 문제해결)이 빈번하게 발생한다.

제품개발에 있어 바로 제품설계가 전체적인 생산성을 좌우한다고 할 수 있다. 따라서 플라스틱 제품개발에 있어 위에서 언급한 문제점을 사전에 방지하고 예방하기 위하여 기본적이며 우수한 제품설계의 기법과 실무 능력을 얻기 위한 플라스틱의 제품개발 및 제품설계에 관하여 알기 쉽게 설명하고자 한다.

다음에서 보여주는 그림은 플라스틱 제품설계로 만들어진 대표적 IT(Information Technology, 정보기술) 제품의 사례를 보여주고 있다. 스마트폰, 노트북, 빔프로젝터, 디지털 카메라 등 거의 모든 IT 제품을 비롯한 생활가전 및 제품들이 플라스틱 제품설계로 개발되고 있는 것이다. 그 범위는 전기자동차, 전동킥보드로 대표되는 퍼스널 모빌리티, 드론(drone)을 비롯한 이동수단(모빌리티, mobility), 항공기 등에도 널리 적용되고 있다. 3차원 CAD로 제품설계를 수행한 조립도 및 분해도, 구성도를 상세하게 보여주고 있다.

플라스틱 제품설계가 적용되는 IT 제품들의 사례

▶ 스마트폰 조립도 및 분해도

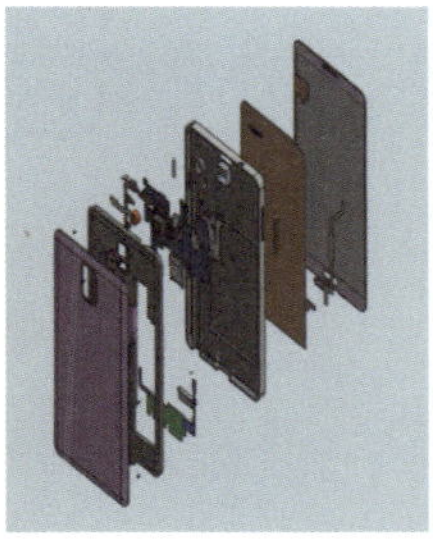

▶ 노트북 조립도(완성제품)

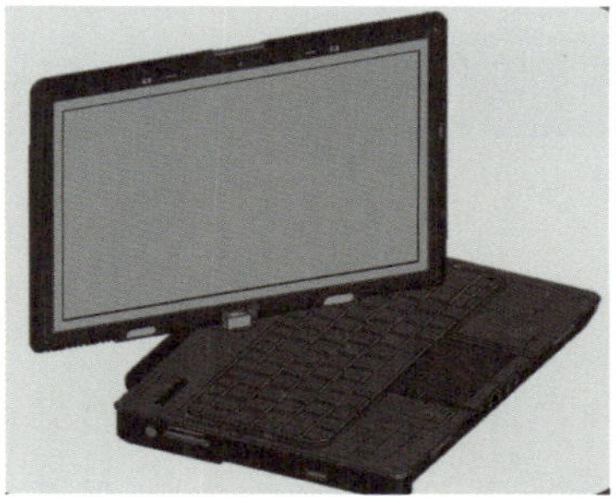

▶ 빔프로젝터 조립도 및 구성도

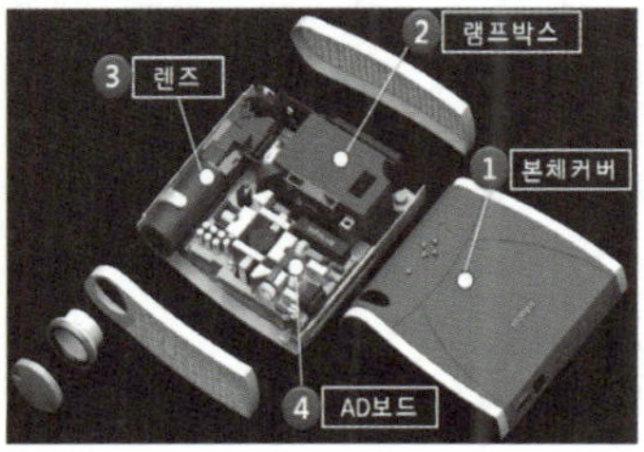

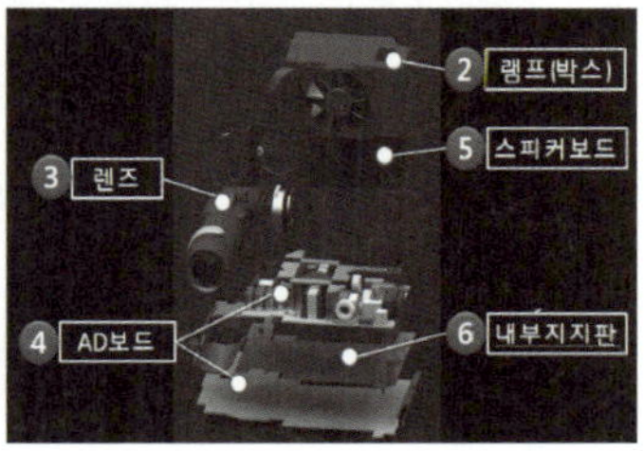

▶ 디지털 카메라 조립도 및 분해도

CHAPTER 01

플라스틱 제품설계
(사출성형품의 설계)

제 1 절 파팅라인(Parting line, 분리선·분할선 : P/L, P.L)

플라스틱 제품개발에 있어 가장 중요한 제품설계에 의해 금형(金型, die)에서 사출(injection)되어 제작되는 사출성형품(즉, 제품)은 성형 후 금형에서 빠지지 않으면 안 된다. 따라서 금형이 분리되어야 하며, 성형제품측에서 볼 때 이 금형이 분리되는 분리선(분할선)을 파팅라인(parting line, 분리선·분할선)이라 한다.

2개의 금형인 코어(core)와 캐비티(cavity)가 만나 조립된 기본적인 2단 금형에 있어, 코어와 캐비티가 분리되는 선으로, 즉 분할선이 바로 파팅라인(parting line)이 된다.

파팅라인(P/L, P.L)의 결정은 성형품의 제품설계에서 제일 먼저 고려해야 할 사항이다. 파팅라인의 결정(즉, 설정)이 중요한 것은 제품설계 시 치수 기입의 기준선(데이텀라인, datum line, 치수기준선)이 되며, 이 데이텀라인은 금형의 가공에 있어서도 가공의 기준이 된다. 금형이 분할되었을 때 성형품은 원칙적으로 금형의 가동측형판(코어, core)에 달라붙도록 고려하여 파팅라인(P/L)의 위치를 결정하지 않으면 안 된다.

파팅라인(P/L) 설정 시 주의할 사항은 다음과 같다.

01 가능한 간단히 할 것

파팅라인(P/L)이 복잡하면 금형의 고정측형판(캐비티, cavity)과 가동측형판(코어, core)이 서로 잘 만나기가 어려워져 성형품에 버(burr, 성형품에 생기는 필요 없는 지느러미와 같은 막)가 발생하기 쉽게 된다. 그림 1.1과 1.2는 성형제품의 파팅라인(P/L) 위치의 예를 나타낸 것이다.

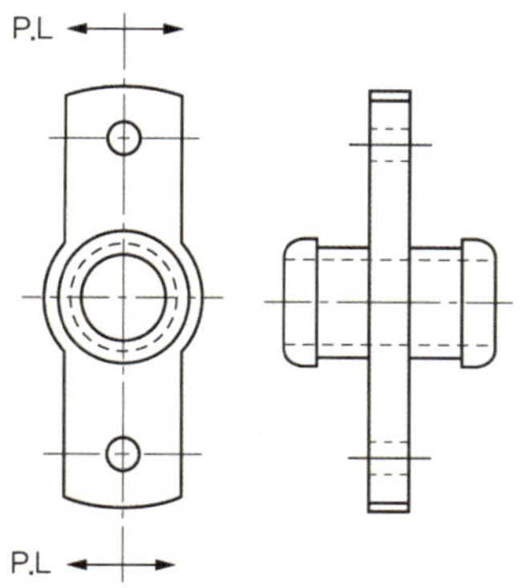

그림 1.1 세로 분할형 파팅라인(P/L)

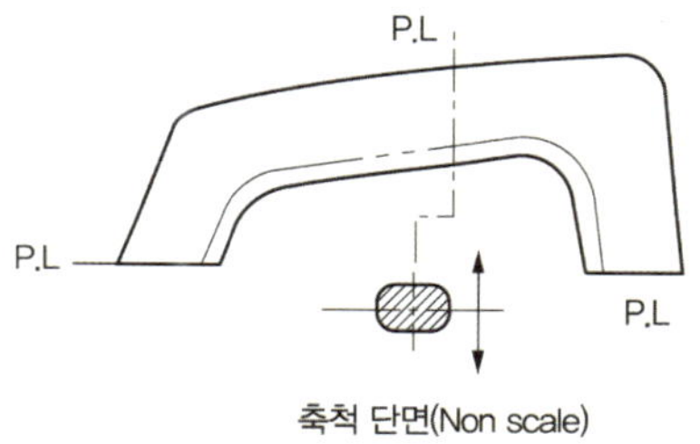

그림 1.2 복잡한 P/L(곡면 형상)

사진 1.1은 삼성 갤럭시 노트3의 윗면 케이스(top case) 성형제품(성형품)에서 빨간 점선(– – –)으로 파팅라인(P/L) 위치를 나타낸 것이다.

사진 1.1 갤럭시 노트3 윗면 케이스(top case)의 파팅라인(P/L)

02 금형이 완전히 만나지 않는 점에 주의할 것

금형의 제작에 있어서 고정측형판(cavity)과 가동측형판(core)이 설계치수와 완전히 일치한다는 것은 기대하기 어렵다. 왜냐하면 사출 시 치수변화로 인하여 치수가 서로 다를 수가 있다. 이를 가공공차라 한다. 따라서 그림 1.3과 같은 제품의 경우 형합(fitting, 상대방 사출품을 서로 일치시켜 조립) 시 잘 보이지 않는 측의 치수를 위쪽 치수보다 조금 작게 설계하면(0.1mm 이내) 가공공차에 기인한 금형의 불일치도 해결될 수 있고 사출 후 버(burr)의 제거도 용이하게 된다.

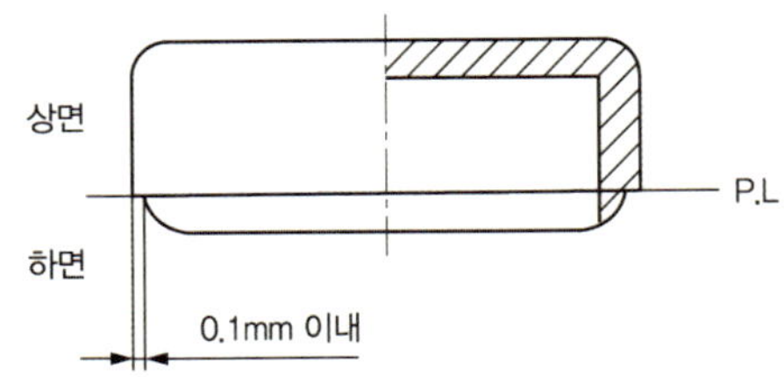

그림 1.3 양측에 라운드 R(반지름)이 있는 제품의 파팅라인(P/L)

사진 1.2는 3D 프린터에 의해 시제품으로 제작된 스마트폰의 윗면 케이스(top case 또는 front cover 등으로 명칭됨)와 아랫면 케이스(bottom case 또는 back cover 등으로 명칭됨), 투명 윈도우(window)이고, 사진 1.3은 조립 상태를 확인하기 위하여 윗면 케이스와 아랫면 케이스를 서로 결합시키는 사진이다. 이러한 결합을 형합(fitting)이라고 한다.

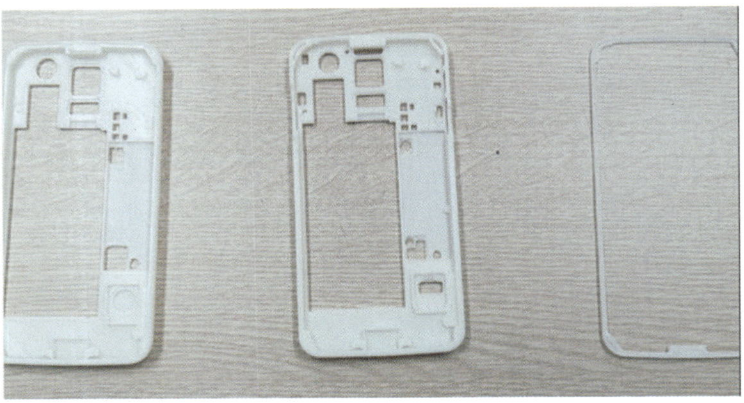

사진 1.2 3D 프린터로 가공되어 제작된 스마트폰의 윗면 케이스, 아랫면 케이스, 투명 윈도우(window)

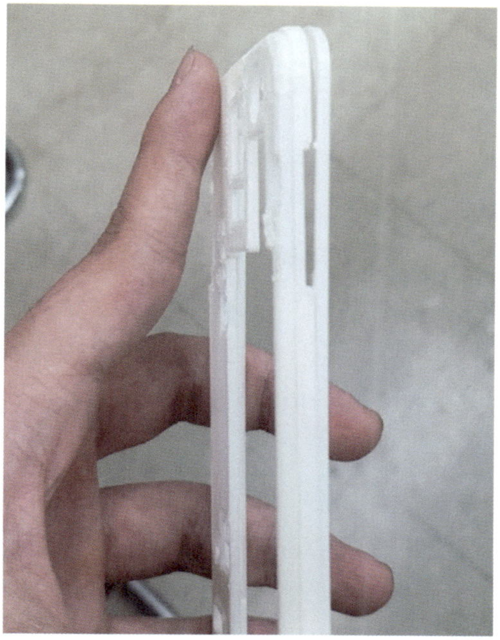

사진 1.3 스마트폰의 윗면 케이스와 아랫면 케이스의 형합(fitting)

제 2 절 게이트(Gate)

사출성형품에는 플라스틱(plastic)을 주입하는 게이트(gate, 주입구)가 필요하다. 게이트 위치는 끝손질이 용이하고 외관상 눈에 잘 띄지 않는 곳에 설정해야 한다. 그런 관계로 게이트는 제품상에서 살두께가 두꺼운 부분에 설정해야 하고, 웰드라인(weld line, 용융수지가 금형 내를 분기해서 흐르다가 합류한 부분에 생기는 가는 선)의 방향에 주의해야 하고, 게이트 부근이 성형 후 뒤틀림 발생에 주의해야 하며, 제팅(jetting, 게이트에서 캐비티로 분사된 수지가 끈 모양의 형태로 고화해서 성형품의 표면에 꾸불꾸불한 모양을 나타내는 현상) 등의 여러 사항을 제품설계 시 유의해야 한다.

예를 들면, 상자형 제품의 경우 중앙 부근에 구멍이 있다면 그 구멍을 이용하여 사이드 게이트(side gate, 멀티 캐비티 금형으로 게이트 가공이 쉽고 정밀하게 할 수 있으나, 외관상에 게이트 흔적이 남아도 무방한 제품에 많이 사용된다) 혹은 오버랩 게이트(overlap gate, 사이드 게이트의 일종으로 게이트 흔적이 외관상으로 눈에 띄지 않는다)를 사용함으로써 금형은 2단형으로 제작될 수 있으며, 게이트는 커터 또는 칼로 제거하여 마무리지을 수 있게 된다. 만약 제품에 그와 같은 것이 없을 경우에는 핀 포인트 게이트(pin point gate, 멀티 캐비티 금형으로 게이트 위치는 비교적 제한을 받지 않는다. 게이트가 자동 절단되고 흔적이 적다. 단, 구조가 복잡하다. 스마트폰을 비롯한 경박단소의 정밀제품에 주로 사용된다) 등을 사용하여야 하는데, 이때 금형은 3단형으로 제작되어야 하므로 제작비가 상승되고, 경우에 따라서는 게이트 제거자국이 남을 수가 있어 이를 제거하기 위해 버핑(buffing, 표면을 평평하고 매끄럽게 만들기 위한 연마 다듬질) 작업이 필요하게 된다.

다른 방법으로서는 그림 1.4, 1.5와 같이 중앙 부근에 라벨(label)을 붙이는 자리로 설정하여 그곳을 凹(오목) 부분으로 만들어서 다이렉트 게이트(direct gate 또는 sprue gate, 멀티 캐비티가 불가하지만 구조가 간단하고 수지의 유동성이 좋아 대형 성형품을 비롯한 적용 제품 분야가 넓다. 그러나 게이트 제거 처리는 후가공으로 해야 한다)로 성형하면 금형제작비가 싸지며, 게이트 자리는 선반 등으로 제거할 수 있다. 이와 같은 라벨 자리를 이용한 방법은 생활용품을 비롯하여 가전기기 등에 널리 사용되고 있다.

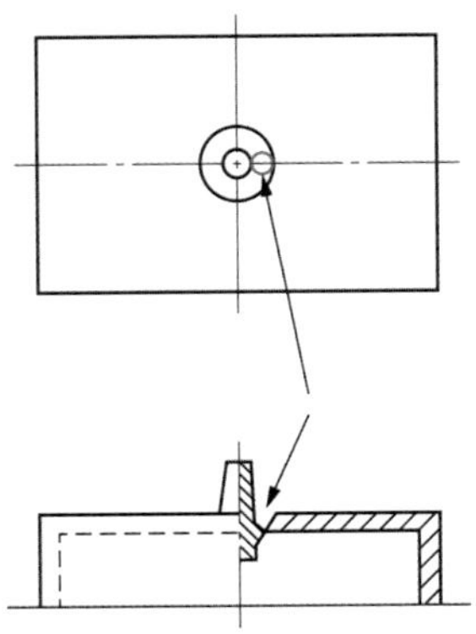

그림 1.4 구멍을 이용한 게이트

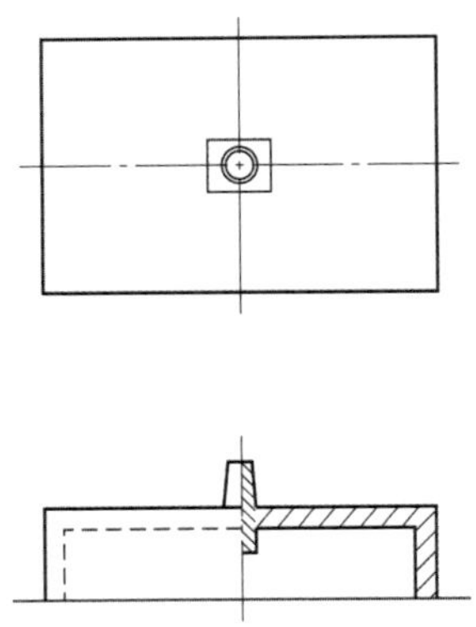

그림 1.5 라벨 자리 凹부(오목부)를 이용한 게이트

그림 1.6은 성형품의 사출성형 시 게이트(gate)의 예시이다.

(a) 평판형 솔리드(solid, 中實) 제품 (b) 컵형 속이 빈(hollow, 中空) 제품

그림 1.6 성형품의 사출성형 시 게이트(gate)의 예

그림 1.7은 사출성형기에서 금형 내에 설치된 성형품의 게이트를 보여주는 장치에 관한 구조 단면도이다. 여기서 적용된 게이트는 다이렉트 게이트(direct gate), 즉 스프루 게이트(sprue gate)이다.

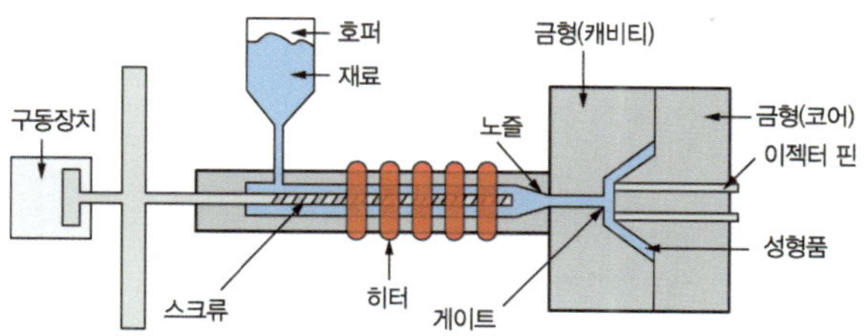

그림 1.7 사출성형기의 구조 및 성형품의 게이트

[설계기술 배경]

사출성형품에는 금형에 플라스틱 유동체(용융수지)를 주입하는 게이트(gate, 주입구)가 필요하다.

[설계기술 요약]

게이트는 금형의 캐비티(cavity)에 주입되는 용융수지의 흐름을 제어하는 입구이다. 게이트의 위치는 끝손질이 용이하고, 외관상 눈에 잘 띄지 않는 곳에 설정해야 한다. 살두께가 두꺼운 부분에 설정하고 웰드라인(weld line)의 방향에 주의하며, 게이트 부근에 성형 후 뒤틀림 발생이 생기지 않도록 제품설계 시 유의해야 한다. 게이트의 종류로는 2단 금형으로 제작이 가능한 다이렉트 게이트, 사이드 게이트, 오버랩 게이트가 있고, 핀 포인트 게이트는 3단 금형이지만 멀티 캐비티 금형으로 게이트 위치가 비교적 제한을 받지 않고, 게이트가 자동 절단되고, 흔적이 거의 남지 않으므로 스마트폰과 같이 정밀하며, 높은 품질을 요구하는 초소형 정밀제품에 사용된다. 단, 금형 구조가 복잡하다.

다음은 특수형상 혹은 외관상의 제약에 따른 게이트(gate) 위치 관계를 기술한다.

01 길이가 긴 봉(Shaft)

사출성형에 있어 플라스틱의 흐름방향과 그 직각방향의 성형수축률이 차이가 나는 것은 피할 수 없는 현상이다. 그 차이는 플라스틱의 종류, 물성, 성형조건에 따라 변화한다. 길이가 긴 봉(棒)형태(일반적으로 shaft라 총칭하나, 여기서는 엄밀히 막대로 bar 또는 rod 형상을 의미한다)의 제품은 봉 중앙에 게이트를 잡고 성형하면 휨(warp, 성형품 성형 시 안쪽으로의 오목 휨, 바깥으로의 볼록 휨, 게이트측으로 젖혀지는 오목 휨 등이 있다)이 생기게 된다. 이를 방지하기 위해 그림 1.8에 표시한 것과 같이 봉의 끝단 혹은 끝단 근처에 게이트를 설치하는 것이 좋다. 여기서는 2개의 성형품(cavity 1×2)을 사출하기 위하여 전형적인 사이드 게이트(side gate)를 설치한 예시이다.

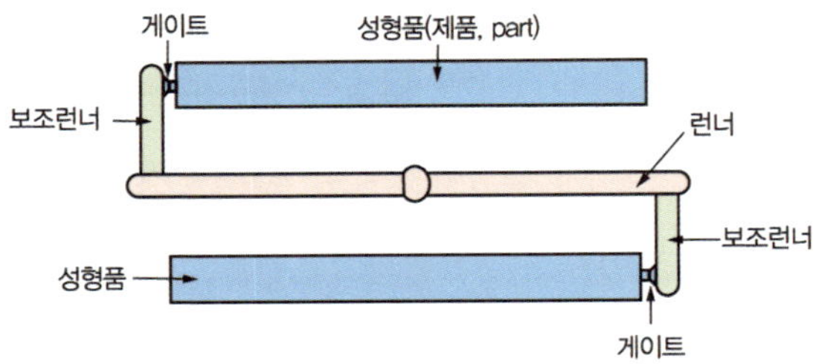

그림 1.8 길이가 긴 봉의 게이트 위치

02 평판(平板) 또는 얕은 상자형

그림 1.9와 같은 평판 형상 또는 매우 얕은 상자형 제품의 성형에서는 중앙 부위에 다이렉트 게이트(direct gate)를(여기서는 디스크(disc) 모양의 원판) 사용해서는 안 된다. 이와 같은 경우도 앞에서 설명한 바와 같이 플라스틱의 흐름방향과의 심한 수축률 차이로 현저히 비틀림(twisting, 뒤틀림)이 발생한다.

평판 형상의 제품에서는 다점(多点, 여러 개소) 핀 포인트 게이트(pin point gate) 혹은 평판의 한쪽 편에서의 팬 혹은 필름 게이트(film gate, 두께가 얇고 평면제품에 적용되며 게이트 가공에 다소 공수가 든다)가 좋으나 직진도(直進度, 眞直度, straightness, '진직도'라고도 하며 제품에 있어 직선 부분의 기하학적 직선에서의 차이의 크기 정도, 즉 편차)가 크게 중요시되지 않을 때는 그림 1.10에서와 같이 사이드 게이트도 사용되고 있다.

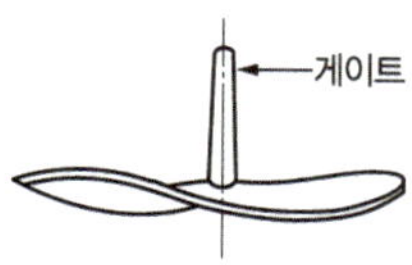

그림 1.9 중앙 게이트(스프루 게이트)의 경우에 발생되는 원판의 비틀림

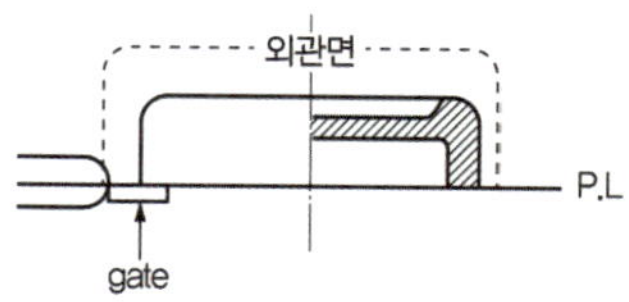

그림 1.10 오버랩 게이트(overlap gate)

03 외관에서의 제약

외관에서의 제약으로 기인되는 게이트 위치의 선정은 제품의 형상에 따라 다르므로 2 ~ 3개의 예를 들어 설명하고자 한다. 그림 1.10에 표시한 바와 같이 한 방향에서 전면이 보이는 경우에는 오버랩 게이트(overlap gate), 서브마린 게이트(submarine gate, 멀티 캐비티 금형으로 사이드 게이트의 자동화로 게이트가 자동절단되고 흔적이 적다)를 사용하고 있다.

그림 1.11에 표시한 바와 같이 파팅라인(P/L) 아래 부분까지 보이는 제품에서는 사이드 게이트를 사용할 수 없으므로 핀 포인트 게이트를 사용하여 후작업으로 게이트를 제거하거나 서브마린 게이트(submarine gate)를 사용한다. PMMA(Acryl, 아크릴) 수지 혹은 POM(Polyacetal, 폴리아세탈) 제품 등에서 게이트 부근에서 나타날 수 있는 원형상의 물결 모양의 불량(flow mark, 플로우 마크)을 원인적으로 피해

야 할 경우에는 탭 게이트(tab gate : PMMA, PVC 등 투명성형품에 적합하며 잔류응력 및 변형이 적다)를 사용하고 있다.

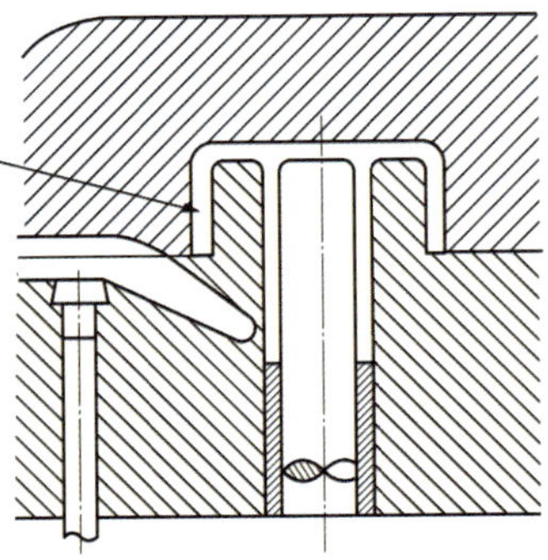

그림 1.11 파팅라인(P/L) 아래까지 보이는 제품(서브마린, submarine gate의 예)

04 사이드 게이트(Side gate)와 핀 포인트 게이트(Pin point gate)

그림 1.12와 그림 1.13은 사이드 게이트(side gate)와 핀 포인트 게이트(pin point gate) 게이트의 차이를 나타낸다. 사이드 게이트(side gate)는 표준 게이트로서 2단(구성) 금형이다. 한 개의 금형으로 여러 개의 성형품을 사출할 수 있는 멀티 캐비티(multi-cavity, 여러 개의 성형품) 금형으로 외관상에 게이트 흔적이 남아도 무방한 제품에 적용되며, 잔류응력이 적으며 게이트 가공을 쉽고 정밀하게 할 수 있다. 그러나 유동저항이 크다는 단점도 있다.

핀 포인트 게이트(pin point gate)는 스마트폰 본체에 사용되는 3단(구성) 금형이다. 이 또한 멀티 캐비티(multi-cavity) 금형으로 게이트의 위치는 비교적 제한을 받지 않는다.

게이트가 자동 절단되고 흔적이 적다는 장점이 있다. 그러나 유동저항이 크고, 과열되기 쉬우며 구조가 복잡하다. 모든 수지 재료에 적용되지 않는다는 단점도 있다. 그러나 여러 장점으로 인하여 스마트폰을 비롯한 경박단소의 정밀 또는 초정밀 ICT 기기(정보통신기술을 활용한 device)를 비롯한 제품에 광범위하게 널리 적용되고 있다.

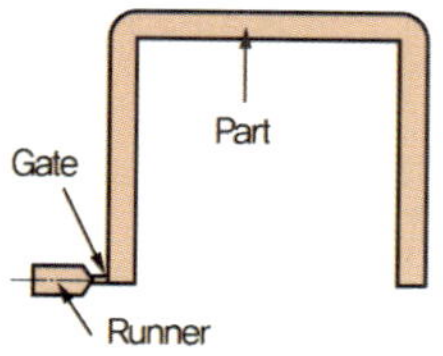

➔ 그림 1.12 사이드 게이트(side gate)

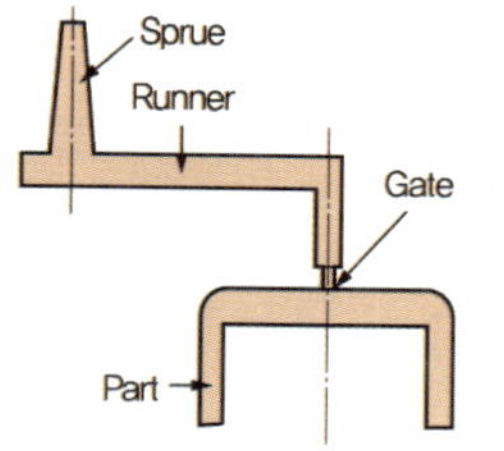

➔ 그림 1.13 핀 포인트 게이트(pin point gate)

[게이트(gate)]

- 사출성형품에는 금형(金型, die)에 플라스틱 유동체(용융수지)를 주입하는 게이트(gate, 주입구)가 필요하다.
- 게이트는 금형의 캐비티(cavity, 空洞, 금형 안의 빈 공간으로 '공동'이라 하며, 플라스틱 유동체가 채워져(충전, filling) 성형품이 된다)에 주입되는 용융수지의 흐름을 제어하는 입구이다.
- 게이트 위치는 끝손질이 용이하고, 외관상 눈에 잘 띄지 않는 곳에 설정해야 한다. 즉, 살두께가 두꺼운 부분에 설정하고 웰드라인(weld line)의 방향에 주의하며, 게이트 부근에 성형 후 뒤틀림 발생이 생기지 않도록 제품 설계 시 유의해야 한다.
- 게이트의 종류에서 다이렉트 게이트(direct gate), 사이드 게이트(side gate), 오버랩 게이트(overlap gate)는 2단 금형으로 제작이 가능하다. 핀 포인트 게이트(pin point gate)는 3단 금형이지만 멀티 개비티(multi-cavity) 금형으로, 게이트 위치가 비교적 제한을 받지 않고, 게이트가 자동 절단되고, 흔적이 거의 남지 않으므로 스마트폰과 같이 고정밀도와 높은 품질을 요구하는 초소형 제품에 사용된다. 단, 금형 구조가 3단 금형으로 복잡하다.

스마트폰과 같이 고정밀도와 높은 품질을 요구하는 초소형 제품에 사용되는 핀 포인트 게이트(pin point gate)에 대하여 간략히 정리하면 다음과 같다.

① 사출성형 금형의 플라스틱 유동체의 주입구(게이트)의 일종으로, 3단 금형에 적용한다.
② 게이트의 위치선정이 자유롭고 잔류 변형이 적으며, 게이트의 제거가 쉽다.
③ 게이트 위치 선정에 비교적 제약(제한)을 덜 받아 경박단소의 정밀 및 초정밀 제품의 성형에 적합하다.
④ 구조가 복잡하여 제작비가 비싸다.

사진 1.4는 삼성 스마트폰의 여러 가지 부품 중 하나인 메인 스피커 모듈(main speaker module)이며, 제품(사출성형품)에 핀 포인트 게이트를 적용한 예시이다.

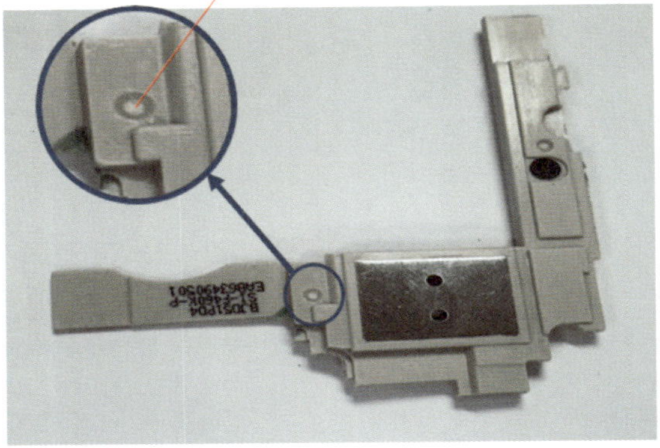

사진 1.4 핀 포인트 게이트(pin point gate)가 적용된 메인 스피커 모듈의 사출성형품

제 3 절 이젝션(Ejection) – 금형에서 성형품의 돌출

01 금형에서 성형품의 돌출

1) 돌출위치

돌출자국이 제품의 면에 나오면 외관상의 결함이 되므로 제품설계 시에는 미리 이것을 고려해야 한다. 그 돌출위치는 제품이 금형과 물림현상이 나올 가능성이 있는 곳, 제품이 금형에서 빠져나오면서 휨 현상이 나타날 가능성이 있는 곳을 예상해 설치해야 한다.

2) 깊이가 깊은 제품의 돌출

그림 1.14와 같이 깊이가 깊은 제품의 돌출은 에어 이젝션(air ejection) 방식 또는 에어 이젝션(air ejection) 방식과 스트리퍼 플레이트 이젝션(stripper plate ejection) 방식(혹은 접시형 핀 이젝션(pin ejection) 방식)을 병용하는 방법이 있다.

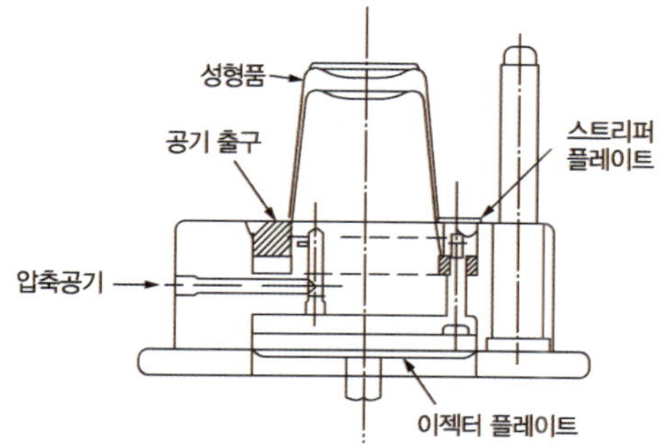

그림 1.14 에어 이젝션(air ejection)

3) 탭을 이용한 돌출방법

PMMA, PC(투명) 수지성형품과 같이 외관이 투명한 제품에서는 돌출흔적이 면 전체에 없어야 할 필요가 있다. 이와 같은 경우에는 제품의 외측에 탭(overflow)을 추가해 이것을 이용하여, 핀 이젝션(pin ejection) 방식으로 돌출시키는 방법이 있다.

02 이젝터 핀(Ejector pin, 밀핀)

이젝터 핀은 금형에서 성형품을 빼내기 위해 밀어주는 핀(pin)으로 위치 설정 시 고려해야 할 점은 다음과 같다.

① 외관상 결함이 되지 않는 위치여야 한다.
② 금형과의 물림현상이 나올 가능성이 없어야 한다.
③ 성형제품이 금형에서 빠져나오면서 휨 현상이 나타날 가능성이 없어야 한다.

사진 1.5는 사출된 삼성 스마트폰 갤럭시 노트3의 윗면 케이스(top case 또는 top cover)의 상측 부분이다. 조그만 부품에서 많은 밀핀 자국(흔적)을 볼 수 있다.

매끈한 작은 원형 면이 이젝터 핀이 밀어낸 밀핀 자국이다. 작은 면적에 총 8개의 이젝터 핀 자국이 있다. 이는 작고 두께가 얇은 사출제품(성형품)을 골고루 밀어주어 제품의 변형 등이 없게 취출(取出, 뽑아 냄)해 성형품의 좋은 품질을 유지하기 위해서이다.

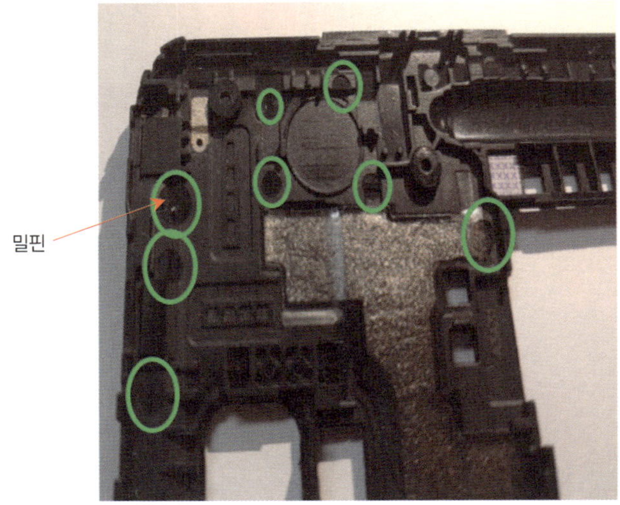

사진 1.5 스마트폰 윗면 케이스(top case) 상측부에서의 많은 밀핀 자국

그림 1.15는 2개의 이젝터 핀(ejector pin)의 구성을 나타낸 것이다. 이젝터 핀은 금형사출 과정에서 사출제품을 밀어주는 핀이다.

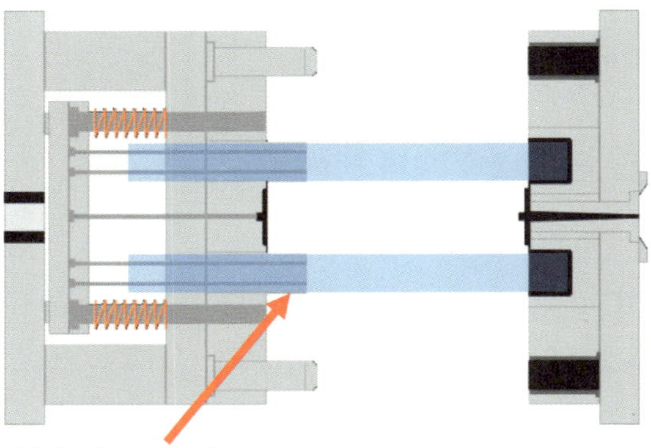

그림 1.15 2개의 이젝터 핀(ejector pin)의 구성도

사진 1.6에서 LG G3 스마트폰을 구성하고 있는 여러 부품(성형품)을 금형에서 휨 변형이나 물림없이 빼내기 위해 밀핀을 사용한 흔적들을 보여주고 있다.

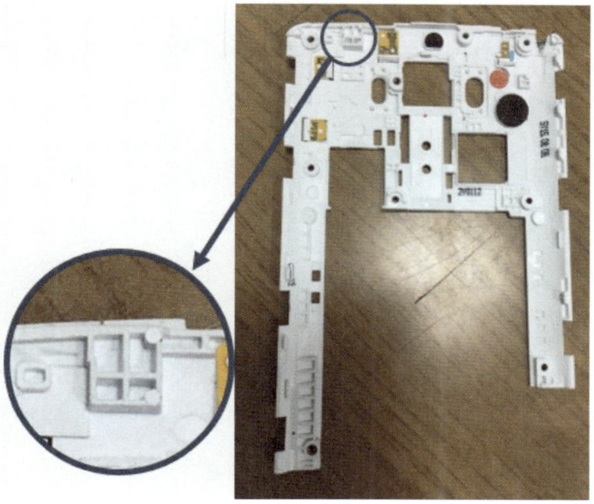

(a) 톱 하우징(top housing)

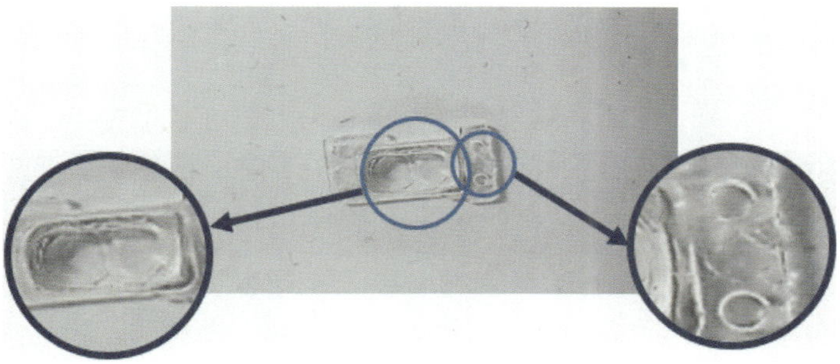

(b) 플래시 커버(flash cover)

(c) 카메라 커버(camera focus sensor cover)

사진 1.6 LG G3 스마트폰 여러 부품(성형품)의 밀핀 자국

제 4 절 표면의 조도(粗度, 거칠기, Roughness)

01 플라스틱 성형품에 있어서 표면의 조도(Surface roughness, 표면거칠기)

성형품 표면의 조도는 외관제품이라든가 렌즈와 같은 것들은 그 외관이 매우 중요시되는 것이 있는가 하면, 성형품의 이면 또는 내장부품과 같이 외관이 중요시되지 않는 것 등 여러 등급이 있다. 이 규격에 대해서는 금속의 조도를 규정하는 기호로 사용되는 경우가 많으나, 이것을 플라스틱 표면의 조도 혹은 금형의 조도 그대로 준용하는 것은 어려운 일이다.

플라스틱 표면의 조도에 대해 표 1.1과 같이 일본에서는 JIS K7104의 MR-1 ~ 6등급으로 하여 거울면(경면)에서 거친면까지 규정하고 있다. 그러나 MR-1 정도의 표면을 얻기 위해서는 금형의 강재도 S55C(JIS 규격의 기계구조용 탄소강, KS 규격은 SM55C)와 같은 재료를 사용해야 하고, 핀 홀(pin hole, 성형품의 두꺼운 부분 내부에 생기는 공극(空隙) 또는 공동(空洞)을 말한다)이 전혀 없어야 하므로 진공 용해한 것을 사용해야 한다. 따라서 금형이 고가로 되므로 특별한 경우가 아니면 요구될 수 없다.

▶▶ 표 1.1 플라스틱 표면 조도의 기호(JIS K7104)

성형품 및 금형의 기호		MR-1	MR-2	MR-3	MR-4	MR-5	MR-6
가공 조건		Diamond Powder 8,000번 (1 ~ 5μ)	Diamond Powder 1,200번 (8 ~ 20μ)	Emery Paper 사지(砂紙) 입도 360번	지석(砥石)봉 입도 150번	지석립(粒) 120번 dry blast 공기압 5kgf/cm^2	지석립 46번 dry blast 공기압 5kgf/cm^2
표면거칠기의 범위(μRz)	최소치	—	0.06	0.24	1.2	4.8	15
	최대치	0.03	0.12	0.48	1.7	6.6	19

비고 : Rz은 10점 평균거칠기를 나타낸다.

그리고 제품 표면의 광택을 요할 때는 금형에 크롬도금(Cr plating)을 하기도 하나 일반적으로 도금의 양이 구석 부위에 많이 몰리기 때문에 역 테이퍼(taper)를 발생시킬 수가 있으며, 금형을 수리할 필요가 있을 때는 도금을 제거해야 하므로 일반 금형보다 많은 시간과 비용이 들며, 정밀도가 요구되는 제품에서는 도금을 하는 것은 좋다고 볼 수 없다.

02 사용 예

1) 표면처리

플라스틱 표면의 처리에는 다음과 같은 종류가 있다.

광택처리와 부식처리가 있다. 광택처리는 유광으로 거울처럼 빛이 나는 표면을 유지하는 표면처리이고, 부식은 제품 표면에 요철(凹凸)을 주는 표면처리이다.

표면처리는 성형품(제품)의 디자인, 외관, 용도, 목적, 경제성 등을 고려하여 결정한다.

(1) 광택(glossy finish, 유광)

플라스틱 사출성형품의 표면을 광택이 나게 하는, 즉 거울면(경면) 같이 반짝반짝 빛나게 하는 광택 표면처리이다. 이때의 조도 등급은 금속의 경면(연마) 다듬질에 준하는 10점 평균거칠기(Rz) 0.8Z(또는 최대높이(R_{max})로 0.8S, 대략 0.8μm)에 상당하는 MR-1에서 MR-4 등급까지 적용이 가능하다.

(2) 반광

반은 광택이 나고 반은 광택이 나지 않는 아주 미세한 요철이 있는 부식을 넣은 표면처리이다.

(3) 무광(matte finish)

완전 부식으로 광택이 나지 않게 요철(凹凸)만을 주는 표면처리이다. 보통 반도체 공정에서 식각(蝕刻)이라 하는 에칭(etching, 화학약품의 부식작용을 응용한 표면가공의 한 방법)처리와 같은 원리이다. 플라스틱에 있어서 무광처리는 표면 부식(surface texturing)을 한다. 표면 부식에는 그 정도에 따라 미세한 부식(fine texturing), 중간 부식(medium texturing), 거친 부식(coarse texturing)이 있다.

따라서 요철의 크기는 정해진 부식등급칩(chip)·한도견본의 규정에 의해 진행된다.

제품설계 시 반드시 비고란에 부식 사양에 따른 부식처리와 부식등급을 기입해야만 한다.

왜냐하면 제품설계 도면에 표면 부식처리가 표기되지 않을 경우는 금형 특성상 일반적으로 성형품을 광택으로 사출하기 때문이다.

2) 성형품의 색상(Color)

사출색상의 결정은 제품설계 도면에 표기해야 한다.
성형품(즉, 제품)의 색상은 보통 다음 2가지 표준 컬러칩에 의한 한도견본으로 결정한다.

① 일본 DIC 컬러칩(color chip)
② 미국 팬톤(Pantone) 컬러칩(color chip)

한도견본(limit sample)이란 물품의 품질 특성 중 계측기로써 측정할 수 없는 특성(색상, 겉모양 및 조립형태, 냄새, 맛, 이물질 등)을 검사원의 주관에 대한 판정의 처리를 최소 한도로 줄일 수 있도록 각 품목을 종류별로 가장 적합하고 객관성 있는 기준으로서 사전에 정하여진 표준견본을 말한다.

3) 금속에서의 표면거칠기와 다듬질 기호

플라스틱 제품에 적용하는 플라스틱 표면의 조도를 분명히 파악하고 이해하기 위해서는 오래 전부터 금속에 널리 적용돼온 금속의 조도(거칠기)를 알아야 한다.
표 1.2는 다듬질 기호와 표면거칠기의 관계와 금속의 표면다듬질을 한 완성품에 대한 적용 예를 나타낸 것이다.

표 1.2 다듬질 기호와 표면거칠기

다듬질명	다듬질 기호	표면거칠기			적용 예
		R_{max} (최대 높이)	R_Z (10점 평균거칠기)	R_a (중심선 평균거칠기)	
안함	～	특별한 규정 없음			주조의 경우, 주조 버(burr)를 제거하는 정도. 환강 등은 흑피 그대로
거친다듬질	▽	100S	100Z	25a	일정한 형상, 치수를 보증하는 개소(個所) 축의 단면, 릴리프, 가대(架台)의 평활면
보통다듬질	▽▽	25S	25Z	6.3a	끼워맞춤 개소로, 일정한 틈새를 보증하는 축과 베어링 등
정밀다듬질	▽▽▽	6.3S	6.3Z	1.6a	고속, 고하중, 충격을 받는 끼워맞춤부 볼베어링의 축, 왕복동축 등
연마다듬질	▽▽▽▽	0.8S	0.8Z	0.2a	특히 정밀한 면으로, 연마 또는 버프 다듬질을 한 뒤에 핏팅(fitting, 형합)을 함. 유압기계의 로드, 압축기 피스톤의 로드 등

사진 1.7은 표면처리가 적용된 스마트폰 부품들의 예이다. 거의 모든 부품에 적용된다.

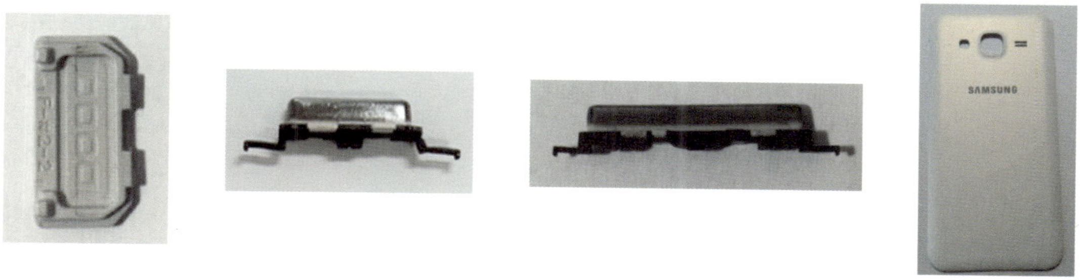

(a) 커버 스위치 (cover switch) (b) 홈 버튼 (home button) (c) 볼륨 버튼 (volume button) (d) 백 커버 (back cover)

사진 1.7 표면처리가 적용된 스마트폰 부품들

03 개선 사례

LG G3 스마트폰을 구성하는 부품의 하나인 플래시 커버(flash cover)는 스마트폰의 라이트(light, 불빛·조명)를 비쳐주는 광원인 LED를 보호하기 위하여 덮은 보호창이며, 또한 LED 불빛이 보호창을 잘 투과하고 확산하여 퍼져 보이도록 해주는 역할이다. 따라서 현품을 검토하여 성능 개선을 위해 개선설계를 한 사례를 그림 1.16에서 보여준다.

LED가 삽입되는 부분을 구형(엄밀히는 비구면으로 렌즈설계)으로 만들어 안쪽면에 시레이션(serration, 삼각 톱니모양) 처리를 함으로써 조명 빛의 난반사로 빛의 퍼짐을 향상시켰다. 원래는 구형을 렌즈와 같이 비구면으로 설계하는 것이 빛의 조사(照射)와 확산을 위한 최적설계가 된다. 조명 빛을 난반사시켜 전체면 여러 방향으로 전반사되도록 확산시키는 표면처리방법으로, 표면부식(texturing)이나 에칭(etching, 식각) 등이 있으며 도면에 반드시 처리방법 및 부식이나 식각의 정도를 표시해야만 한다.

또한 밀핀으로 인한 조명 빛의 간섭이 생기지 않도록 하였다.

즉, 불빛이 나오는 곳에 있던 밀핀의 위치를 불빛에 영향을 주지 않는 곳으로 옮겼다. 이를 반영하여 플래시 커버를 개선설계한 것이다.

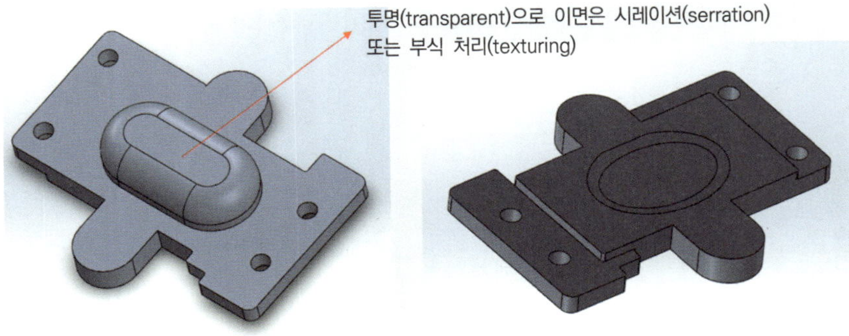

(a) 플래시 커버의 윗면 (b) 플래시 커버의 안쪽면(이면)

그림 1.16 LG G3 스마트폰의 플래시 커버(flash cover) 개선설계 도면

04 재질

스마트폰을 비롯한 IT 제품과 휴대용 기기(device)에 있어 재질은 엔지니어링 플라스틱으로, 대표적 소재인 PC(Polycarbonate, 폴리카보네이트)가 많이 사용된다. 물성의 특징은 다음과 같다.

① 플라스틱의 특성을 향상시켜 금속을 대체한 고성능 플라스틱이다.
② 내충격성이 아주 뛰어나다(열가소성 수지 중에서 가장 높은 충격강도를 갖는다).
③ 내크리프(耐creep)성 등이 우수하고 충격강도가 뛰어나다.
④ 무색 투명하고 인체에 무해한 열가소성 엔지니어링 플라스틱이다.
⑤ 내열성이 우수하고 EMI 차폐에 유리하다.
⑥ 치수 정밀도와 치수 안정성이 우수하다.
⑦ 통상적으로 미국 GE(General Electric)사의 렉산(LEXAN) 브랜드가 많이 쓰인다.

스마트폰에 있어 PC(폴리카보네이트) 재질의 적용 대상(부품)으로는 사진 1.8과 같은 예시의 부품을 비롯한 거의 대부분 플라스틱 부품의 재질로 사용되고 있다.

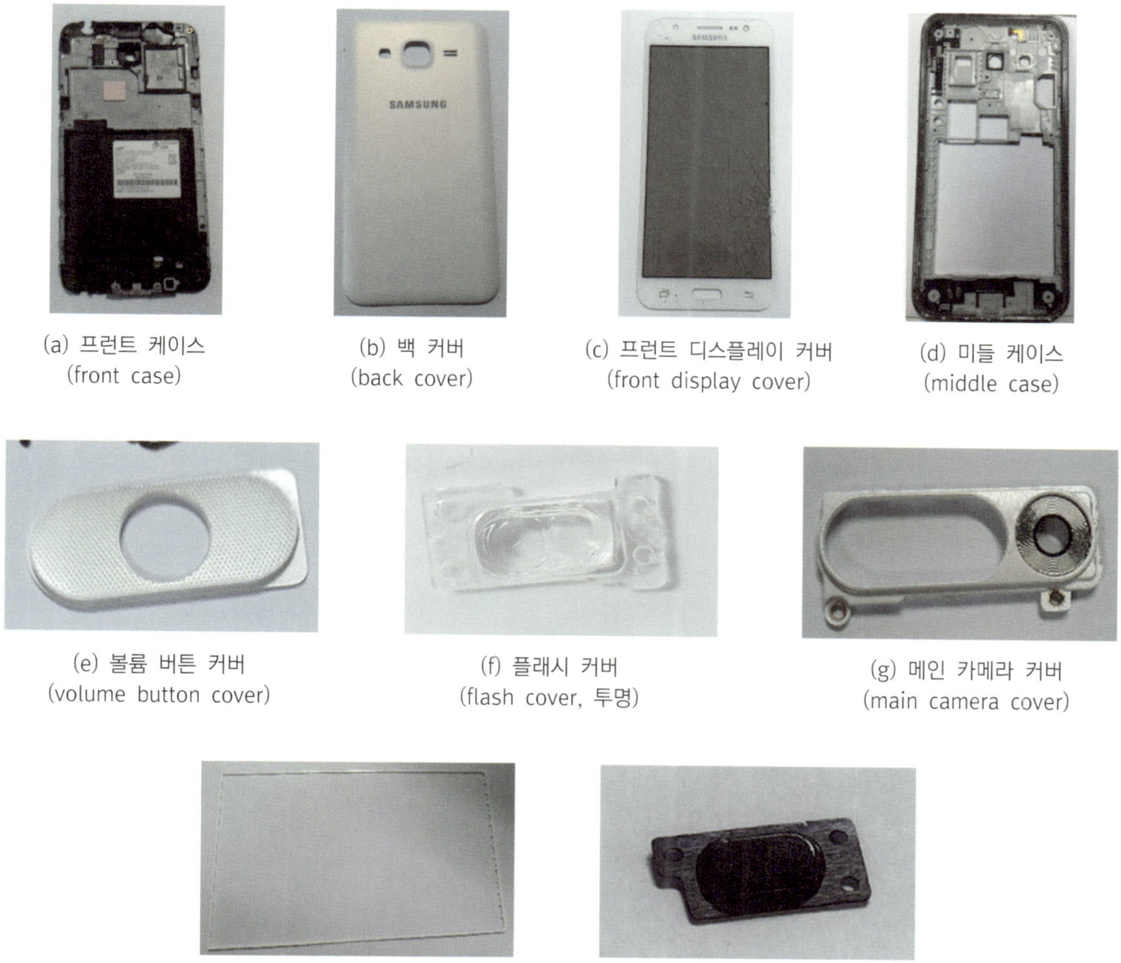

(a) 프런트 케이스 (front case)

(b) 백 커버 (back cover)

(c) 프런트 디스플레이 커버 (front display cover)

(d) 미들 케이스 (middle case)

(e) 볼륨 버튼 커버 (volume button cover)

(f) 플래시 커버 (flash cover, 투명)

(g) 메인 카메라 커버 (main camera cover)

(h) 리플렉터 필름 프레임 (reflector film frame)

(i) 카메라 포커스 센서 커버 (camera focus sensor cover)

사진 1.8 스마트폰에 있어 PC(폴리카보네이트) 재질이 적용된 부품의 예

제 5 절 빼기구배(Draft angle, 빼기 기울기, 빼기각)

금형에서 성형품을 빼기 위해서는 빼기구배가 필요하다. 빼기구배가 부족하면 성형품의 돌출 시 표면에 긁힘이 생길 수 있고 휨이 발생할 수도 있다. 빼기구배의 정도는 성형품의 형상, 재료의 종류, 금형의 구조, 성형품 표면의 요구조건에 따라 다르므로, 정확히 1개의 값으로 규정하기는 곤란하고 대개는 경험치로서 결정하고 있다.

그러나 제품의 형상이나 기능에 지장이 없다면 가능한 크게 하는 것이 유리하다. 사이드 코어(side core(slide core))에서도 마찬가지로 빼기구배가 필요하다.

빼기구배의 표시는 °(도) 또는 %로 나타내며, 드래프트(draft, 구배, 경사)는 다음과 같은 계산으로 알 수 있다. 예를 들어, 그림 1.17과 같은 제품에서 길이(H) 50mm일 때 도면상에 드래프트 앵글(draft angle)이 1°라 표시되었다면, 드래프트(draft)는 $X = 50 \times \tan 1° = 0.813\text{mm}$이다.

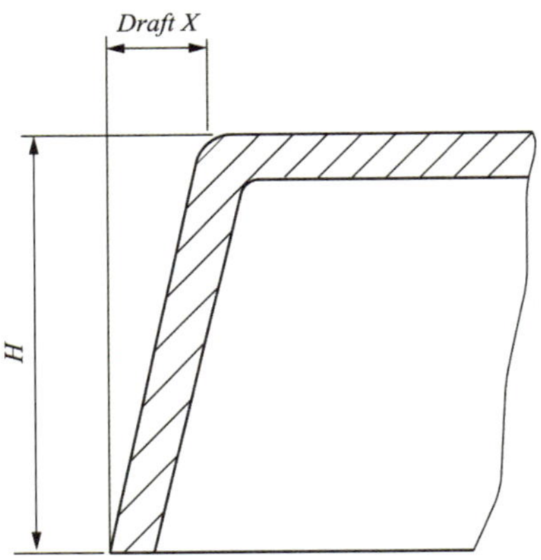

그림 1.17 빼기구배(draft angle)

만약 도면상에 드래프트 앵글(draft angle)이 1.5%라 표시되었다면, 드래프트(draft X, 경사량)는

$$X = 50 \times \frac{1.5}{100} = 0.75\text{mm}$$

이다.

01 일반적인 빼기구배

일반적인 빼기구배는 각 측면에 1°가 보통이며, 실용 최소한도로서 1/120(0.5°) 정도의 값으로 하는 경우도 있다. 성형품은 금형의 이형(서로 분리) 시 가동측형판(코어, core라 한다)에 달라붙도록 하는 것이 필요하다. 따라서 캐비티(cavity)측의 빼기구배는 코어(core)측의 빼기구배보다 크게 하는 것이 일반적이다. 예를 들어, 작은 구멍용 핀을 금형의 가동측형판에 세울 때 핀에는 빼기구배가 없는 것이 보통이다.

제품의 깊이가 낮고 벽의 두께가 두껍고 크기가 큰 경우에는 성형품의 성형수축률로서만 금형에서 빠져나올 수 있으므로 구배는 매우 작아도 지장이 없다. 특히 성형수축률이 큰 플라스틱의 예를 들면, POM(폴리아세탈), PE(폴리에틸렌) 등에서는 구배를 0으로 하고 있다.

02 부식(Texture) 표면의 빼기구배

성형품의 표면에 부식(texture)을 하는 경우가 많은데 이것은 금형의 표면을 사진부식으로 미세한 요철(凹凸)을 만드는 것이다. 이때의 빼기구배는 부식(texture)이 없을 때보다 많이 주어야 부식(texture)이 손상되지 않고 뺄 수 있다. 보통 0.025mm의 요철(凹凸)에 대해 1°의 추가 구배가 필요하다. 즉, 금형의 표면을 부식처리하는 경우에 있어 빼기구배는 최소 3° 이상을 주어야 한다(그림 1.18 참조).

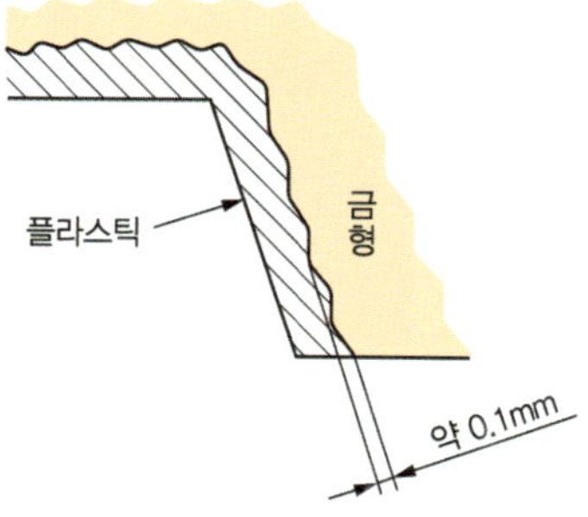

그림 1.18 부식 빼기구배(texture draft angle)는 최소 3° 이상이나 여기서는 4° 이상 요하는 것을 표시

03 격자의 빼기구배

$$\frac{0.5(A-B)}{H}=\frac{1}{14}\sim\frac{1}{12}$$

의 관계식이 일반적으로 적용된다.

그러나 다음의 경우에는 빼기구배를 변화시키는 것이 좋다.

① 격자의 피치(P)가 4mm 이상이면, 빼기구배는 1/10 정도로 한다.

② 격자부의 치수(C)가 크면 빼기구배는 가능한 크게 하는 것이 좋다.

③ 격자의 높이(H)가 8mm를 넘거나 ②에서 빼기구배가 충분히 크지 않을 때는 그림 1.19의 (b)와 같이 격자부를 확실히 코어측에 남도록 하기 위해 격자깊이의 1/2 이하 깊이의 격자형상으로 하는 것이 필요하다(그림 1.19 참조).

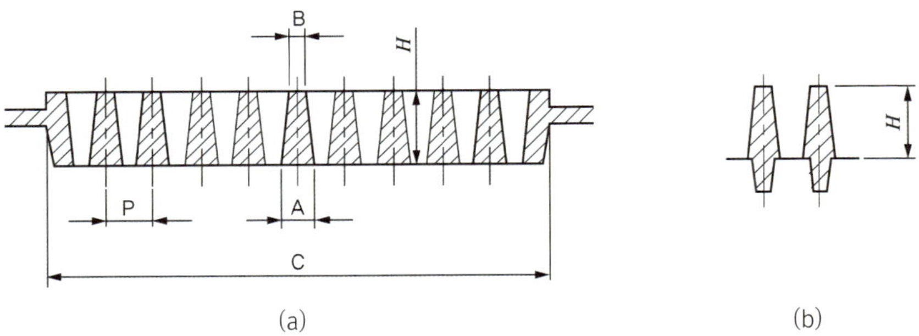

그림 1.19 격자의 빼기구배

04 상자형의 빼기구배

그림 1.17에서 H가 50mm까지는 $X/H = 1/35 \sim 1/30$, H가 100mm 이상은 $X/H = 1/60$ 이하로 한다.

05 종(縱) 리브(Rib)의 빼기구배

보강용(강도 보강)으로서 많이 사용되고 있는 종(縱, 세로) 리브(rib)에서의 빼기구배는 일반적으로 측벽, 바닥두께에 의해 A, B의 치수(그림 1.20 참조)가 정해지나 일반적으로 적용되는 빼기구배는

$$\frac{0.5(A-B)}{H}=\frac{1}{500}\sim\frac{1}{200}$$

의 관계식이 적용된다.

그림 1.20(a)는 내측벽, (b)는 외측벽에 설치된(형성된) 리브(rib)를 표시한다. 여기서 $A = T\times(0.5\sim0.7)$을 적용하고, 다소의 싱크(sink, 싱크는 성형품의 표면에 발생하는 오목한 부분(凹)을 말하며 성형품의 불량 중에서 그 빈도가 가장 많다. 이는 수지의 성형수축에 의한 것이다) 발생이 지장없다면 $A = T\times(0.8\sim1.9)$로 적용할 수 있다. T는 벽두께(살두께)이다.

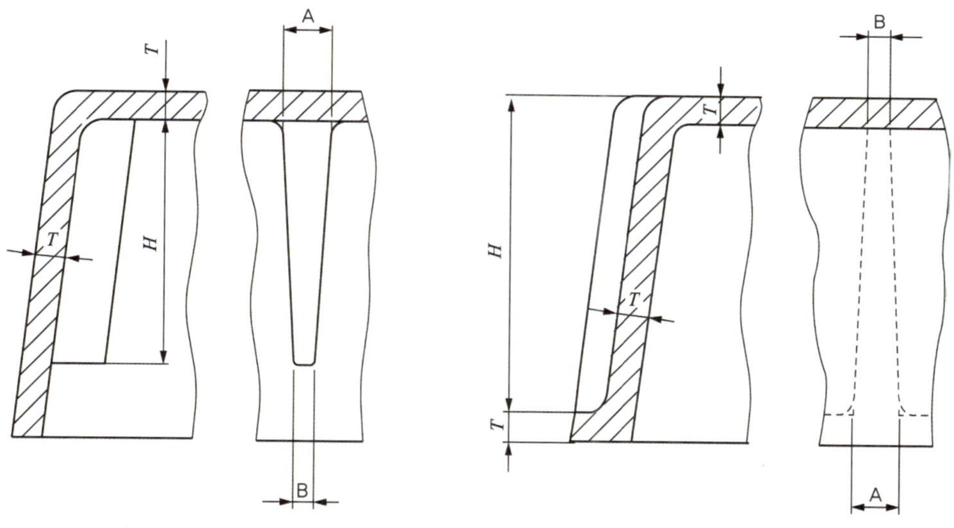

그림 1.20 종(縱, 세로) 리브(rib)

제 6 절 벽두께(Wall thickness, 살두께)

제품설계 시 사출압력에 영향을 미치는 벽두께(살두께, 제품두께)를 잘 설계해야만 양질의 제품을 얻을 수 있다. 벽두께가 얇을수록 유동저항이 증가하여 사출압력은 증가한다. 동일한 제품에서도 두꺼운 부분과 얇은 부분의 유동속도는 달라진다. 유동저항식을 살펴보면 그림 1.21에서와 같이 벽두께(H)의 영향이 변수들 중에서 가장 크다.

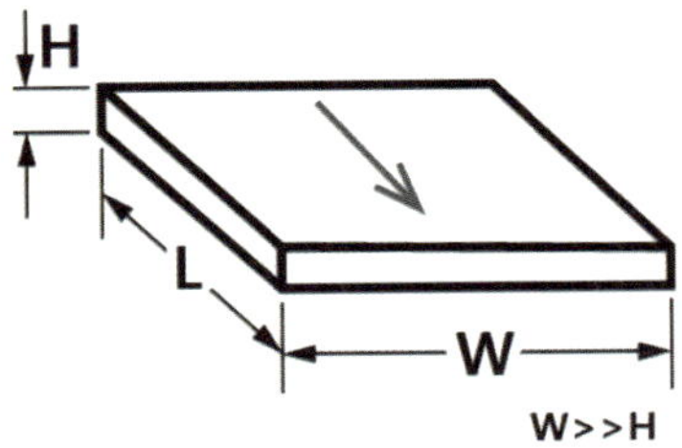

$$\triangle P = \frac{12Q\eta L}{WH^3}$$

그림 1.21 벽두께에 따른 유동저항

플라스틱 성형품의 설계 시 벽두께는 무엇보다도 먼저 균일한 것이 이상적이다. 벽두께가 변동이 심하면 금형 내에서 플라스틱의 굳는 시간이 부분적으로 변하게 되어 싱크 마크(sink mark, 표면 수축자국) 및 수축치수가 변하므로 성형품 내부에 잔류응력이 발생하여 외부충격에 대해 취약하게 된다.

그러나 제품의 형상 혹은 용도에서 요구되는 벽두께의 변화가 필요한 경우가 있고, 강도상 벽두께를 크게 하지 않으면 안 되는 부분도 나올 수 있지만, 그림 1.22에서 보여주는 사례와 같이 가능한 제품설계를 통해 구조적으로 보강하는 방법 등으로 하여 균일 벽두께로 하는 것이 바람직하다.

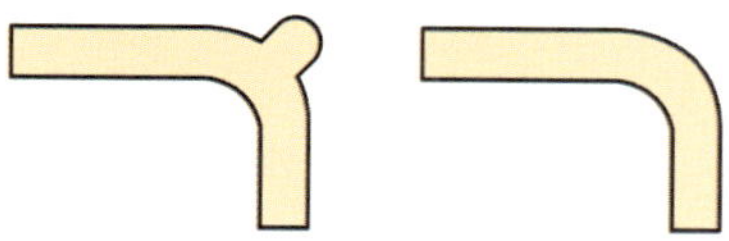

(a) 코너부로 치우친 살은 싱크 마크 및 변형의 원인이 되므로 오른쪽 그림과 같이 수정

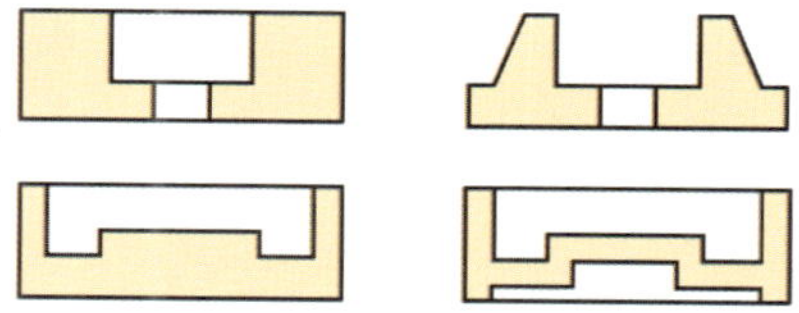

(b) 살두께는 원칙으로서 균일해야 한다. 오른쪽 그림과 같이 수정

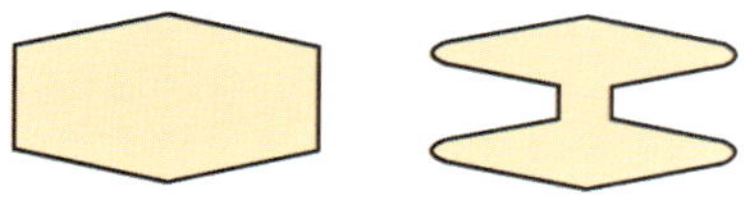

(c) 극단으로 살이 두꺼운 부분은 기포가 발생하거나 싱크 마크의 원인이 되므로 오른쪽 그림과 같이 수정

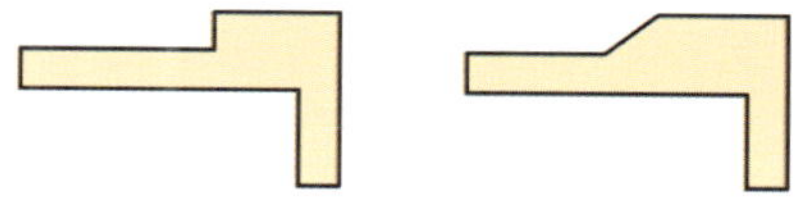

(d) 살이 두꺼운 부분이 필요할 경우 오른쪽 그림과 같이 살두께를 서서히 변화시킨다.

그림 1.22 벽두께(살두께)의 조정 및 개선설계

플라스틱 성형품의 재료(재질)에 따른 일반적인 벽두께(살두께)는 표 1.3과 같다.

표 1.3 플라스틱 재료에 따른 일반적인 벽두께(살두께)

재 료	벽두께	재 료	벽두께
ABS	1.5 ~ 4.5	PMMA	1.5 ~ 5.0
PP	0.6 ~ 3.5	PVC	1.5 ~ 5.0
Nylon	1.5 ~ 4.5	PC	1.5 ~ 5.0
POM	1.5 ~ 5.0	PE	0.9 ~ 4.0
SAN	1.0 ~ 4.0		

아무래도 벽두께가 두꺼운 곳은 냉각시간이 오래 걸리게 되어 성형 사이클(cycle)이 지연되므로 성형 비용이 높아진다. 그러므로 5mm 이상의 벽두께는 특별한 경우가 아니면 가능한 피한다. 또한 최저 벽두께는 0.5mm로 하고, 그 이하는 충전부족(미성형)이 발생할 소지가 많으므로 적극 피해야 한다. 벽두께를 결정할 때는 다음과 같은 점을 고려해야 한다.

① 구조상의 강도

② 이형(離型) 시의 강도

③ 외부충격에 대한 힘의 균등분산

④ 삽입부(insertion)의 크랙(crack, 성형품과 금속의 열팽창의 차로 인한 수축 시의 균열) 방지

⑤ 구멍, 삽입부(insertion)에 생기는 웰드라인(weld line, 용융수지가 금형 내를 분기해서 흐르다가 합류하는 부분에 생기는 가는 선) 발생

⑥ 얇은 벽두께에서 생길 수 있는 버닝(burning, 제품표면의 변색, 휨 또는 파괴를 발생시키는 열분해 현상)

⑦ 두꺼운 벽두께에서 생길 수 있는 싱크 마크(sink mark)

사출성형에 있어서 충전 가능 길이(L)와 벽두께(t)와의 비 L/t 에는 한계가 있다. L/t 의 값은 동일 플라스틱에서도 재료의 종류에 따라 다르고 성형조건에 의해 서로 변동하나 그 값을 넘으면 성형이 되지 않는다.

게이트(gate)를 설치할 때도 되도록 두께가 두꺼운 쪽에 설치하는 것이 유리하다. 그림 1.23은 게이트 위치를 (a) 두께가 얇은 측과 (b) 두꺼운 측에 설치한 경우에 냉각시간의 변화를 비교한 것이다. 따라서 그림 1.23에서 보는 바와 같이 (b)처럼 두꺼운 측 살두께에 게이트를 설치하는 것이 올바른 방법이다.

사출성형품의 불량 중에서 가장 많이 발생하는 싱크 마크(sink mark, 성형품의 표면에 오목하게 들어간 수축부분)를 방지하기 위해서는 제품설계에 따른 금형제작에 있어서 게이트(gate) 위치 설정도 중요한 변수가 된다.

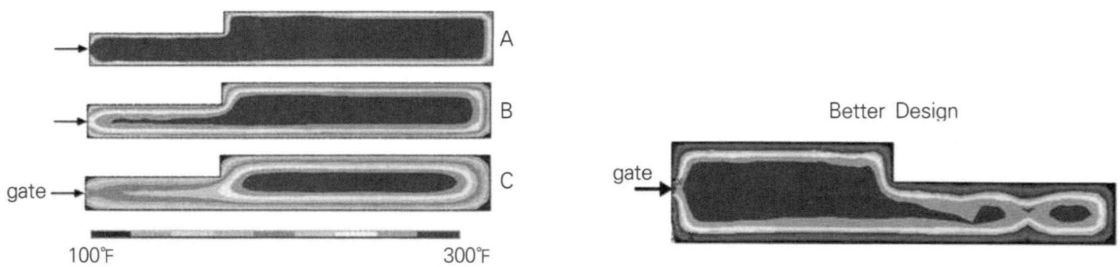

(a) 두께가 얇은 쪽에 게이트 설치(나쁨) (b) 두께가 두꺼운 쪽에 게이트 설치(좋음)

그림 1.23 두께에 따른 게이트 위치설정

그림 1.23의 (a)는 두께가 얇은 쪽에 게이트를 위치한 것이다. 두께가 얇은 쪽이 두께가 두꺼운 오른쪽보다 고화(응고)가 먼저 일어난다. 그러면 보압(packing & holding pressure)이 두꺼운 쪽으로 더 이상 전달되지 못하기 때문에 두꺼운 부분에서 수축이 발생한다. 그러므로 (b)와 같이 두꺼운 쪽에 게이트를 설치하면 보압 부족으로 인한 수축불량이 발생하지 않게 된다. 제품을 설계하다 보면 게이트 위치는 제품의 특성 및 기능에 따라서 제약을 많이 받는다.

제 7 절 표면적

그림 1.24에서 나타낸 바와 같이 제품 면적(표면적)이 증가할수록 동일한 조건에서 금형으로의 열손실이 증가하여, 수지가 흐르는 끝 부위에서의 온도강하와 고화층의 두께 증가로 인하여 실제 유동단면이 감소함으로써 유동저항이 증가하여 사출압력도 증가한다. 일반적으로 다수의 미세한 구멍(hole)이나 표면의 굴곡이 존재하는 제품은 그렇지 않은 제품에 비하여 사출압력이 상승한다.

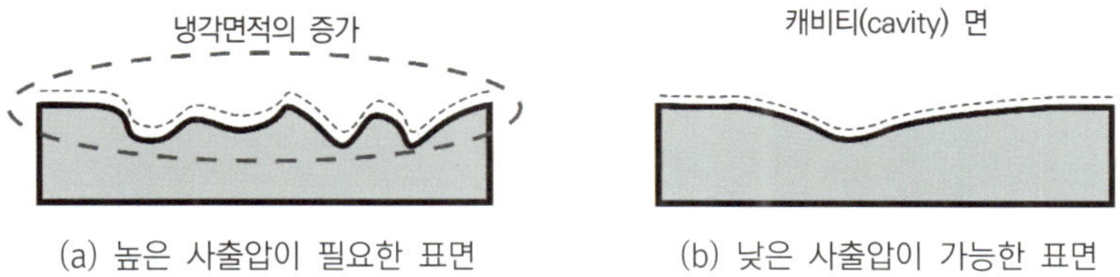

그림 1.24 제품의 표면적에 따른 사출압력

제 8 절 모퉁이(2023년 8월 29일)의 R(반경)

내부응력은 면과 면이 만나는 코너 부위에 집중한다. 따라서 집중 내부응력을 분산시키고 동시에 수지의 흐름을 좋게 하기 위해 코너에는 반드시 라운드 R을 주어야 한다.

그림 1.25에 표시한 것과 같이 R/T가 0.3 이하에서 응력이 급격히 증가한다. 그러나 0.8 이상에서는 집중응력의 제거에는 그다지 효과가 없다. 따라서 권장되는 내측의 R은 다음과 같다.

$$\frac{R}{T} = 0.6$$

그림 1.26(a)는 코너 내측에만 R을 준 것을 표시하고, (b)는 내측의 R'와 외측의 R과 동심원으로 한 것을 표시한 것으로 (b)가 훨씬 바람직하다. 샤프 에지(sharp-edge, 뾰족한 가장자리·끝)를 요하는 곳에서도 최소 $R0.3$ 정도 주는 것이 좋다(여기서 P : 하중, T : 두께, R : 모퉁이 반경).

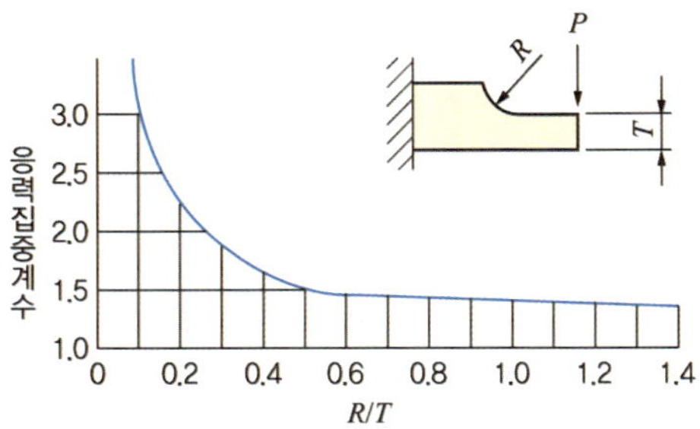

그림 1.25 R/T와 응력집중관계

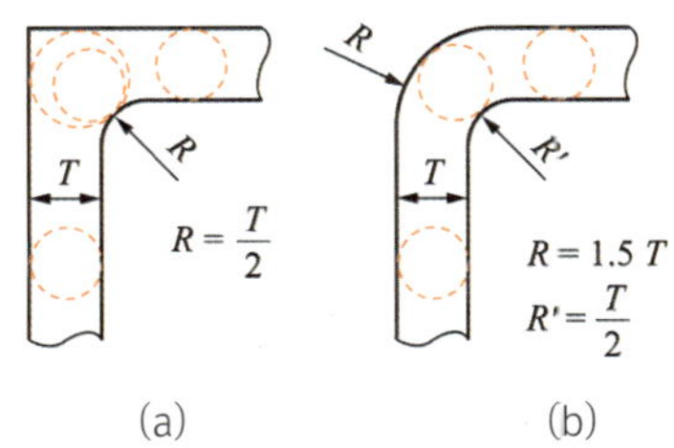

그림 1.26 코너의 R

그림 1.25는 굽힘하중을 받는 보(beam)에 코너 반경(R)에 따른 응력집중계수(stress concentration factor)를 보여주고 있다. 만약 두께(T)가 1.0mm라고 가정하면 R이 0.0mm일 때와 0.2mm일 때의 차이점은 엄청나다는 것을 알 수 있다.

그림 1.27과 같이 코너부를 설계하는 경우 반드시 R(라운드, fillet)을 주어야 한다. 외력이 작용하는 곳에는 (b)와 같이 설계하는 것이 코너부가 R로 인해 보강이 되어 파괴역학적인 측면에서는 상당히 유리하여 외부충격에도 잘 견딘다. 외관에 영향을 주지 않는다면 최대한 R을 주는 것을 고려한 제품설계가 합당하다.

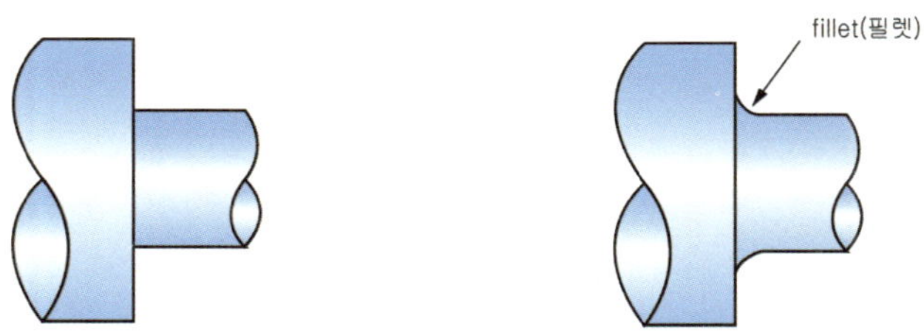

(a) R이 없는 경우

(b) R이 있는 경우(구조 보강설계)

그림 1.27 코너부의 R

그림 1.28은 삼성 스마트폰 갤럭시 S7의 한 부위가 뾰족하고, 살두께가 너무 얇아 코너부에 라운드 R을 주고, 두께(폭)가 얇은 실리브를 설치해 사용상 안전하게 하고 강도를 높힌 개선설계 예시이다.

(a) 개선설계 전　　　(b) 개선설계 후

그림 1.28 날카로운 코너부의 개선설계 예

제 9 절 리브(Rib)

01 리브설계

1) 리브의 역할 및 기능

리브(rib)는 성형품의 보강 및 형상변형 방지 목적으로 많이 사용되고 있다. 살두께(벽두께, 성형두께, 제품두께)에 수직으로 형성된 얇은 벽(wall)으로 두께를 줄이면서도 부품의 강성을 높일 수 있다. 외부충격에도 잘 견디는 보강에 필요한 설계 구조이다.

리브를 설치해 줌으로써 길이가 긴 제품의 변형을 방지할 수가 있다. 그리고 리브는 부품의 고정(holder, 홀더) 및 지지대(서포터, supporter)로도 널리 사용된다.

그림 1.29의 (a)는 전형적인 리브(rib)의 형상 및 구조이다. (b)는 살두께(T) 대비 리브의 설계치수를 나타내고 있다.

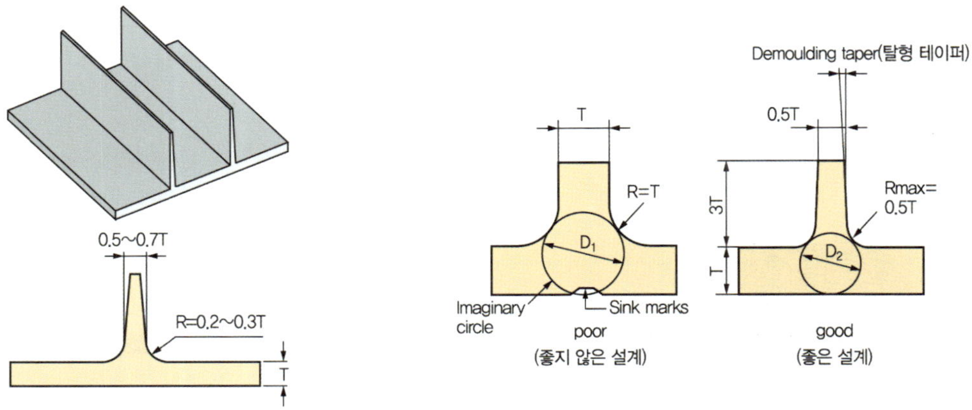

(a) 리브의 형상 및 구조(입체도 및 단면도)　　(b) 리브의 설계치수(살두께 대비)

그림 1.29 전형적인 리브(rib)의 형상, 구조 및 설계치수

[기술 요약]

제품의 강도를 증가시키기 위해 주로 사용되는 것이 리브이다. 제품의 강도를 확보하기 위해서는 살두께가 두꺼울수록 좋으나, 너무 두껍게 하면 제품이 무거워지고, 싱크 마크(sink mark, 표면 수축자국)가 생기기 쉬우며, 생산단가를 높이게 되는 부정적인 측면이 있으므로 주의하여야 한다.

[기술 장점]

리브(rib)는 가급적 짧게 유지하고, 양면이 대칭적인 구배를 갖도록 설계하는 것이 좋다. 이는 부품의 취출(取出)을 용이하게 하기 위한 것이다. 짧은 리브는 충전(充填, filling) 시 발생하는 문제와 구배에 의해 리브의 끝이 과도하게 좁아지는 것을 방지해 준다. 이런 이유로 몇 개의 가늘고 짧은 리브(이를 보통 실리브라고 한다)를 설치하는 것이 하나의 긴 리브보다 여러 면에서 유리한 측면이 있다.

그림 1.30에서는 강도(strength) 보강과 내충격성을 위한 보스(boss)와 리브(rib)설계에 있어 잘못된 설계와 잘된 설계의 사례를 비교하고 있다. 등각으로 투상(등각투상)해 입체적으로 나타낸 정면도와 평면도를 서로 비교하여 보여준다.

특히 잘못된 설계에서는 보스와 벽의 살두께가 맞닿아 두께가 전체적으로 불균형하게 커져 외부면에 싱크(sink, 수축)가 발생한다.

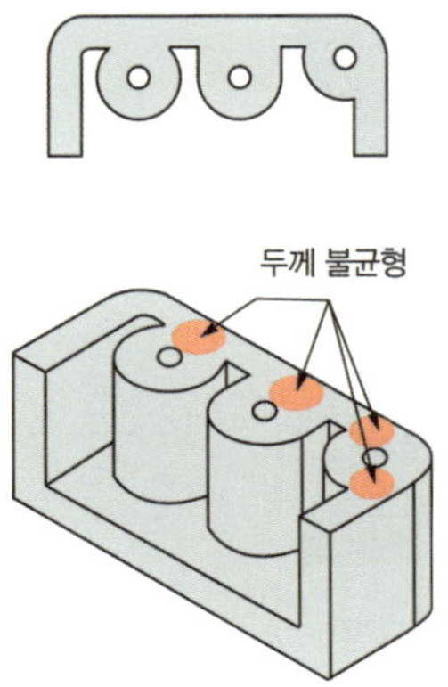

(a) 잘못된 설계(입체도와 평면도)

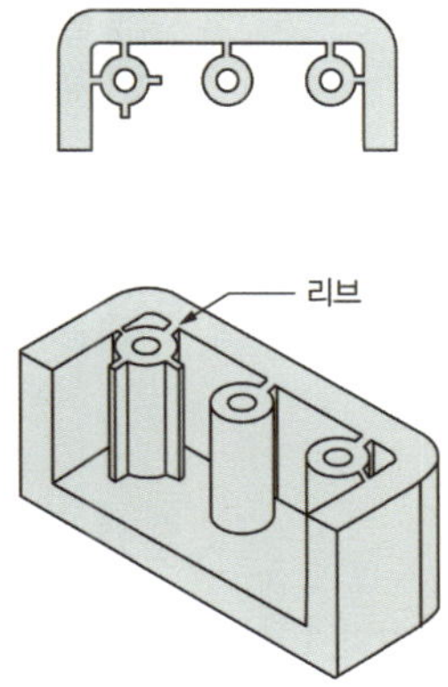

(b) 좋은 설계(입체도와 평면도)

그림 1.30 리브설계의 예

그림 1.31의 예도 강도 보강과 내충격성을 위한 보스(boss)에 리브(rib)를 설치하여 외부의 힘에도 잘 견디고 충격에도 강하도록 설계한 예시이다. 또한 외벽에 리브를 설치한 보강설계이다. 그림 1.32는 리브의 단면과 치수 기입의 예시이다.

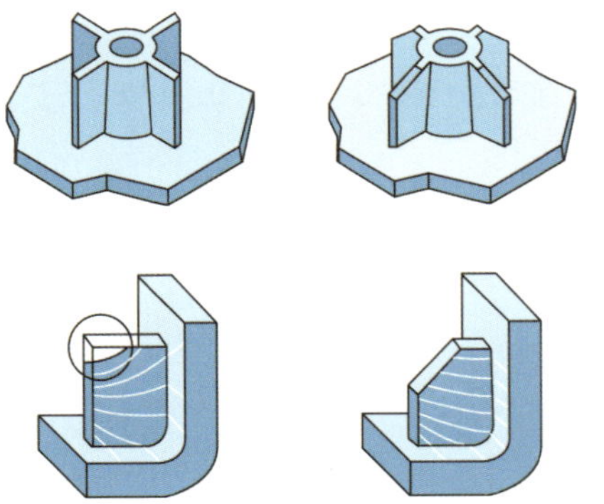

그림 1.31 보스에 리브를 설치한 보강 구조 및 외벽에 리브를 설치한 보강 구조

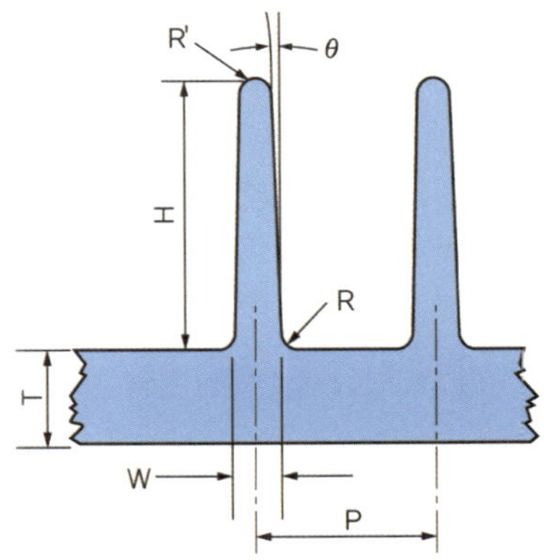

그림 1.32 리브의 단면과 치수 기입의 예

사진 1.9는 실제 제품에 적용된 리브설계의 예이다.

여기서는 제품의 강도(strength)를 증가시키기 위한 강도 보강과 더불어 휨변형을 방지하여 제품의 외관에 보이는 편평도(flatness)를 유지하기 위한 목적이다.

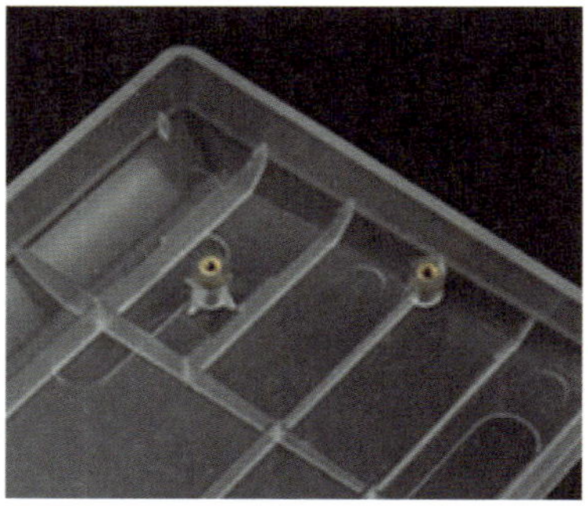

사진 1.9 실제 플라스틱 제품 케이스(case)에 적용된 격자형 십자 리브

[설계기술 요약]

리브의 기능으로는 성형품에 길게 돌출되어 성형 시 수지의 흐름을 돕는 유로(flow leader) 역할을 한다. 제품의 두께를 얇게 하면서 강도를 보강할 수 있어 성형시간을 짧게 하고, 치수 안정성을 개선해 준다. 리브의 빼기구배는 제품 취출 시 긁힘을 방지하기 위해 적어도 1° 이상으로 한다. 리브의 근원 두께는 벽두께 t의 50 ~ 70% 정도로 한정하는 것이 싱크 마크(sink mark)를 방지할 수 있고, 표면에 약간의 싱크(sink, 표면 수축)가 발생해도 지장이 없을 때에는 80 ~ 100%로 해도 무방하다. 응력의 집중을 분산시키기 위해 리브(rib)의 근원에는 R을 준다. 그 R은 벽두께의 1/8 ~ 1/4 정도로 한다.
추가적인 보강을 위해 리브 높이를 높게 하는 것보다는 그 수량을 늘리는 것이 효과적이고, 리브 선단의 두께는 금형 제작상의 제약 때문에 1.0 ~ 1.8mm로 하는 것이 바람직하다.

[리브(Rib)]

리브는 성형품의 보강 및 형상변형 방지, 휨방지를 목적으로 설계하는 형상 또는 구조이다.
설계 시 다음을 고려한다.
– 리브의 빼기구배는 1° 이상
– 리브의 근원(根元)두께는 벽두께 t의 50 ~ 70% 정도로 한정
– 응력의 집중을 분산시키기 위해 R(fillet, 필렛) 적용
– 리브의 두께가 지나치게 두꺼우면 싱크 마크(sink mark, 표면 수축자국 또는 흔적), 내부에 기포(void, 성형품의 두꺼운 부분의 내부에 생기는 공극, 空隙) 등이 발생한다.
〈유의점〉
– 표면에 실크인쇄(silk printing) 또는 핫 스탬핑(hot stamping)을 하는 경우 표면에 싱크(sink, 표면 수축)가 발생하여 인쇄 불량이 발생한다.
– 미관상 보기 좋지 않아 불량품이 된다.

사진 1.10은 경박단소의 대표적인 제품인 스마트폰에서 리브가 적용된 사례이다.

리브는 외부에서 작용하는 힘인 외력에 대응하여 강도를 높게 함으로써 제품을 튼튼하게 해주는 보강용(補强用)으로 사용하고 있다. 제품의 살두께를 키울 경우에는 보강이 충분하지만 싱크 마크(sink mark, 표면 수축자국)가 발생될 가능성이 크므로 리브로 보강하는 것이 일반적이고 우수한 설계이다. 살두께가 얇아 생기는 휨변형도 방지해준다. 또한 제품의 무게를 전체적으로 줄일 수 있다.

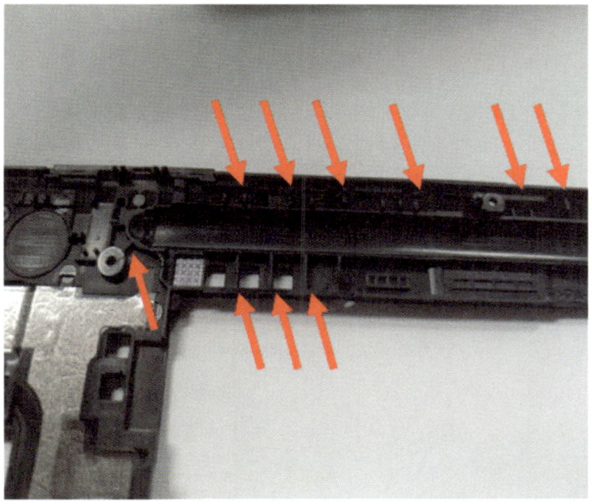

(a) 프런트 케이스(front case)의 우측 부위

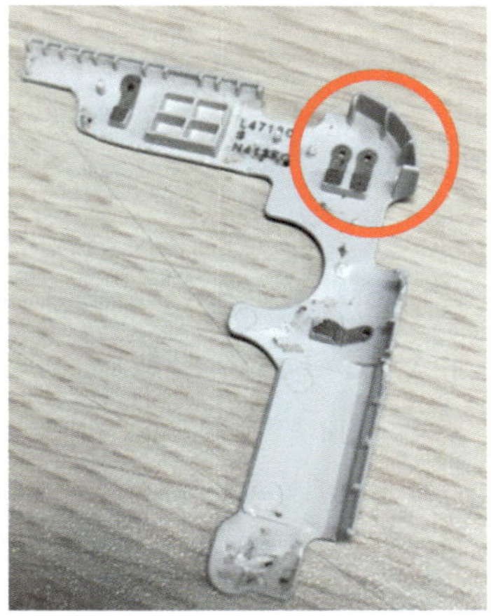

(b) 프런트 케이스의 하단 부위

사진 1.10 스마트폰에 적용된 리브(보강 및 휨변형 방지)

2) 리브설계 시 고려 사항(요점 및 주의점)

리브는 성형품의 보강 및 형상변형 방지 목적으로 많이 사용되고 있다.
리브설계 시 고려 사항은 다음과 같다.

① 리브(rib)의 빼기구배(draft angle)는 제품 돌출 시 긁힘을 방지하기 위해 적어도 1° 이상으로 한다.

② 리브(rib)의 근원(根元)두께는 벽두께(t)의 50 ~ 60% 정도로 하고 최대 70% 이내로 한정하는 것이 싱크(sink, 수축)를 방지할 수 있다. 싱크 방지에 유리한 설계이다. 단, 표면에 약간의 싱크(sink)가 발생해도 지장이 없을 때는 80 ~ 100%로 해도 무방하다.

③ 응력의 집중을 분산시키기 위해 리브(rib)의 근원(根元)에는 R(round)을 준다.
그 R은 벽두께의 1/8 ~ 1/4 정도로 한다. R을 지나치게 크게 하면 응력분산 및 강도는 향상되나 싱크(sink)가 발생된다.

④ 리브(rib)의 높이는 가능한 벽두께의 1.5배 이하로 한다. 그 이상의 높이에서는 빼기구배를 많이 주도록 한다.

추가적인 보강을 위해 리브(rib) 높이를 높이는 것보다는 그 수량(설치 개소, 個所)을 늘리는 것이 효과적이며, 그 피치(pitch)는 벽두께의 4배 이내로 하지 않도록 한다.

⑤ 리브(rib) 선단의 두께는 금형제작상의 제약 때문에 1.0 ~ 1.8mm 정도로 한다.

그림 1.33의 (a)는 리브(rib) 근원의 내접원의 직경($2R_2$)이 벽두께의 50%를 넘어 싱크(sink)가 발생되는 상태이고, (b)는 근원의 내접원의 직경이 벽두께의 20%를 넘지 않아 싱크(sink)가 발생하지 않는 상태이다.

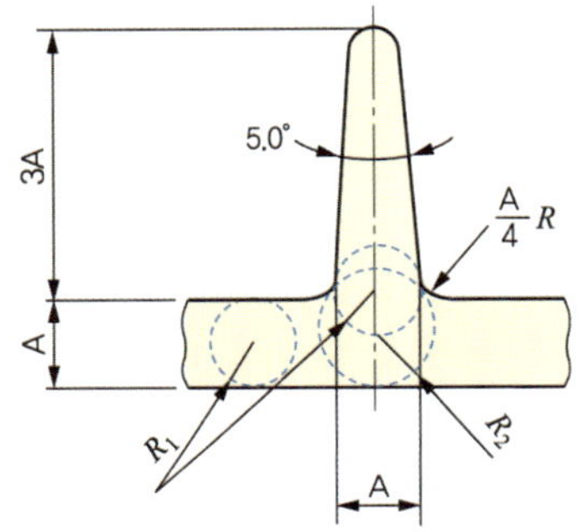

(a) 싱크(sink) 발생

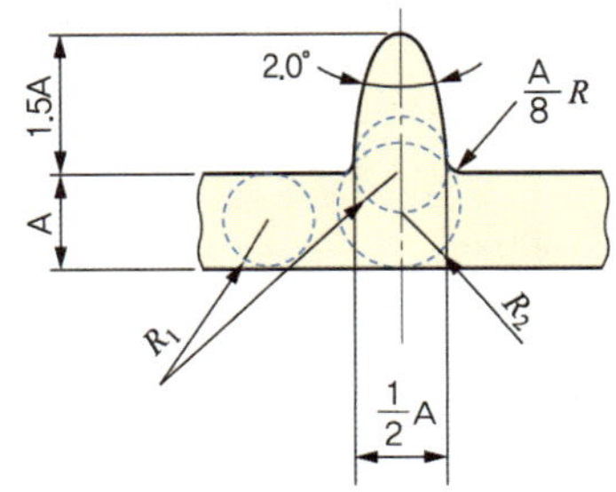

(b) 싱크(sink) 발생하지 않음

그림 1.33 리브(rib)와 싱크(sink, 표면 수축)

3) 리브설계의 예시

리브의 역할을 정리하면 다음과 같다.

- 리브는 성형품의 보강 및 형상변형을 방지하는 목적으로 주로 사용한다.
- 리브의 빼기구배는 제품 돌출 시 긁힘을 방지하기 위해 적어도 보통 1° 이상으로 한다.
  그러나 특별한 경우(예를 들면, 구동체의 가이드 역할이나 정밀 · 조립용도 등 빼기구배를 0° 또는 1° 이하로 요구하는 경우)에는 빼기구배를 주지 않거나, 1° 이하로 설계할 수 있다. 이때는 리브(rib) 형상 옆에 지시선으로 빼기구배 0°, 0.5° 등으로 명확히 표기해야 한다. 그리고 도면의 주기란(notes)에도 병행하여 기술하도록 한다.
- 리브의 근원두께는 벽두께(wall thickness, 살두께) T의 50 ~ 70%로 한정하는 것이 싱크(sink, 표면 수축)를 방지할 수 있다.

그림 1.34에서와 같이 벽두께(살두께) T가 두꺼우면 리브가 설치된 성형품 밑면에 싱크(sink, 수축)가

발생한다. 이를 방지하기 위해 리브두께 t는 벽두께(wall thickness, 살두께) T의 50 ~ 70%로 한정하는 것이 싱크(sink, 표면 수축)를 방지를 위해 바람직하다.

즉, 리브두께 t = T × (50 ~ 70%)

리브 근원을 기준으로 해서 리브 상단으로 빼기구배를 적용한다.

그리고 리브 근원(根元)에 R을 주는 설계를 한다. 라운드 R은 어떠한 충격이나 외력에도 리브를 더욱 단단하게 지탱해준다.

리브 설치로 인해 리브가 설치된 밑면의 싱크를 없애기 위한 설계로 리브 근원(根元) 주위를 파줘 살두께(벽두께)를 조금이라도 줄이는 릴리프(relief, 리브 근원 둘레를 파줌) 형상의 구조설계를 하는 것이 우수한 양질의 성형품을 얻기 위한 좋은 설계이다.

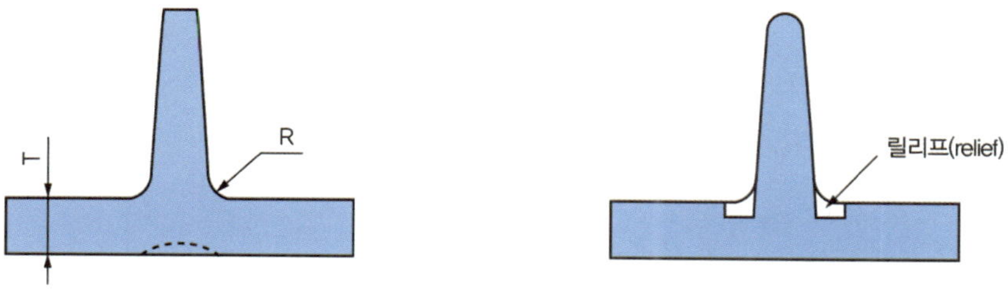

(a) 수축　　(b) 개선 설계

그림 1.34 리브 설치로 인한 성형품의 싱크(sink, 수축) 방지를 위한 설계 및 보강

그림 1.35는 리브설계의 여러 가지 사례이다. (a)에서는 리브로 인하여 살두께가 두꺼워져서 수축(sink)이 발생했을 때 이를 방지하는 개선설계(회피설계)를 보여주고 있다. (b)에서는 리브설계 시 좋은 설계의 예를 보여주고 있다.

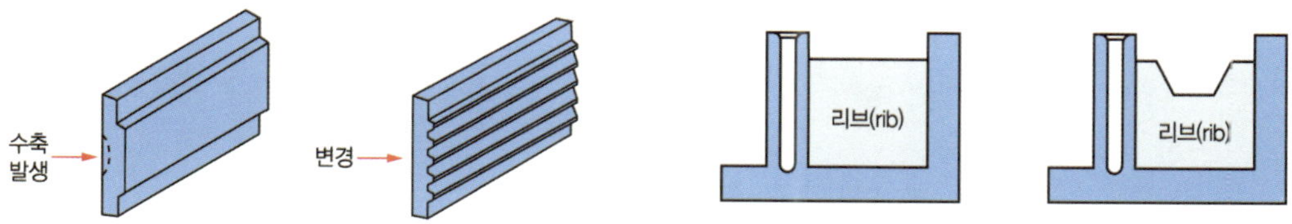

(a) 수축 방지를 위한 개선설계　　(b) 좋은 리브설계의 예

그림 1.35 리브(rib)설계의 예

내충격 구조로 많이 사용하는 리브는 제품의 강도를 증가시키기 위해 주로 사용된다.

강도를 확보하기 위해서는 두께가 두꺼울수록 좋으나, 그림 1.36과 같이 리브는 가급적 짧게 유지하고, 양면이 대칭적인 구배를 갖도록 설계하는 것이 좋다.

이는 부품의 취출을 용이하게 하기 위한 것이다. 짧은 리브는 충전 시 발생하는 문제와 빼기구배에 의해 리브의 끝이 과도하게 좁아지는 것을 방지해 준다. 이런 이유로 몇 개의 짧은 리브를 설치하는 것이 하나의 긴 리브의 설치보다 유리한 측면이 있다. 가장 이상적인 리브의 설치는 십자형 리브이다.

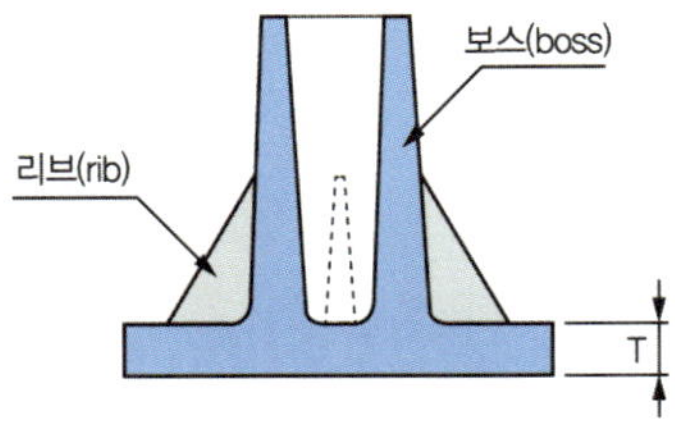

그림 1.36 대칭적인 리브를 갖는 보스

설계 시에 안쪽 휨을 고려하여 외측에 원호 모양으로 약간 볼록하게 해주는 것도 좋고, 구조적 보강 차원에서 안쪽 휨 발생 주위에 얇은 리브(실리브, 두께가 아주 얇고 높이가 낮은 리브)를 촘촘한 간격으로 세우도록 설계한다.

그림 1.37은 리브설계의 여러 가지 사례이다.

이 중에서 (a)는 리브(rib)와 더불어 보스(boss)를 이용한 개선설계이다.

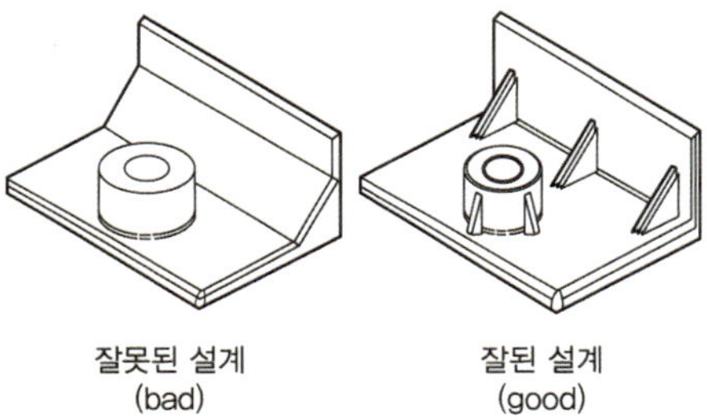

(a) 잘못된 설계와 잘된 설계

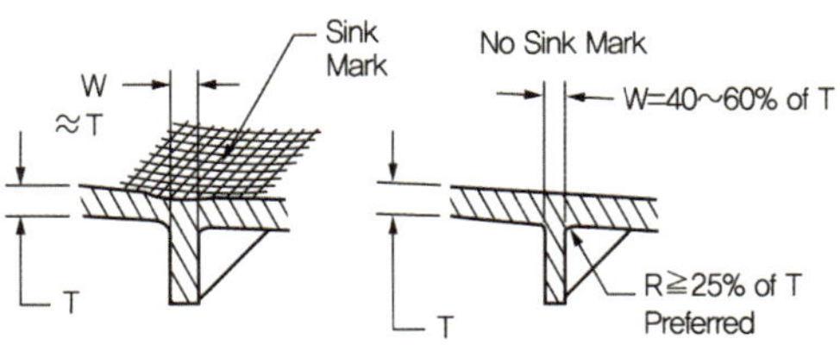

(b) 싱크(sink, 수축) 방지를 위한 리브설계

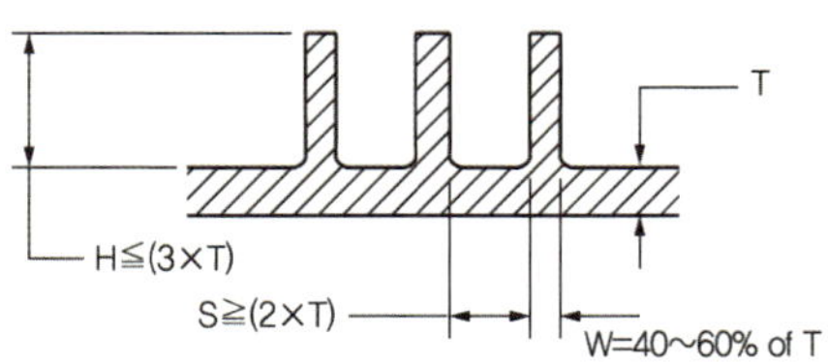

(c) 리브설계의 설계지침(guide line)

그림 1.37 리브의 설계지침(guide line) 및 예

02 리브의 적용 사례

사진 1.11은 노트북 컴퓨터의 하부 케이스(bottom case)에 적용된 리브이다.

여기서의 역할은 보강 및 PCB(인쇄회로기판)를 일정한 높이로 지탱(지지)하여 주고 나사 등으로 고정시켜 안착하도록 하는 역할을 한다.

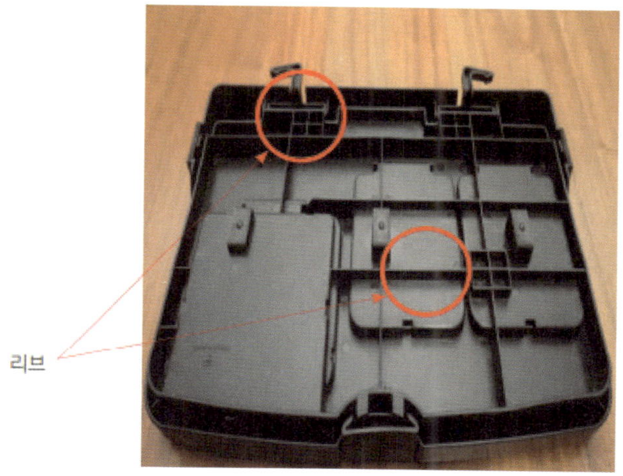

사진 1.11 노트북 컴퓨터의 하부 케이스(bottom case)에 적용된 리브

1) 노트북 컴퓨터에 적용

① 성형품에서 약한 부분에 보강 및 형상변형 방지를 목적으로 설계

② 주로 보스나 부품 고정부에 배치

사진 1.12는 노트북 컴퓨터의 미들 커버(middle cover, 중간 덮개)에 리브가 적용된 사진이다. 왼쪽 (a)는 격자(십자형)구조로 설치된 리브이고, 오른쪽 (b)는 세로방향에 일직선으로 설치된 리브이다. 이러한 리브들은 휨(warp)이나 뒤틀림(twisting) 등 변형이 발생하는 현상을 방지하거나 강도를 높이기 위한 보강용(for reinforced)으로 설치된다. 설계된 사출성형품의 살두께가 얇다든지 커버(cover)의 면적이 넓은 경우에는 변형이 발생되어 평탄도(flatness)를 유지하지 못한다. 또한 수직으로 형성된 살두께에는 실리브(두께가 얇은 리브를 총칭한다. 리브의 두께, 즉 폭을 좀 더 키우려면 금형에서 방전가공을 하면 되므로 금형 수정에 있어 가공이 용이하다)를 설치하여 변형 방지 및 보강을 하도록 한다.

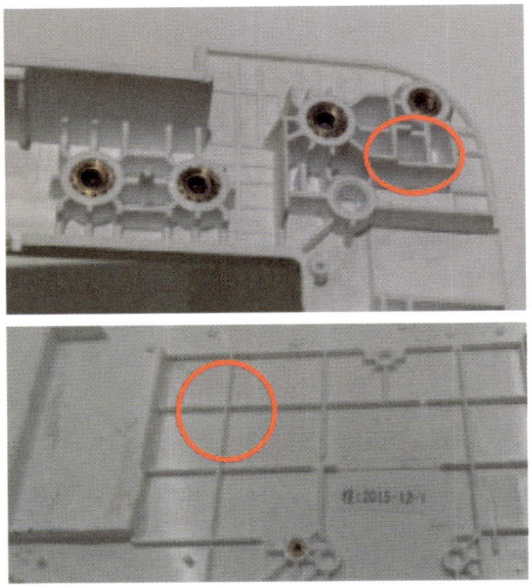

(a) 격자형(십자형) 보강 리브

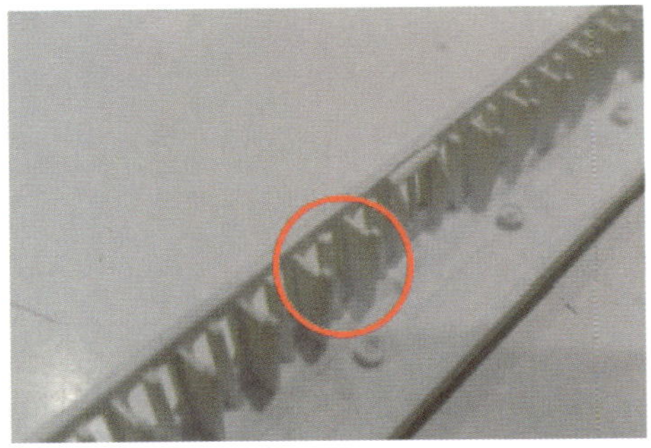

(b) 종(세로)방향의 보강 리브

사진 1.12 노트북 컴퓨터의 미들 커버(middle cover)에 리브가 적용된 사례

2) 스마트폰 갤럭시 S3에서의 리브(Rib) 추가(개선설계)

리브를 추가하여 기존의 내구성이 약하다는 갤럭시 S3의 안 좋은 점(좋지 않은 설계)을 보완하며 리브를 설치했을 경우 대략 1.5배 강도가 좋아진다.

추가적인 리브를 설치함으로써 기존의 강도보다 더 강한 강도를 가지게 되었다.

그림 1.38은 현품 갤럭시 S3를 분해하고 조립성을 검토한 후 보강을 위하여 개선설계를 하여 리브를 추가로 설치한 개선설계 후의 모델링 도면이다.

추가로 설치된 리브의 폭은 크지만 돌출 높이를 작게 하여 싱크(sink) 방지설계를 하였다.

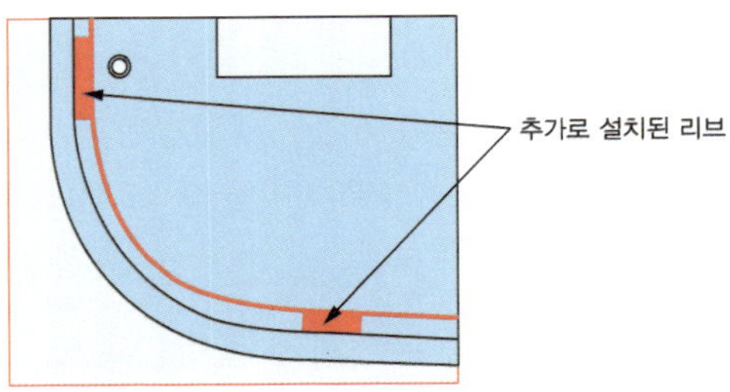

그림 1.38 스마트폰 갤럭시 S3에서의 리브(rib) 추가(개선설계)

개선설계를 하여 2개의 리브가 추가되어 외력으로부터 강도를 보강한 갤럭시 S3의 후면 케이스(back case)를 확대한 모델링 도면은 그림 1.39이다.

그림 1.39 스마트폰 갤럭시 S3에서의 리브(rib) 추가 하단부 확대도면(개선설계)

그림 1.40은 갤럭시 S7 프런트 케이스(front case) 왼쪽 하단부가 응력에 약해 보스에 리브를 설치해서 강도를 보강한 개선설계의 사례이다.

(a) 개선설계 전
(코너 부분에 큰 응력이 발생)

(b) 개선설계 후
(R값 1mm → 1.5mm 변경, 보강 리브 추가)

그림 1.40 보강 리브의 설치 예

3) 개선설계의 사례-스마트폰 백 커버(Back cover)

(1) 3D 모델링 설계

그림 1.41에서 보여주는 바와 같이 스마트폰의 백 커버(back cover) 설계 시 리브를 설치한 구조설계를 했을 때 작용하는 응력과 변형을 CAE(Computer Aided Engineering, 컴퓨터 해석)로 시뮬레이션(구조해석, Structure Analysis) 한 결과, 응력도 작게 작용하며 변형도 그만큼 작게 됨을 확인할 수 있다.

모델링 해석 및 개선설계에 대한 사례를 다양하게 살펴보도록 하자.

리브(rib)는 작용하는 힘(외력이나 충격 등)에 대한 보강 역할에 큰 역할을 한다.

그림 1.41 스마트폰의 백 커버(back cover)에 리브 설치 및 보강

(2) CAE(Computer Aided Engineering) 해석(Analysis)

백 커버(back cover)에 보강을 위하여 리브(rib)를 설치한 개선설계에 대한 CAE 해석 결과는 그림 1.42와 같다. 이는 향후 금형 수정·보완 가공을 한 후 사출 과정을 거쳐 현품인 성형품으로 직접 확인하고 여러 신뢰성 평가시험으로 검증과 실증을 하던 프로세스를 CAE 해석 수행과 해석 결과를 통해 사전 예측을 하고, 사전 평가하여 설계와 제작 공정에 반영하므로 최적의 제품을 만들어낼 수 있기에 그 효과는 대단히 크다. 비용 절감과 생산성 향상과 더불어 제품의 품질을 향상시키므로 플라스틱 제품개발과정에 있어 CAE 해석은 개발 및 설계에 있어 필수적인 과정이다.

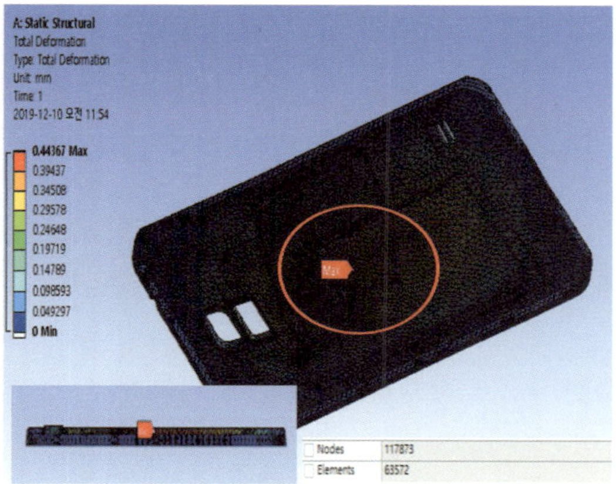

(a) 변형률(Deformation)
최대 변위 : 0.4436mm
→ 백 커버(back cover) 중앙부에서 최대 처짐이 발생

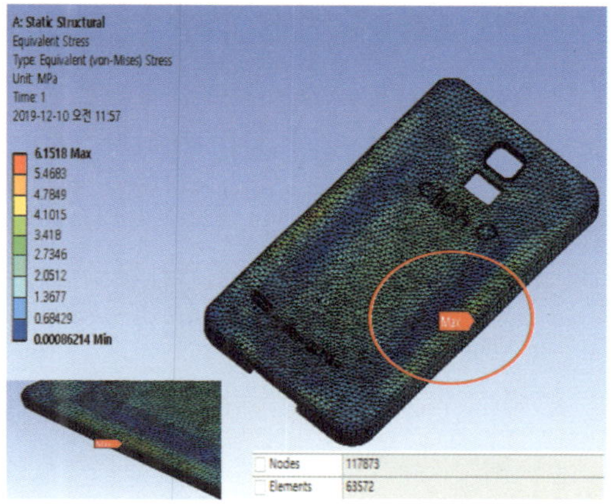

(b) 등가 응력(Equivalent Stress[Von-Mises])
최대 응력 : 6.15MPa
→ 양 옆 모서리부에서 응력 집중

그림 1.42 백 커버(back cover) 개선설계 및 CAE 해석(구조해석)

(3) 해석 결과에 의한 예측 및 사전 검증·평가

백 커버(back cover)에 대한 구조해석 결과이다. 해석 데이터를 근거로 한 개선설계에 대한 비교 수치는 표 1.4와 같다. 리브(rib) 설치 전·후 비교로 리브를 설치한 후 제품 케이스 외벽이 보강이 되어 외부 응력도 줄어들고, 변형량도 감소되었다.

개선설계의 효과가 금형수정, 보완과 현품에 의한 신뢰성 평가 이전에 사전에 평가되고 검증되어 제품 설계 품질의 향상에 기여를 한다.

표 1.4 리브(rib) 설치 전·후 해석 결과(개선설계 후의 효과)

	개선 전	개선 후
Deformation(변형량)[mm]	0.495mm	0.443mm
Von-Mises stress(응력)[MPa]	6.56MPa	6.15MPa

변형량 : $\frac{0.495-0.443}{0.495}\times 100 = 10.5\%$ Von-Mises stress(응력) : $\frac{6.56-6.15}{6.56}\times 100 = 6.25\%$

표 1.4에서 보여주는 바와 같이 스마트폰 백 커버(back cover)에서 외부응력에 취약한 부위에 리브(rib)를 추가하여 최적화된 개선설계를 하였다. 개선설계 후 개선 사항을 다음과 같이 사전에 확인한 것이다.

구조해석의 결과 변형량과 응력이 줄어든 것을 확인할 수 있다. 그만큼 개선의 효과도 커지게 됨을 예측하여 사전에 알 수가 있는 것이다. 이는 구조해석에 있어 가장 큰 변수인 응력과 변형량(변형률)에 있어 다음과 같이 개선효과를 파악할 수 있다는 것이다.

① **변형량** : 개선 전에는 중앙부에서 0.495mm로 변형되었지만, 개선 후에는 0.443mm로 줄어들어 10.5%의 개선이 되었다.

② **응력** : 개선 전에는 스마트폰에 있어 가장 취약한 부위(bottle neck)인 양옆 모서리부에서 6.56MPa로 응력이 집중되었는데, 개선 후에 6.15MPa로 줄어들어 6.25%의 개선이 되었다.

4) 개선설계 사례-스마트폰 배터리팩 케이스(Battery pack case)

(1) 개선설계의 필요성

삼성 스마트폰에서 배터리팩을 덮고 있는 후면 아래 부위의 케이스(case 또는 덮개 : cover)가 스마트폰의 경박단소와 휴대성을 고려한 미려한 디자인에 따른 구조와 조립성으로 인하여 다음 모델링 도면과 같이 설계되었다.

이는 현품 스마트폰을 분해하고 치수를 측정하여 똑같이 재설계한 역공학설계(Reverse engineering design)에 의한 도면이다. 그런데 그림 1.43(a)와 같이 구조상 문제점이 있다. 살두께와 폭이 너무 얇기 때문에 변형(deformation)이아 휨·뒤틀림(warp·twisting)이 쉽게 발생한다.

따라서 그림 1.43(b)와 같이 개선설계를 하여 문제점을 해결하였다. 옆에 실장된 부품은 다른 부품과 결합이 되어야 하므로 리브(rib)를 크고 높게 만들 수가 없다. 그러므로 도면과 같이 조립에 간섭이 없도록 폭이 가늘고, 높이가 낮은 격자(십자)형으로 실리브(rib)를 낮게 세워 강도 보강설계를 한 것이다.

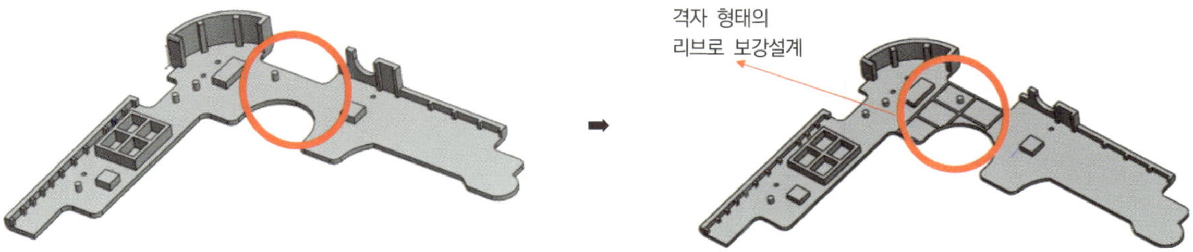

(a) 개선설계 전(강도 약함) (b) 개선설계 후(보강설계 : 보강리브 설치)

그림 1.43 스마트폰 배터리팩 케이스에 있어 리브의 보강설계(개선설계)

(2) CAE에 의한 개선효과 검증(리브에 대한 구조해석)

격자구조의 실리브(살두께가 얇은 리브)를 추가하여 강도를 보강한 3D 설계(모델링, modeling)에 대해 외부 힘(외력)에 대한 변형량(즉, 변형률)과 응력(단위 면적당 작용하는 외력, 여기서 언급하는 단위 면적은 정확히는 단위 단면적이다)에 대해 그림 1.44와 같이 구조해석을 하였다.

해석 결과에 의해 외력에 대해 얼마나 잘 견디는지에 대한 개선효과를 미리 예측하고 검증하는 것이다. 이는 제품설계에 의한 리브 설치가 실제 금형 수정 작업(여기서는 방전 가공)을 위한 중요하고 정확한 기초 설계자료가 되는 것이다.

① 변형률(deformation)해석

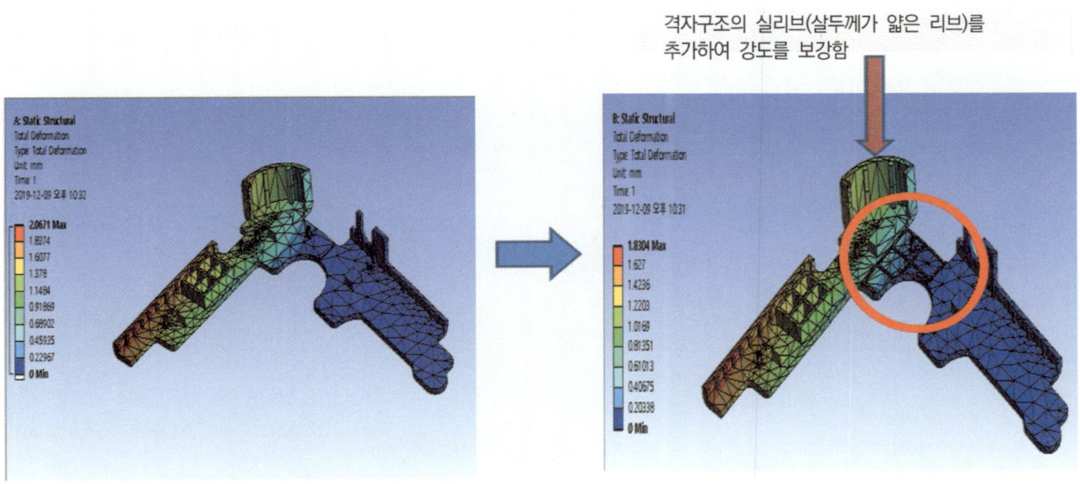

(a) 개선 전 변형량(2.06mm) (b) 개선 후 변형량(1.83mm)

그림 1.44 배터리팩 케이스의 구조해석(변형률, 변형량)

② 응력(stress)해석

그림 1.45와 같이 응력해석의 결과는 실리브를 격자구조로 설치한 개선 후에 응력이 훨씬 감소하여 외부 힘에 의한 변형, 즉 휨이나 뒤틀림을 방지할 수가 있다. 이렇게 개선설계가 이루어지지 않은 개선 전의 형상은 살두께가 얇으며 폭이 작아서 외부 힘에 취약한 구조였다.

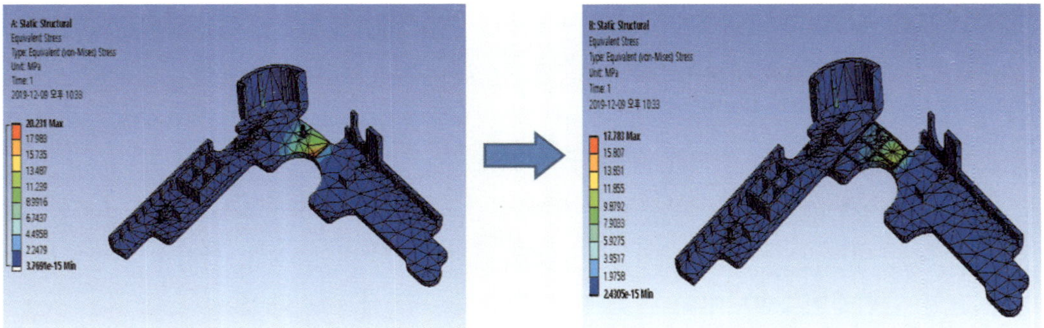

(a) 개선 전 응력　　　　(b) 개선 후 응력

그림 1.45 배터리팩 케이스의 구조해석(응력)

5) 개선설계 사례-스마트폰 갤럭시 S6

그림 1.46과 같이 스마트폰 프런트 케이스(front case)의 중심부가 디스플레이(display)를 설치해야 하는 구조로 인해 큰 구멍을 갖는 공간으로 뚫려있다. 따라서 프런트 케이스의 양쪽 측면 부위가 외부 힘에 취약한 구조를 가지므로 이를 보완하기 위해(보강) 0.5mm 두께의 리브를 수직으로 어레이(array, 배열)하여 실리브(두께가 얇고 높이가 낮은 작은 리브)를 설치하였다.

그림 1.47과 같이 리브의 배열은 바둑판식처럼 벽면에 수직한 방향으로 형상설계를 하여 보강을 위한 개선설계를 진행하였다.

그림 1.46 바둑판 형상(90° 수직형)으로 실리브를 설치한 개선설계 구조

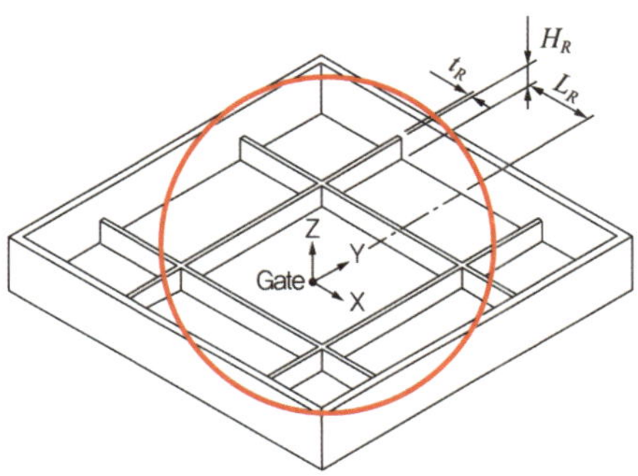

그림 1.47 바둑판식(90° 수직형, 격자형) 계열의 리브 모양

제 10 절 보스(Boss)

01 보스설계

1) 보스의 역할 및 기능

보스(boss)는 대부분이 셀프태핑 스크류(self-tapping screw, 스스로 탭을 내는 나사)를 사용하여 다른 플라스틱(plastic) 성형부품을 고정하기 위해 세워진 원형돌기(원형체, 원형기둥)이다.

기본 살두께 위에 돌출된 중공(中空, 가운데 속이 빈) 또는 솔리드(solid, 中實, 속이 꽉 찬) 상태의 원형체(원통기둥) 모두를 보스(boss)라고 한다.

그림 1.48은 전형적인 보스를 보여주고 있다. 보스의 강도를 높이기 위한, 즉 보강을 위해 외곽 벽두께에 리브로 연결된 기본적이며 전형적인 보스와 리브의 설계기술이다.

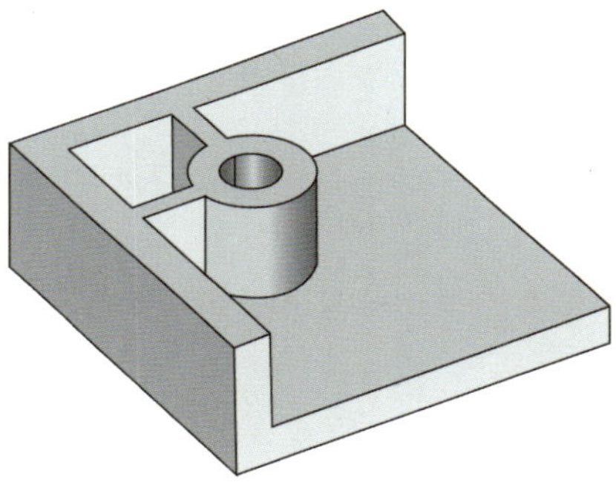

그림 1.48 리브로 보강된 보스(boss)

이것은 셀프태핑 스크류, 확장 인서트, 억지끼워맞춤 플러그, 드라이브 핀 등을 이용하여 다른 부품을 조립할 목적으로 사용된다.

보스는 강도를 높이기 위한 보강용 리브를 이용하여 측벽에 연결되거나 지지된다.

보스는 리브를 이용하여 측벽에 연결되거나 지지되는데, 보스를 측벽에 직접 부착하게 되면 벽이 두꺼워져 싱크 마크(sink mark, 표면 수축자국)나 기공(void)이 발생하기 쉽다. 또한 속이 빈 보스는 코어 주위의 재료 흐름의 특성에 의해 웰드라인(weld line)이 생길 수 있다. 보스의 내경은 일반적으로 보스의 기능에 따라 결정되는데 셀프태핑 나사를 사용할 때는 보통 나사의 피치 직경(즉, 수나사의 바깥지름)의 약 85%가 보스의 내경이 된다. 그리고 보스의 외경은 나사의 피치 직경(즉, 수나사의 바깥지름)의 2배로 설계하는 것이 최적설계이다. 한편 그림 1.49와 같이 보스의 외경(바깥지름, Outer diameter)은 내경(안지름, Inner diameter)의 2 ~ 2.5배 정도로 설계하는 것도 바람직한데, 이 수치는 강도도 만족시키면서 두께는 얇아야 하는 보스의 특징을 만족시키기 위한 절충값이다.

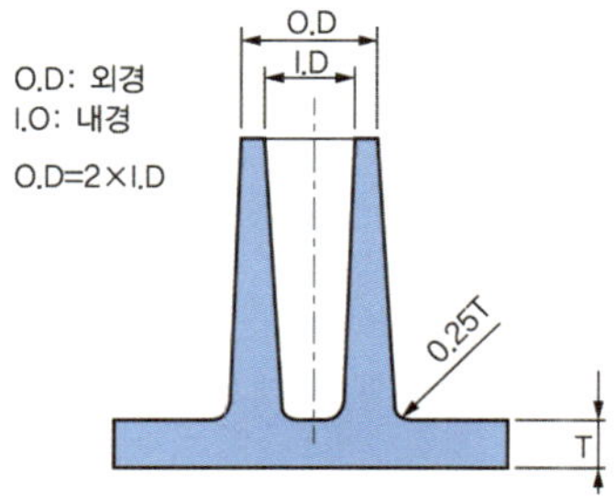

그림 1.49 보스의 안지름(내경)과 바깥지름(외경)의 설계 예

셀프태핑 스크류(self-tapping screw)를 사용하여 다른 플라스틱 성형부품을 체결하여 고정하는 것도 보스의 역할이다.

보스의 내경(안구멍)에 체결구멍을 직접 가공하거나 인서트(insert)하는 용도로 사용한다. 또한 리브(rib)와 같이 보강 용도로도 사용된다.

물론 셀프태핑 스크류(self-tapping screw)가 아닌 핫 또는 콜드 스테이킹(hot 또는 cold staking) 방식으로 부품을 고정하기 위한 작은 원형돌기도 있고, 부품조립 시 가이드(guide)용으로 세워진 작은 돌기도 있으나 이를 모두 보스(boss)라고 칭한다.

스테이킹(staking)이란 미리 플라스틱 재질의 스터드(stud, 돌출된 머리부)를 설치하고 조립될 부품을 스터드(stud)에 열을 가해 녹여 붙이는 용착(heat welding)이다. 일종의 리벳팅(rivetting) 방식으로 2개의 파트(part, 부품)를 고정하는 반영구적 조립방법이다.

다른 플라스틱 성형부품을 체결하는 방법으로 3가지 경우가 주로 활용된다.

① 보스에 직접 셀프태핑(self-tapping, 나사산을 내면서 체결)하는 경우
② 보스 내부에 가공된 금속 인서트(insert, 암나사가 가공된 금속 삽입물)를 후공정으로 삽입하는 경우
③ 금형에서 보스 구멍에 미리 인서트(insert)를 삽입한 후 사출하는 경우

또한 성형품의 체결·조립 시 살두께면이 압축하중을 직접 받는 것을 피하기 위해 보스는 기둥의 역할로서 사용되기 위해 세워진 원형돌기이다. 대부분의 보스는 성형품을 조립하기 위한 체결용으로 사용된다.

다른 플라스틱 성형품을 고정하거나, 부품조립 시 가이드용으로 세워진 작은 원통형 돌기도 보스라고 한다.

보스에 다른 부품이나 세트(set, 완제품)를 조립하기 위해 크게 두가지 방법으로 설계한다. 일반적으로 셀프태핑 스크류(self-tapping screw)용 보스와 인서트(insert)용 보스(boss)가 주로 사용되며 이에 대해 설명하기로 한다.

[보스(boss)]

- 돌출된 원형 돌기
- 다른 플라스틱 성형품 또는 프레스물, 가공물, 부자재 등을 체결하거나 보강하기 위해 세워져 있다.
- 서로 다른 조립제품들을 형합(fitting, 조립하여 모양을 정확히 맞춤)하고 체결하여 완성품을 만든다.
- 보스의 빼기구배(draft angle)는 외경측 1°, 내경측 1.5°로 한다.
- 측벽과 가까운 보스는 리브(rib)로 연결한다. 아주 튼튼한 보강이 된다.

그림 1.50에서는 보스에 압축응력, 전단응력 및 인장응력이 작용하는 상태를 보여준다.

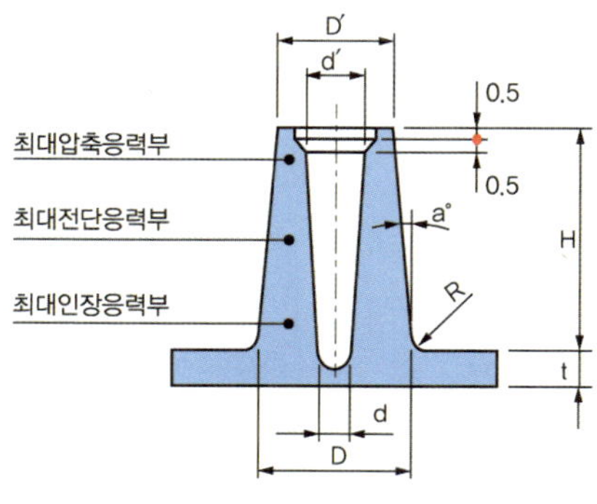

그림 1.50 보스에 작용하는 압축응력, 전단응력 및 인장응력

그림 1.51은 전형적인 보스의 형상 및 구조를 보여준다. 보스는 체결의 기능(역할)과 동시에 내충격(외부 충격에 잘 견디는)을 위한 구조이다. 이 기능을 더 좋게 하기 위해서는 리브(rib)를 설치한다. 제품 측벽(벽두께)에 부착된 보스(boss)설계이다. 외부 힘에 더 잘 견디도록 보스(boss)의 강도를 높이기 위해 리브(rib)를 설치한 기본적이며 필수적인 설계의 사례이다.

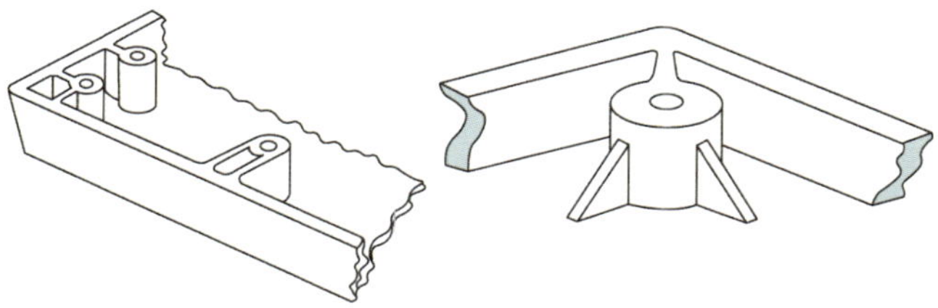

그림 1.51 보스 형상 및 구조설계 그리고 제품 측벽에 부착된 보스(boss)와 리브설계의 예

그림 1.52는 앞에서 설명한 보스(boss)의 강도를 높이기 위해 리브(rib)를 설치한 설계에 있어 보스의 중심을 가로방향(횡방향)으로 단면을 잘라 그린 단면도이다. 이때 가로방향(횡방향)으로 설치된 리브는 단면해칭(hatching)을 하지 않는 것이 설계의 원칙이다.

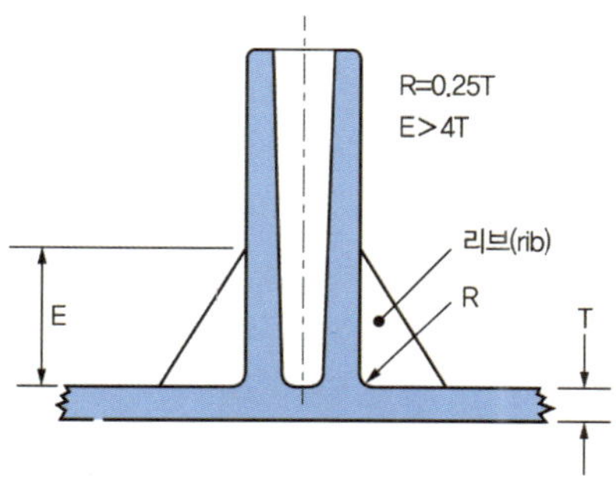

그림 1.52 리브가 설치된 보스의 단면도 및 설계 예시

[설계기술 목적]

부품을 체결하고 고정하기 위한 작은 원형돌기와 부품 조립 시 가이드(guide)용으로 세워진 작은 돌기 모두 보스(boss)라고 한다. 제품의 강도를 확보하기 위해 살두께가 두꺼울수록 좋다.
셀프태핑 스크류, 확장 인서트, 억지끼워맞춤 플러그, 드라이브 핀 등을 이용하여 다른 부품을 조립하기 위해 고안된 설계기술이다.

[설계기술 장점]

두꺼운 보스 형상은 피해야 한다. 보스를 두껍게 설계하면 싱크 마크(sink mark)가 발생하거나 기포(void), 웰드라인(weld line) 등이 발생하게 된다.
보스를 벽두께에 가까운 측벽에 설계 시 리브(rib)를 사용하여 살두께를 줄여야 한다. 만약 보스를 측벽에 붙여서 설계하면 위와 같은 현상이 발생한다.
리브와 마찬가지로 빼기구배를 줘야 한다. 만약 빼기구배를 주지 않으면 사출성형 후 돌출과정에서 성형품에 이젝터 핀(ejector pin) 자국이 남거나 긁힌 자국이 남게 된다. 하지만 보스 내경에 태핑(tapping)을 해야 하는 경우 빼기구배를 하면 안되고, 도면에 '빼기구배 불가'라고 반드시 기재를 해야 한다.

[설계기술 요약]

보스(boss)는 대부분이 성형품의 체결, 조립 시 살두께면이 압축하중을 직접 받는 것을 피하기 위해 셀프태핑 스크류(self-tapping screw)를 사용하여 다른 플라스틱 성형부품을 고정하기 위해 세워진 원형돌기이다. 물론 셀프태핑 스크류가 아닌 핫 또는 콜드(hot 또는 cold) 스테이킹(staking) 방식으로 부품을 고정하기 위한 작은 원형돌기도 있고, 부품 조립 시 가이드(guide)용으로 세워진 작은 돌기도 있으나 모두 보스(boss)라 칭한다. 보스설계상 유의점은 보스의 빼기구배는 외경측 1°, 내경측 1.5° 정도로 하고, 보스의 높이는 빼기구배로 인한 보스 근원 직경이 커지므로 외관상의 싱크(sink, 수축)를 방지하고 금형의 고장을 방지하기 위해 20mm 이하로 하는 것이 좋다. 높이가 높은 보스는 그의 보강 및 수지의 흐름을 좋게 하기 위해 측면에 리브(rib)를 추가한다. 보스의 근원은 0.5mm 이상, 벽두께의 1/4 이하로 한다. 측벽과 가까운 보스(boss)는 리브(rib)로 연결하고, 보스와 보스와의 간격은 보스 직경의 2배 이상으로 하는 것이 바람직하다.

(1) 셀프태핑 스크류(Self-tapping screw)로 체결 및 고정

셀프태핑 스크류(self-tapping screw)를 사용하여 다른 플라스틱 성형부품을 체결하여 고정하는 설계이다. 설계도 간단하며 조립성도 좋지만 수시로 분해하고 체결 시에 나사가 헛도는 탭오버(tap over, 플라스틱 보스 내부에 성형된 탭, 즉 암나사가 빈번하게 잠그는 체결과 풀음으로 마모되어 나사가 헛도는 것) 현상이 발생한다. 이는 보스에 형성된 나사부가 셀프태핑 스크류에 의해 마모되어 일어난다.

또한 충격 시에 강도가 취약하다. 셀프태핑 스크류를 고정하는 보스의 살두께(원형)가 작아 강도에 약하기 때문이다.

사진 1.13과 1.14에서 보여주는 스마트폰 케이스 내부에 형성되어 있는 3개의 보스는 전형적인 셀프태핑 스크류(self-tapping screw) 체결용 보스이다.

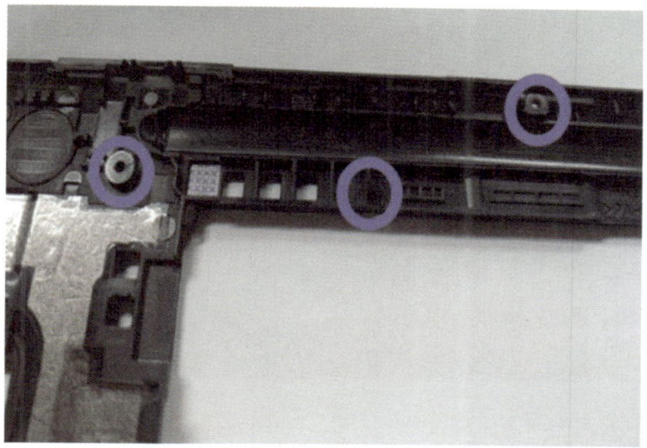

사진 1.13 전형적인 셀프태핑 스크류(self-tapping screw) 체결용 보스(boss)

(a) 보스(boss)

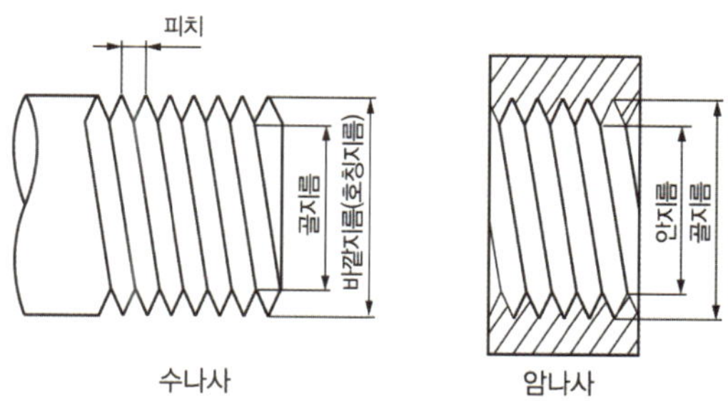

(b) 기계나사의 원리

사진 1.14 전형적인 셀프태핑 스크류(self-tapping screw) 체결용 보스(boss)와 나사의 체결 원리

(2) 보스에 인서트(Insert) 삽입

기계나사(machine screw)에 의한 체결 및 조립은 앞에서 언급한 셀프태핑 스크류(self-tapping screw)에 의한 체결 시의 문제점을 해결하고 보완하기 위하여 보스에 금속으로 된 인서트를 삽입하여 고정한 후 기계나사를 사용해 체결·조립하는 방식이다. 이때 암나사와 수나사가 체결되기 위해선 최소 3개 이상의 나사산(최소 2피치 이상)으로의 체결력(fastening torque)이 요구된다.

제품에선 암나사의 나사산을 확보하기 위해서 인서트(암나사가 절삭가공된 금속) 삽입을 위한 보스를 세운다.

사진 1.15는 기계나사로 체결하기 위해 보스에 인서트(insert, 암나사 금속)가 삽입된 설계구조이다.

사진 1.15 보스에 인서트(insert, 암나사 금속) 삽입

2) 보스설계 시 고려 사항(요점 및 주의점)

보스(boss)를 설계할 때 고려해야 할 사항(요점 및 주의점·유의점)은 다음과 같으며, 설계 노하우(know how)라고 할 수가 있다.

(1) 보스설계(Boss design)

① 보스(boss)의 빼기구배는 외경측 1°, 내경측 1.5° 정도로 한다.

② 보스(boss)의 높이는 빼기구배로 인한 보스(boss) 근원 직경이 커지므로 외관상의 싱크(sink, 수축)를 방지하고 금형의 고장을 방지하기 위해 20mm 이하로 하는 것이 좋다.

③ 높이가 높은 보스(boss)는 그의 보강 및 수지의 흐름을 좋게 하기 위해 측면에 리브(rib)를 추가한다(그림 1.53의 (b) 참조).

④ 보스(boss) 근원의 R은 0.5mm 이상, 벽두께의 1/4 이하로 한다.

⑤ 측벽과 가까운 보스(boss)는 리브(rib)로 연결한다(그림 1.54 참조).

⑥ 보스(boss)와 보스(boss)와의 간격은 보스(boss) 직경의 2배 이상으로 하는 것이 바람직하다.

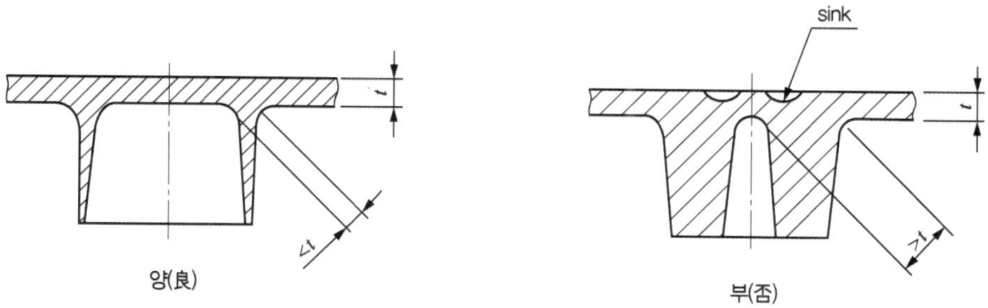

(a) 보스(boss) 근원 두께

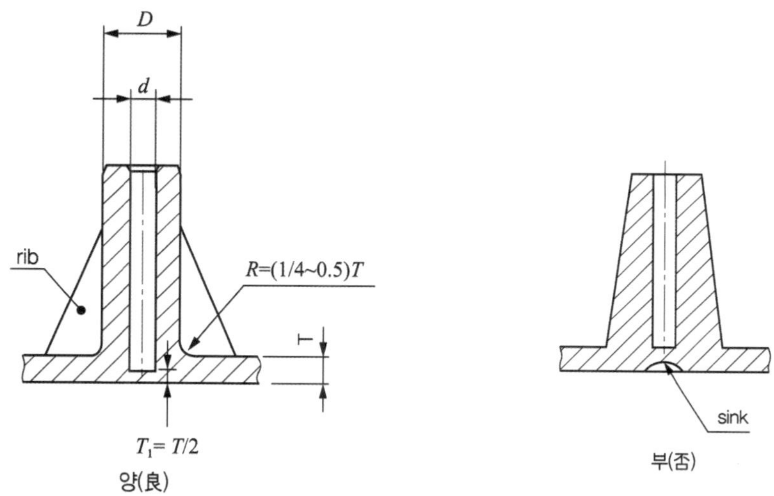

(b) 보스(boss)의 치수 및 보강 리브(rib)

그림 1.53 보스(boss)의 설계방법

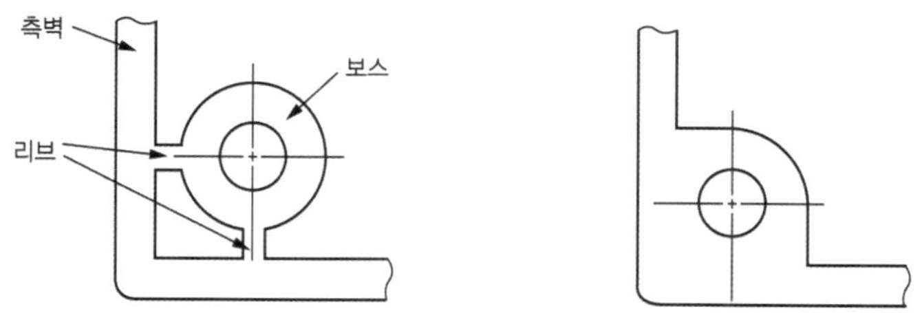

(a) 잘된 설계 (b) 잘못된 설계(sink 발생)

그림 1.54 측벽과 인접된 보스(boss)의 처리 예(평면도)

(2) 보스의 보강설계(補强設計)

그림 1.55는 보스설계의 사례이다. (a)는 보스를 단면도로 그려서 관련 치수와의 상관 관계를 설계지침(guide line)으로 표시하였다. (b)는 보스를 보강하기 위하여 십자형의 격자 리브(즉, 십리브)를 설치한 예이다.

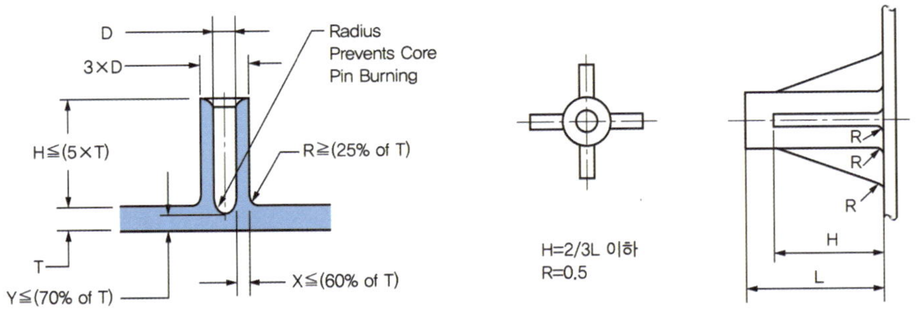

(a) 보스의 설계지침(guide line) (b) 보스 외형과 십자형 격자 리브의 설치

그림 1.55 보스(boss)의 설계지침 및 리브 설치의 예

측벽에 인접한 보스를 보강하기 위하여 리브를 설치한 경우를 단면도와 평면도를 그려서 살펴보자. 그림 1.56(a)는 제품 케이스(case)의 측벽에 인접한 보스를 보강하기 위해 제품의 측벽 살두께(벽두께)에 리브를 설치한 경우를 단면도로 보여주고 있으며, 그림 1.56(b)는 보스의 보강을 위해 보스가 두꺼워지면 수축(sink, 싱크)이 발생하므로 이를 개선한 설계의 예이다. 이런 경우에 리브의 설치가 효과적이다. 리브는 보강을 위해 필요하면서도 살두께를 줄여 무게도 가볍게 할 뿐 아니라 싱크 방지에 아주 효과적이다.

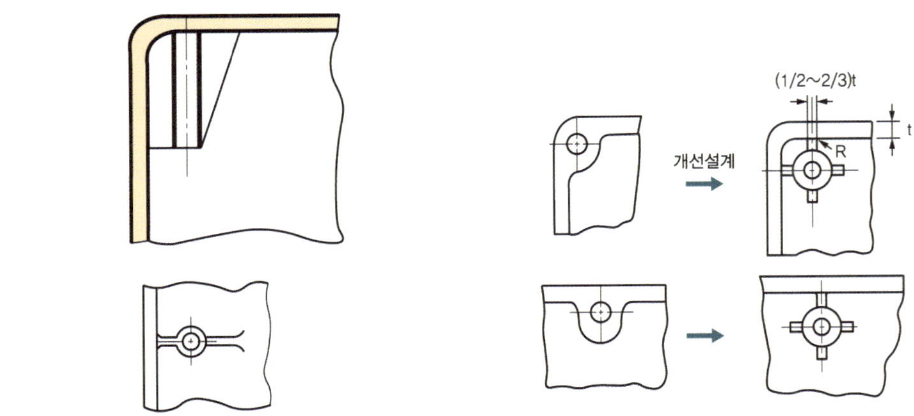

(a) 측벽에 인접한 보스에 리브를 설치한 단면도 (b) 보스에 리브를 설치한 평면도(개선설계의 예)

그림 1.56 보스 및 리브 설치의 설계 예

그림 1.57은 스마트폰의 한 부품 내부 도면이다. 보스에 리브를 형성시켜 보스를 보강설계한 사례를 도시하고 있다.

(3) 보스의 보강

보스를 보강하기 위해서는 보스에 보강용 리브를 대주면 된다. 가장 강도가 좋은 보강 리브의 설계는 십자형으로 된 격자구조이다.

그림 1.57(a)는 리브가 적용되지 않은 보스이고, (b)는 보스를 보강하기 위하여 십자형의 격자 리브(즉, 실리브)를 설치한 예이다.

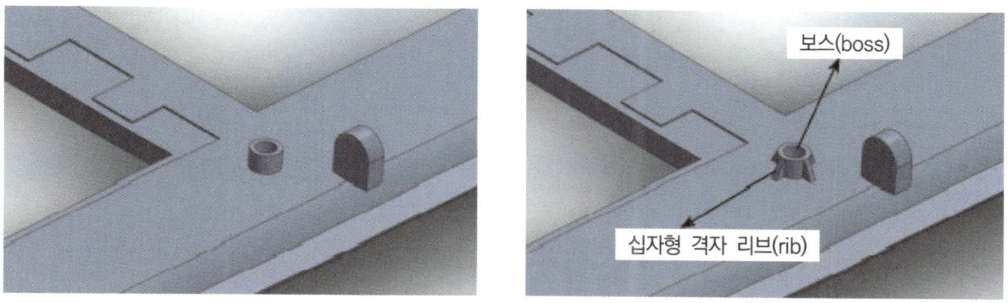

(a) 리브가 적용되지 않은 보스 (b) 십자형의 격자 리브가 설치된 보스

그림 1.57 십자형 격자 리브(rib)를 설치하여 보강한 보스(boss)

사진 1.16에서는 스마트폰 케이스(case) 내부의 아래 부분에 형성된 2개의 보스를 보여준다. 리브가 형성되어 있지 않은 실물(현품)으로, 부품 체결용 보스이다. 그러나 리브가 형성되어 있지 않은 이런 보스의 설계는 바람직하지 못한 설계이다.

사진 1.16 스마트폰에 형성된 2개의 보스

(4) 노트북 컴퓨터의 보스 설치

사진 1.17은 노트북 컴퓨터의 미들 커버(middle cover)에 설치된 보스이다. 충격 시 보스의 균열(crack, 크랙)이나 깨짐을 방지하기 위하여 보강을 하였다. 보강설계는 보스에 원주 여러 방향으로 가는 실리브를 설치한 구조이다. 보스에 대해 그 역할을 정리하면 다음과 같다.

① 보스는 부품을 체결·고정하기 위한 작은 원형돌기와 부품 조립 시 가이드(guide)용으로 세워진 작은 돌기이다.

② 높이가 높은 보스에는 보강과 사출 시 수지의 흐름을 좋게 하기 위해 측면에 리브(rib)를 추가하기도 한다.

③ 미들 커버(middle cover)의 경우, 인서트가 삽입된 보스에도 기계나사가 체결되어야 하기 때문에 리브로 반드시 보강되어 있다. 이는 필수 설계가 된다.

사진 1.17 보스 설치의 예(인서트와 실리브)

인서트(insert)의 형상은 용도에 따라 다양하다. 그림 1.58은 인서트설계의 한 예시로 서로 다른 형상과 구조를 보여준다.

그림 1.58 인서트의 종류(형상 및 구조)

3) 셀프태핑 스크류(Self-tapping screw) 호칭경(호칭지름)에 따른 보스(Boss)설계와 치수 기입

(1) 셀프태핑 스크류(Self-tapping screw)와 보스와의 체결설계

그림 1.59와 같은 전형적인 보스(boss)에 셀프태핑 나사를 사용하여 보스의 구멍(안지름)에 나사를 내어 부품을 고정하기 위한 설계를 설명하고자 한다. 보스의 구멍이 셀프태핑 나사의 바깥지름(이를 나사의 호칭지름, 호칭경이라고 한다)보다 작아야 한다. 따라서 셀프태핑 나사가 보스의 구멍(안지름)에 스스로 나사를 내면서 억지끼워맞춤으로 끼워지고 체결됨으로써 상대 부품(취부물)이 고정되는 것이다.

따라서 설계지침은 보스의 구멍은 보통 셀프태핑 나사의 바깥지름보다 작은 85% 수준으로 설계한다. 즉, 셀프태핑 나사의 바깥지름을 Φ, 보스의 안지름(내경)을 d라 한다면

$d=\Phi\times85\%$로 설계하면 된다.

그리고 보스의 바깥지름(외경)을 D라 하면, 보스 외경은 셀프태핑 나사의 바깥지름보다 2배로 크게 설계한다.

즉, $D=\Phi\times2$가 되는 것이다.

다음은 앞에서 설명한 보스의 안지름(d), 바깥지름(D)을 보스의 단면도를 그려서 이해하기 쉽게 표시하였다.

일반적으로 셀프태핑 나사의 체결을 원활하게 하도록 보스 구멍(안지름)에 모떼기(chamfer)를 C0.3 ~ C0.5 정도로 준다.

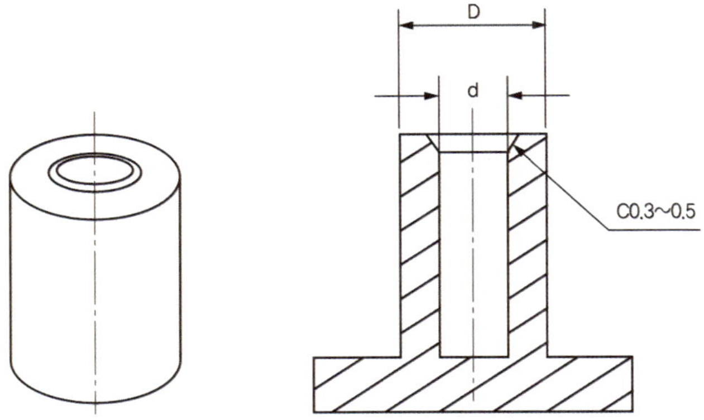

(a) 전형적인 보스의 외형 (b) 보스의 단면도

그림 1.59 보스의 구멍인 안지름(내경)과 바깥지름(외경)의 표기

표 1.5는 앞에서 설명한 공식에 의하여 셀프태핑 나사의 호칭지름(Φ, 호칭경), 보스의 바깥지름(D, 외경), 보스의 안지름(d, 내경)과 상관된 설계 치수를 기입한 표이다. 표 1.5에 따라 설계하는 것이 바람직하다. 보스(boss)의 표준설계기준이라고 할 수 있다.

표 1.5 셀프태핑 나사의 바깥지름(호칭경)에 따른 보스의 외경 및 내경 치수(단위 : mm)

셀프태핑 나사 호칭경(φ)	보스 외경(D)	보스 내경(d)
M2	4	1.7
M2.5	5	2.1
M3	6	2.5
M3.5	7	3
M4	8	3.4

[적용 예] M2 셀프태핑 나사(screw)로 체결 시

- 셀프태핑 나사 바깥지름(호칭지름, 호칭경) : φ2mm
- 보스 구멍(안지름, 내경) : φ1.7mm
- 보스 바깥지름(외경) : φ4mm

(2) 셀프태핑 스크류(나사)

종래에는 팬 헤드형(pan head type) 2종(KS B 1032)이 많이 사용되었으나, 현재에는 그림 1.60과 같은 탭 타이트 스크류(tap tite screw)라는 상품명으로 명명된 셀프태핑 스크류(self-tapping screw)가 플라스틱 제품에 널리 사용되고 있다. 탭 타이트 스크류는 미국의 콘티넨탈 스크류(Continental screw)사(社)에서 개발되어 파스너(fastener) 공업계에 신제품의 하나로 평가되고 있다.

탭 타이트 스크류는 일반적으로 볼 때 종래의 것과 유사하나 나사직경 방향으로 단면을 보면 외경을 3개의 원호가 삼각형으로 이루고 있으며, 또한 종래의 나사와는 외경(바깥지름), 유효경(유효지름) 및 골경(골지름)이 상이함을 알 수 있다. 따라서 원주상에 3개의 원호로 된 돌기가 있기 때문에 적은 죔 토크(torque, 체결력)로서 플라스틱(plastic)에 나사산을 전조 성형시킬 수가 있어 가장 이상적인 나사 성형(thread forming)을 할 수 있게 된다.

탭 타이트 스크류의 특징은 다음과 같다.

① 나사의 접속률이 높아 큰 체결력을 얻을 수 있다.
② 진동에 대한 풀림방지 효과가 크다.
③ 풀림 토크(torque)가 크고 탭오버 현상(tap over 현상, 나사산이 마모되어 헐거워져 나사가 헛도는 현상)이 적다.

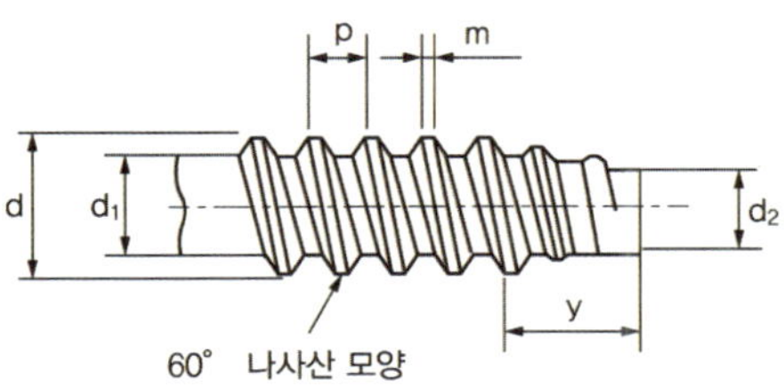

그림 1.60 일반 셀프태핑 나사(self-tapping screw) 탭 타이트(셀프태핑) 스크류의 형상(KS B 1032 2종)

02 CAE 해석에 의한 효과분석

1) 리브(Rib)와 보스(Boss)를 이용한 개선설계와 효과분석

다시 정리하면 리브(rib)의 역할과 기능은 성형품의 강성, 강도를 보강하고자 할 때, 사출 후 변형을 최소화하고자 할 때, 조립이나 가이드용 구조물 등의 용도로 많이 사용한다.

보스(boss)는 구멍이 파진 원통형으로 돌출된 돌기이다. 셀프태핑 스크류(self-tapping screw)의 체결용 구멍, 기계나사 체결을 위한 인서트(insert) 삽입용 구멍이 뚫린 원형 구조(즉, 서포트, 지지대), 강도를 보강, 조립이나 가이드용 구조물 등의 용도로 사용한다.

따라서 이 두 가지(리브와 보스)가 결합되면 그 효과와 기능은 더욱 확장된다.

그림 1.61은 리브(rib)와 보스(boss)가 결합된 설계의 예이다.

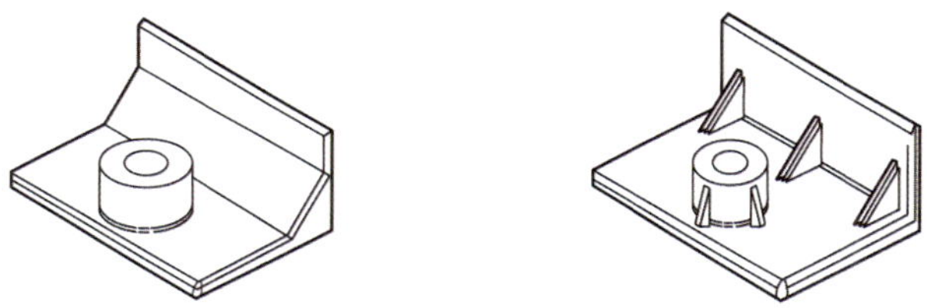

(a) 잘못된 설계(bad design) (b) 잘된 설계(good design)

그림 1.61 잘못된 설계와 잘된 설계의 예

그림 1.61에서 보여주듯이 보스에 실리브를 주는 설계(잘된 설계, good design)가 얼마나 외력에 대항하는 강도 증가와 더불어 변형률 감소에 효과가 있는지를 평가하고 검증하기 위해 실제 현품 스마트폰 백 케이스(back case, back cover)를 역설계하고, 다른 실장 부품들과의 간섭이 생기지 않도록 조립성을 검토하고 확인한 후 실리브를 추가한 개선설계를 하였다. 보스에 실리브가 형성된 개선설계 도면(3D 모델링, modeling)은 그림 1.62와 같다. 특히 백 케이스 단품은 왼쪽 부위가 파져 있기에 외력에 취약한 구조이다. 우선 5개 보스 모두(5개소, 個所)에 실리브를 설치했다. 따라서 외력에 대한 두 개의 변수(응력과 변형량) 차이에 대하여 스마트폰 백 케이스(back case, back cover) 설계도면을 ANSYS CAE(앤시스 프로그램 해석)로 구조해석을 한 결과에 대한 사례를 통하여 모델링과 구조해석에 의한 리브와 보스를 결합한 개선설계의 효과에 대해 구체적으로 알아보기로 한다.

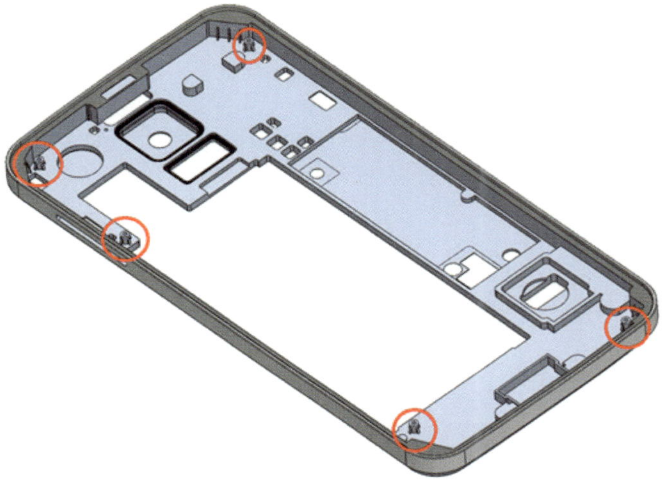

그림 1.62 스마트폰 백 케이스(back case, back cover) 3D 모델링(개선설계 도면)

2) 모델링 구조해석(폰 미세스, Von-Mises 응력) 및 개선설계

스마트폰에서 가장 취약한 부위는 모서리(코너, corner)이다. 여기에 충격이 가해지면 응력집중으로 인해 깨지기 쉽다. 따라서 이런 극한 상황을 설정하여 모서리 부위에 대한 충격해석을 진행하였다.

$$F = M \times \frac{\Delta V}{\Delta t}(\text{가정} : \Delta t = 0.01s,\ V = \sqrt{2gH} \Leftarrow \frac{1}{2}MV^2 = MgH \text{ 이므로})$$

Material Property : PC(폴리카보네이트, Polycarbonate)

H = 1m일 때 Force = 770N

H = 2m일 때 Force = 1,089N

→ ANSYS Workbench

대부분의 경우 1m 이상에서 떨어지므로 Force = 920N일 때로 가정(H = 1.47m)

그림 1.63과 1.64는 낙하높이 1m에서 단품인 스마트폰 백 케이스(back case, back cover)를 자유 낙하시켜 바닥과 충돌 시 충격해석에 의해, 이때 작용하는 응력(충격강도)과 변형량을 해석하고 개선설계 이전과 개선설계 이후의 효과를 예측한 CAE 해석 데이터를 보여준다.

(1) 모델링해석 및 개선설계(H=1m)

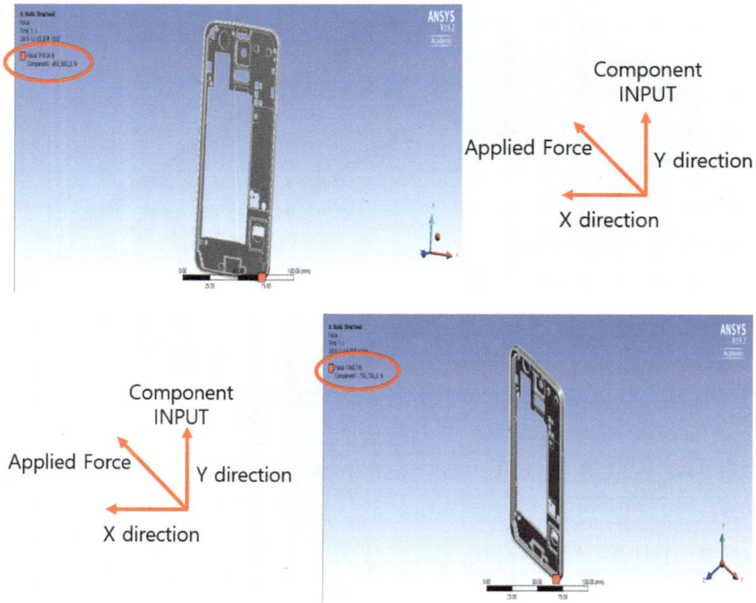

그림 1.63 백 케이스(back case, back cover)의 모서리 충격해석(응력)

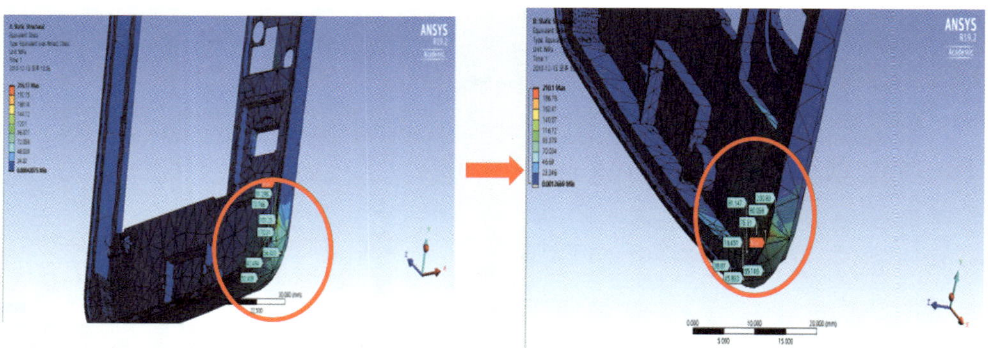

	개선설계 이전	개선설계 이후
Von-Mises stress(MPa)	216MPa	210MPa

Von-Mises(폰 미세스) 퍼센트 포인트 : (210MPa/216MPa)×100% = 97.2%

→ 국소적인 응력이 발생하지만 보스와 리브를 설치하는 개선설계 시에는 좀 더 고른 응력분포(균등한 응력분포)를 보여주고 있다.

(a) 개선설계 전(리브 및 보스 적용 없음) (b) 개선설계 후(리브 및 보스 적용)

그림 1.64 백 케이스(back case, back cover)의 모서리 충격해석의 비교
(H=1m에서 개선설계 이전과 이후의 응력, 충격강도)

[해석에 따른 예측 결과]

[(210 − 216)/216]×100 = −2.7%으로 약 3%가 감소하였다.

그림 1.65는 낙하높이 2m에서 스마트폰 백 케이스(back case, back cover) 단품을 자유 낙하시켜 바닥과 충돌 시 충격해석에 의해, 이때 작용하는 응력을 해석하고 작용하는 응력(충격강도)이 얼마나 감소했는지에 대해 개선설계 이전과 개선설계 이후의 효과를 예측한 CAE 해석 데이터를 보여준다.

(2) 모델링해석 및 개선설계(H = 2m)

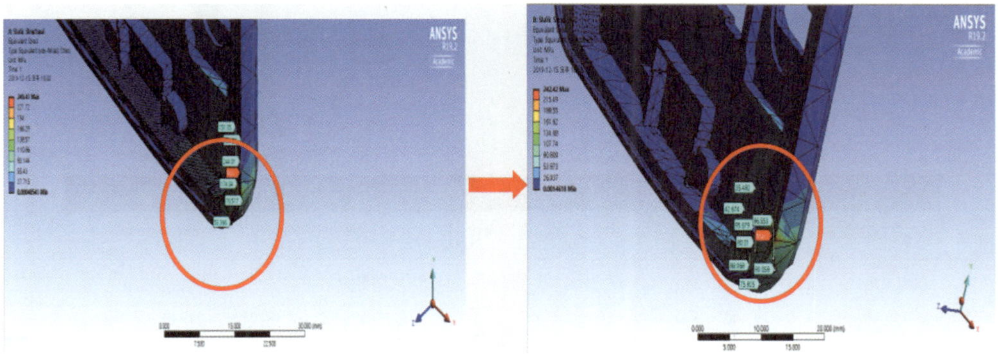

	개선설계 이전	개선설계 이후
Von-Mises stress(MPa)	249MPa	242MPa

Von-Mises 퍼센트 포인트 : (242MPa/249MPa)×100% = 97.1%

→ 국소적인 응력이 발생하지만 보스와 리브를 설치하는 개선설계 시에는 좀 더 고른 응력분포(균등한 응력분포)를 보여주고 있다.

(a) 개선설계 전(리브 및 보스 적용 없음) (b) 개선설계 후(리브 및 보스 적용)

그림 1.65 백 케이스(back case, back cover)의 모서리 충격해석의 비교 (H=2m에서 개선설계 이전과 이후의 응력, 충격강도)

[해석에 따른 예측 결과]

[(242 − 249)/249]×100 = −2.8%으로 약 3%가 감소하였다.

3) 모델링 구조해석(변형률, 변형량, Deformation) 및 개선설계

그림 1.66은 낙하높이 1m에서 스마트폰 백 케이스(back case, back cover) 단품을 자유 낙하시켜 바닥과 충돌 시 충격해석에 의해, 이때 작용하는 변형량을 해석하고 작용하는 변형량이 얼마나 감소했는지에 대해 개선설계 이전과 개선설계 이후의 효과를 예측한 CAE 해석 데이터를 보여준다.

(1) 모델링해석 및 개선설계(H=1m)

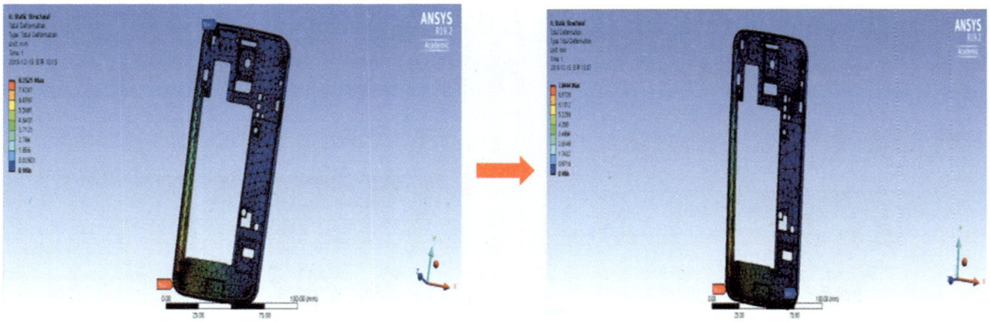

	개선설계 이전	개선설계 이후
Total Deformation(mm)	8.3mm	7.8mm

Total Deformation 퍼센트 포인트 : (7.8mm/8.3mm)×100% = 94%

(a) 개선설계 전(리브 및 보스 적용 없음) (b) 개선설계 후(리브 및 보스 적용)

그림 1.66 백 케이스(back case, back cover)의 모서리 충격해석의 비교
(H=1m에서 개선설계 이전과 이후의 변형량)

[해석에 따른 예측 결과]

[(7.8 − 8.3)/8.3]×100 = −6.0%으로 약 6%가 감소하였다.

그림 1.67은 낙하높이 2m에서 스마트폰 백 케이스(back case, back cover) 단품을 자유 낙하시켜 바닥과 충돌 시 충격해석에 의해, 이때 작용하는 변형량을 해석하고 작용하는 변형량이 얼마나 감소했는지에 대해 개선설계 이전과 개선설계 이후의 효과를 예측한 CAE 해석 데이터를 보여준다.

(2) 모델링해석 및 개선설계(H=2m)

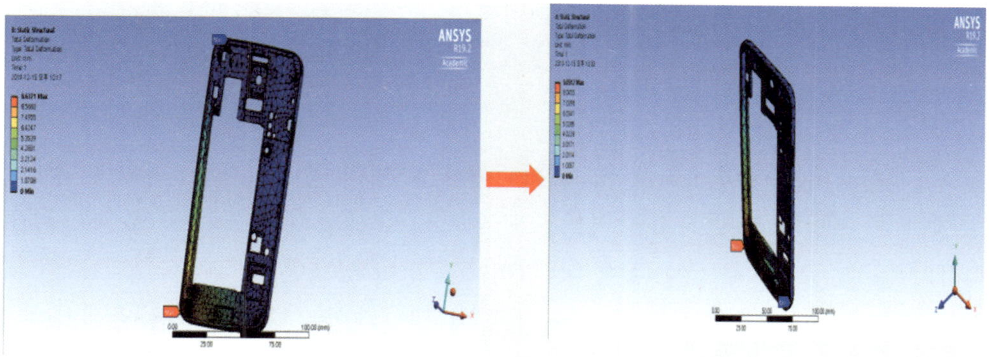

	개선설계 이전	개선설계 이후
Total Deformation(mm)	9.6mm	9.0mm

Total Deformation 퍼센트 포인트 : (9.0mm/9.6mm)×100% = 93.7%

(a) 개선설계 전(리브 및 보스 적용 없음) (b) 개선설계 후(리브 및 보스 적용)

그림 1.67 백 케이스(back case, back cover)의 모서리 충격해석의 비교
(H=2m에서 개선설계 이전과 이후의 변형량)

[해석에 따른 예측 결과]

[(9.0 − 9.6)/9.6]×100 = −6.25%으로 약 6.3%가 감소하였다.

제 11 절 구멍(Hole)

대부분의 사출성형품에는 구멍(hole)이 있게 마련이다. 구멍의 형태는 원형, 타원형, 장방형, 각형 등 여러 가지 모양이다. 구멍의 사용 목적은 버튼용, 스위치용, 콘덴서 마이크용, 카메라용, 충전용 등 여러 기능을 발휘하기 위한 용도로 구멍이 나 있다. 그러나 구멍이 있으면 그 주변에 웰드라인(weld line)이 발생하기 쉬워 강도(strength)가 저하되고, 외관상에 결함이 되므로 다음 사항을 주의하여 제품설계를 해야 한다.

01 구멍의 피치(Pitch)설계

구멍과 구멍의 간격(pitch, 엄밀히는 구멍의 중심과 구멍의 중심간의 거리)이 너무 작으면 웰드라인(weld line)이 발생하기 쉽고, 금형이 약해질 우려가 있으므로 가능한 그림 1.68에 표시한 것과 같이 피치(pitch)는 구멍직경(지름)의 2배 이상으로 설계하도록 한다.

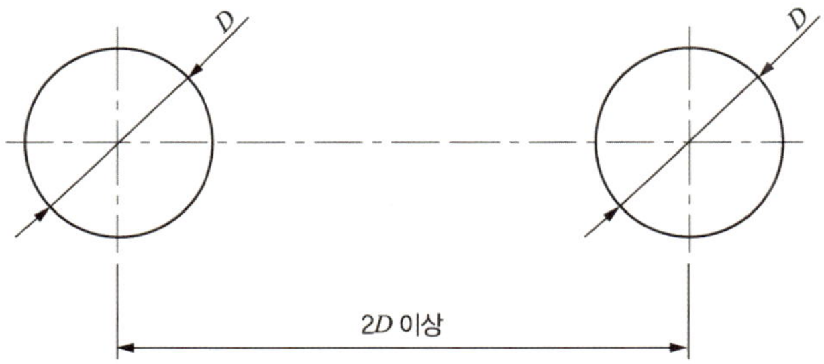

그림 1.68 구멍의 피치(pitch)

02 구멍 주변의 구조설계

구멍의 주변은 웰드라인(weld line)에 의한 강도가 저하되므로 그림 1.69(a), (b)에 표시한 것과 같이 그 주변에 살을 두껍게 하는 것이 좋다.

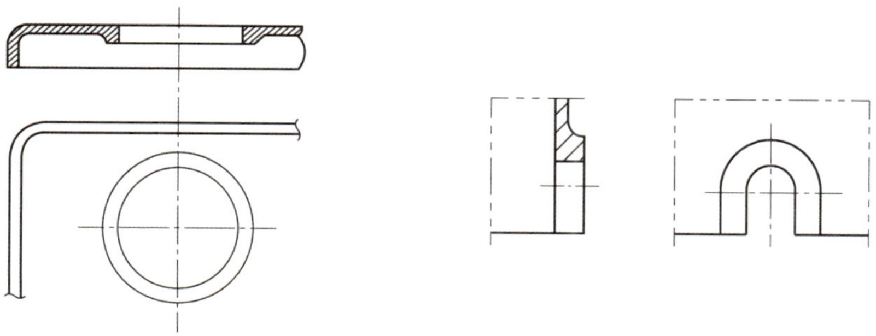

(a) (b)

그림 1.69 구멍 주변의 보강

03 구멍과 제품 끝단과의 거리

구멍과 제품 끝단과의 거리는 웰드라인(weld line) 문제, 금형의 강도 문제 등의 관계로 구멍 중심과 제품의 끝면(끝단)과의 거리는 구멍직경의 3배 이상으로 하는 것이 바람직하다(그림 1.70 참조).

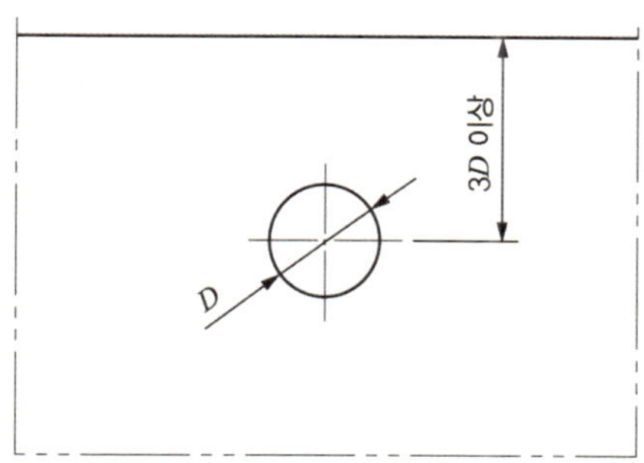

그림 1.70 구멍과 제품의 끝단 사이의 거리

04 막힌 구멍(盲孔, 맹공, Blind hole)의 설계

막힌 구멍의 설계는 특히 주의를 요한다. 이것은 수지 흐름방향의 압력으로 인해 금형의 핀이 구부러지기 쉽다. 가는 구멍, 예를 들어 ϕ1.5 정도의 경우 깊이의 2배 이상으로 하는 것은 바람직하지 못하다. 어떠한 경우이든 막힌 구멍의 깊이(L)는 직경(D)의 4배 이상이 되지 않도록 한다.

즉, L < 4D가 되도록 설계한다(그림 1.71 참조).

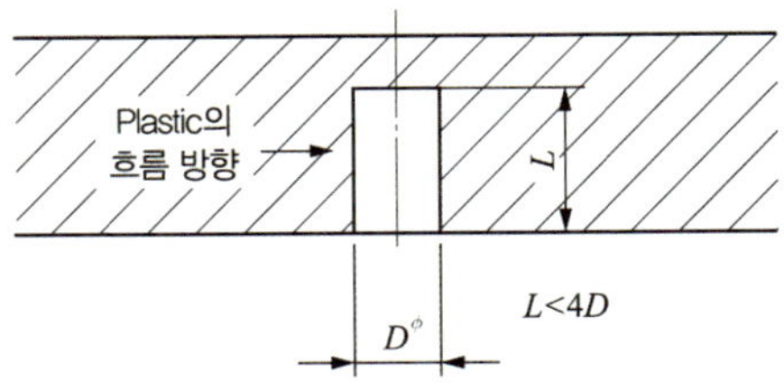

그림 1.71 막힌 구멍(盲孔, blind hole)의 설계

05 깊은 관통구멍(Deep through hole)의 설계

깊은 관통구멍에 있어서도 맹공(盲孔, blind hole)과 같이 주의를 요한다. 직경 5배 이상의 경우는 금형의 반대측에 핀 서포터(pin supporter)를 설치하면 핀의 휨을 방지할 수 있으나, 그 이상의 깊이로 되면 금형의 양측에서 핀을 세워 핀의 휨을 방지하도록 한다. 그런데 이 경우 구멍의 양측을 동일 직경으로 하면 편심의 우려가 있기 때문에 한쪽의 직경이 다른 쪽보다 0.5mm 이상 크게 하도록 한다. 또한 구멍의 깊이가 그 직경의 8배 이상이 되면 핀의 휨을 피할 수 없다(그림 1.72 참조).

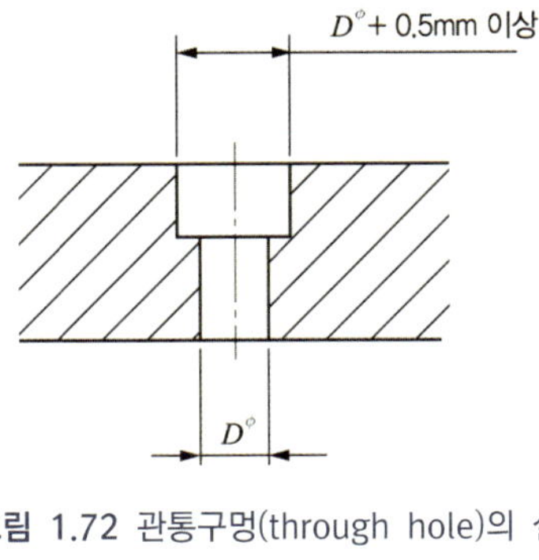

그림 1.72 관통구멍(through hole)의 설계

1) 카운터 보링(Counterboring, 계단식 구멍)의 구조설계(제품설계)

나사, 볼트 또는 너트의 머리 부분이 가공물 안으로 묻히도록 동심원의 계단식 2단 구멍(스텝 구멍, step hole)을 설계하여 사출(인젝션 몰딩, injection molding)하거나 절삭가공(machine work)하는 방법이다.

설계 목적은 체결이나 삽입 시 나사, 볼트머리 등이 제품 위로 돌출되지 않게 하기 위함이다. 그림 1.73은 금속가공에 있어 카운터 보링(counterboring)한 형상의 구조이다.

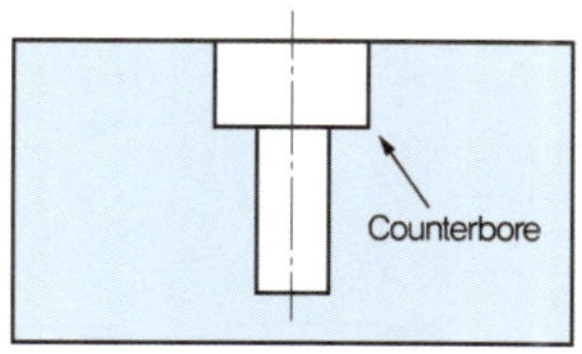

카운터 보링 작업

그림 1.73 금속가공에 있어 카운터 보링(counterboring)한 형상(계단식 구멍)

2) 계단식 구멍 구조설계(제품설계) 사례

사진 1.18은 2단 계단식으로 형성된 관통구멍(through hole)의 사례이다.

구멍의 목적은 나사를 체결 시 나사 머리부가 큰 구멍의 안으로 묻혀 조립에 있어 간섭이 생기지 않도록 한 것이다.

사진 1.18 2단 계단식으로 형성된 관통구멍(through hole)의 사례(스마트폰)

제 12 절 상자형 제품의 설계

01 측벽(Side wall)

상자형 제품의 측벽은 직선상으로 하면 휨이 발생되기 쉽다. 이것을 방지하기 위해서는 테두리 부분에 보강용 형상을 주면 많이 개선될 수 있다. 보강방법은 그림 1.74에서 나타낸 바와 같이 (a) 형상보다는 (e) 형상으로 갈수록 보강의 효과가 더욱 크다.

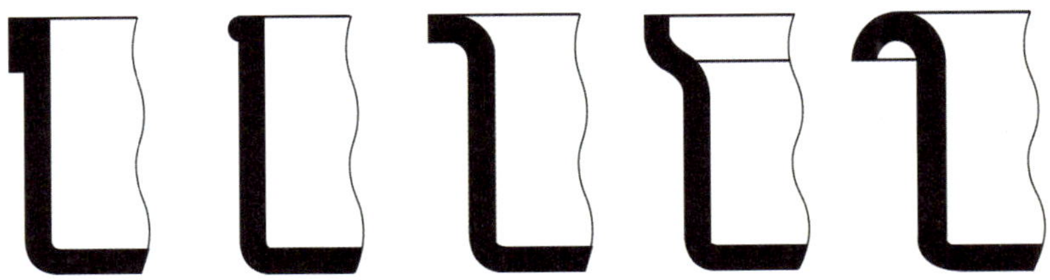

(a) (b) (c) (d) (e)

그림 1.74 측벽에 있어 테두리 부분의 보강

02 바닥 부분

상자형 또는 용기 제품의 성형에서는 바닥의 바깥쪽 중앙에 게이트(gate)를 설치하는 경우가 많다. 이때 수지의 흐름방향과 그 직각방향의 성형수축률 차이(무충전 수지의 경우, 그 수축률은 흐름방향 쪽이 직각방향보다 크나, 유리섬유를 충전한 수지의 경우는 그 반대로 흐름방향 쪽이 작다)로 인해 게이트(gate) 부근에 현저히 내부응력이 발생하여 평면 그대로 방치하면 바닥이 파손되기 쉽다.

이를 방지하기 위해서는 그림 1.75와 같이 바닥 부분에 높낮이를 주거나, 파형으로 형성시키고 바닥의 주변은 그림 1.76과 같이 R을 줌으로써 응력을 분산시킬 수 있다.

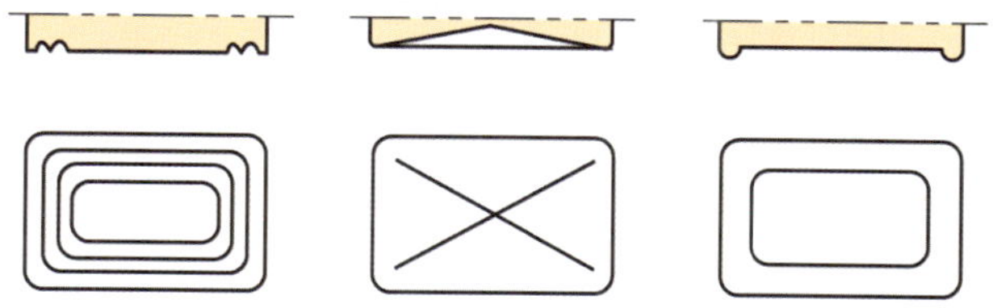

(a) (b) (c)

그림 1.75 용기의 바닥형상

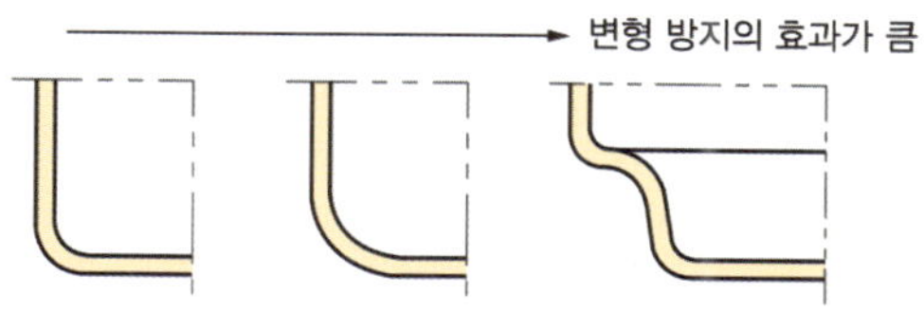

(a) (b) (c)

그림 1.76 바닥 주변의 보강(R을 준다)

제 13 절 언더컷(Undercut)

01 언더컷(Undercut)이란?

제품의 측벽(side wall)에 구멍이 있다든가, 내부 또는 외부 측면에 돌기 부분이 있어 성형기의 형개(型開, 금형의 열림)방향 운동만으로는 성형품을 빼낼 수 없는 경우를 언더컷(undercut)이라 하며, 언더컷(undercut)이 있으면 금형에 앵귤러 핀(angular pin, 경사핀) 또는 사이드 코어(side core 또는 slide core)를 설치하지 않으면 금형에서 제품을 뺄 수가 없다. 따라서 언더컷(undercut)이 있는 제품의 금형은 3단 금형으로 제작이 복잡하게 되어 고가로 되며, 고장이 생길 가능성이 높고 성형 사이클(cycle)도 길게 된다. 그런 이유로 가능한 언더컷(undercut)이 없는 제품설계를 하는 것이 바람직하다.

또한 제품의 성능 구현이나 조립성을 위해 어쩔 수 없이 언더컷(undercut) 구조나 형상이 생기는 경우에는 가능한 언더컷을 피하기 위한 언더컷 회피설계(제거설계)를 하는 것이 가장 이상적인 최적의 설계가 되는 것이다. 언더컷 회피설계(제거설계)를 할 때 고려할 사항은 크게 3가지이다.

① 제품의 외관, 즉 디자인이나 성능, 기능에 좋지 않은 영향을 끼쳐서는 안된다.

② 제품의 외관, 디자인을 유지하고, 성능이나 기능을 그대로 유지하기 위해서는 반드시 추가로 보완설계, 즉 개선설계를 하여 언더컷 회피설계(제거설계)의 완성도를 높여야 한다.

③ 언더컷 회피설계(제거설계)의 완성도를 높이는 제품설계는 제품의 특성과 용도 그리고 사용 환경에 따라 다르므로 이를 고려한 최적설계가 필요하다. 플라스틱 제품설계뿐만 아니라, 프레스, 다이캐스팅, 절삭가공을 비롯한 부품 및 소재, 고무(rubber)와 부직포, 실리콘, 스펀지를 비롯한 다양한 부자재설계 등 광범위하고 상세한 설계 스킬(skill)과 노하우(know how)가 뒷받침되어야만 한다.

[언더컷(undercut)]

- 돌기 부분이 안팎(내부 또는 외부)으로 돌출되어 있거나, 측벽 등에 구멍(hole)이 형성되어 있어 성형기의 형개방향 운동만으로는 성형품을 빼낼 수 없는 경우를 언더컷이라고 한다. 이는 2단 구성 금형으로는 성형품을 사출할 수 없는 제품설계의 구조 및 형상을 뜻한다. 결국은 3단 구성 금형으로 성형품을 사출해야만 한다.
- 금형에 앵귤러 핀(angular pin, 경사핀) 또는 사이드 코어(side core, slide core)를 설치하여 성형품을 빼내야 한다.
- 언더컷 제품의 금형은 제작이 복잡하며, 고가로 되며, 고장이 생길 가능성이 높고 성형 사이클(cycle)도 길게 된다. 따라서 생산성이 떨어진다.
- 최대한 언더컷이 없는 설계가 바람직하다. 그러나 디자인, 형상 구조상 언더컷이 있는 경우에는, 제품 성능 및 품질에 문제가 없는 한 언더컷 회피설계(제거설계)를 하는 것이 바람직하다.

02 언더컷(Undercut)의 제거–언더컷 회피설계(제거설계)

1) 언더컷 제거의 필요성과 언더컷 회피설계(제거설계)

사진 1.19에서 보여주는 바와 같이 언더컷 구조가 형성된 성형품들이 많다. 대표적인 사례는 3단 금형인 핀 포인트 게이트(pin point gate)를 적용하여 사출하는 스마트폰이 대표적이다.

이는 스마트폰의 외형 디자인이 휴대하기에 편리하도록 작고, 미려한 외형으로 인한 경박단소해야 하며, 한편으로 스마트폰의 성능과 기능이 고사양으로 인해 고성능화되어 그 속에 탑재되고 실장하는 기구부품과 회로부품도 갈수록 많아져, 집적도가 정밀하고 세밀하게 될 뿐만 아니라 모듈(module)화되어있으므로 그만큼 플라스틱 제품의 구조도 복잡해졌고 제품설계의 난이도도 증가하여 설계도 어려워지고 복잡해지고 있기 때문이다.

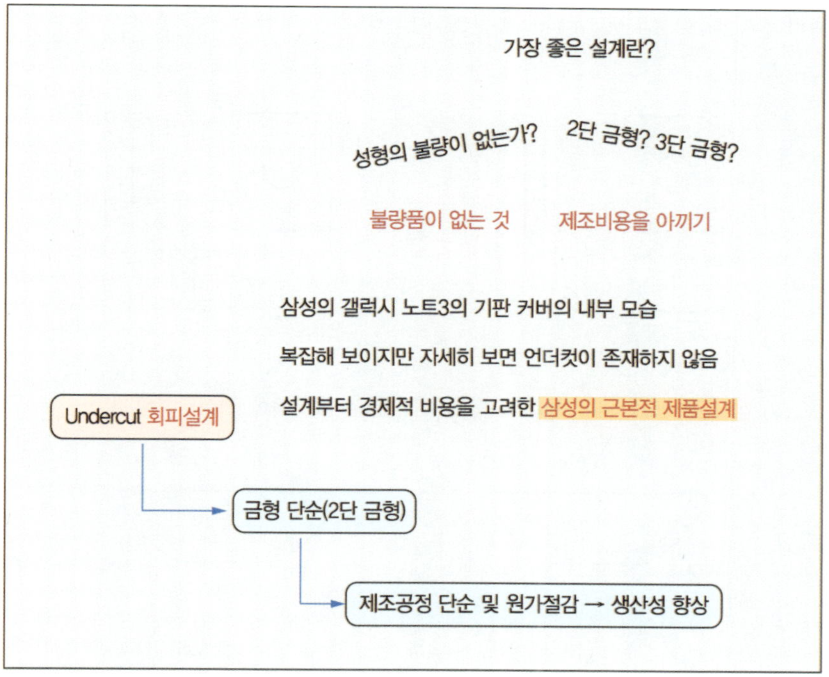

사진 1.19 스마트폰에서 언더컷 구조가 형성된 성형품들

그림 1.77 ~ 1.80의 예와 같이 제품설계를 변경함으로써 언더컷(undercut)을 제거할 수 있다. 그림 1.77(a)는 제품의 상단 케이스(top case 또는 upper case)의 측면 구멍(hole)을 (b)와 같이 설계를 변경하면 언더컷(undercut)이 제거된다. 언더컷 회피설계(개선설계)는 (b)와 같이 금형의 파팅라인을 경계로 하여

위로나 밑으로 구멍을 확장하여 뚫으면 언더컷(undercut)이 제거된다. 여기서는 윗방향으로 구멍을 확장하여 설계변경을 한 것이다. 측면 구멍은 제품에 있어 부가 기능을 수행하기 위하여 많이 뚫는다. 예를 들면, 원형, 장방형, 타원형, 각형(정사각형, 직사각형)으로 된 측면 구멍은 사이드 버튼(side button), 볼륨 스위치, 전원 ON/OFF 스위치, 리셋(reset) 스위치, USB 포트(port)를 이용한 충전 및 데이터 케이블 접속용, 이어폰 잭(earphone jack) 접속 등을 위한 여러 용도로 사용된다.

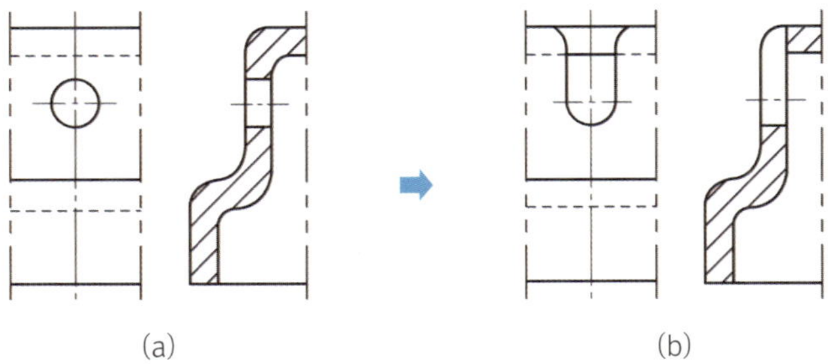

그림 1.77 측벽 구멍에서의 언더컷(undercut) 제거 예(상단 케이스)

그림 1.78 측벽 구멍에서의 언더컷(undercut) 제거 예(하단 케이스)

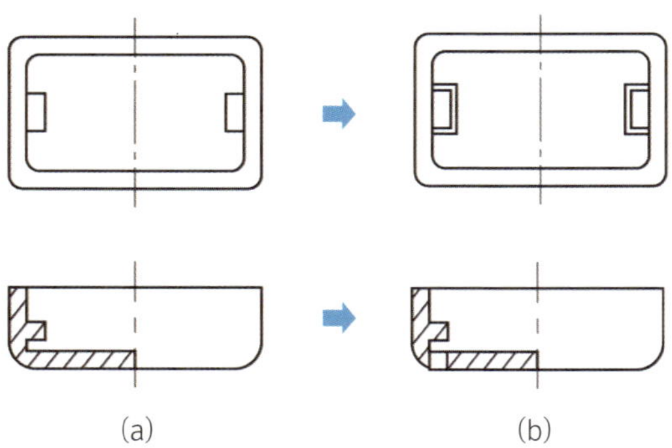

그림 1.79 내부 돌기의 언더컷(undercut) 제거 예 (하단 케이스)

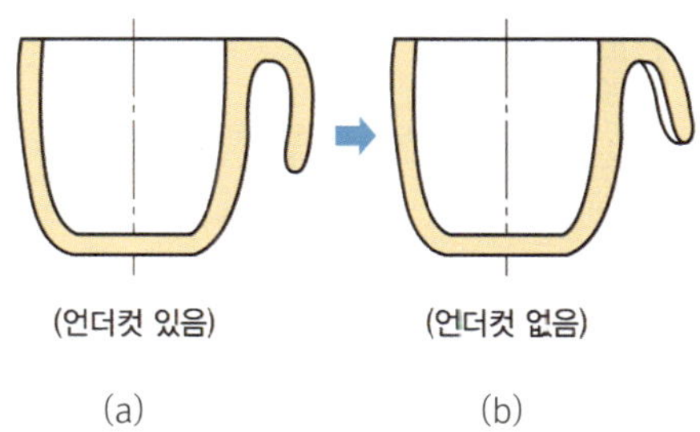

그림 1.80 제품 형상에 의한 언더컷(undercut) 제거 예 (컵의 손잡이)

그림 1.78도 같은 예를 나타낸다. 제품의 하단 케이스(bottom case 또는 lower case)에 (a)와 같이 측면 구멍(hole)을 뚫었고, (b)와 같이 제품설계 변경을 하여 언더컷을 없앤 회피설계를 한 것이다.

여기서도 언더컷 회피설계(개선설계)는 금형의 파팅라인을 경계로 하여 위로나 밑으로 구멍을 확장하여 뚫으면 언더컷(undercut)이 제거된다. 윗방향으로 구멍을 확장한 설계변경을 하여 언더컷 구조를 없앤 제품설계이다.

그림 1.79는 제품 내부에 돌기가 있는 언더컷(undercut)의 예이다. 이와 같은 경우는 부품을 내부 돌기에 삽입하여 끼워 고정시키는 구조이다. 스냅 핏(snap fit)이라 하는 후크(hook)가 주로 사용된다. 나사를 전혀 사용하지 않고 조립하거나, 조립용 나사를 줄여 생산성을 높이고 부품 원가를 절감하기 위해 많이 활용하는 제품설계이다. 단, 문제는 조립은 간단하나 분해하기가 어렵다는 점이다.

또는 일정한 높이로 형성된 내부 돌기에 부품을 실장하고 고정시키거나 조립을 위한 경우이다. 한편 얇은 살두께(벽두께)에 내부 보강을 위한 목적으로도 활용된다. 이런 용도로 형성된 내부 돌기는 전형적이며 대표적인 언더컷 구조이다. 내부 돌기를 금형에서 빼내기 위해서는 앵귤러 핀(angular pin) 방식 또는 슬라이드 코어(slide core)로 금형에서 빼내야만 한다. 이런 방식은 3단 금형이 되는 구조이다. 그러나 그림 1.79(b)는 금형의 파팅라인을 경계로 하여 밑바닥으로 구멍을 뚫어 언더컷(undercut)을 제거한 사례이다. 내부 돌기에 있어서 이와 같은 설계가 언더컷 회피설계(제거설계)의 표준이며 정석이다.

그림 1.80은 제품 외형의 형상 변경으로 언더컷(undercut)을 제거한 예이다.

(a)는 플라스틱 컵의 손잡이를 손으로 잡기 쉽고, 잡은 후 꽉쥐게 하기 위해(그립감, grip) 90° 이내로 손잡이를 안으로 꺾었다. 또한 손잡이가 컵의 외관 형상과 곡선면을 따라 평행하도록 미려하면서도 인체공학을 적용했으나 금형의 파팅라인의 기준에서는 언더컷 구조의 손잡이가 된다.

따라서 (b)와 같이 손잡이를 바깥 방향으로 90° 이상으로 넓히면 언더컷이 없어진다. 사소한 구조에서도 언더컷이 있을 수도 있고, 없을 수도 있다는 것이다. 그 만큼 제품의 형상과 구조에 있어서도 제품설계가 아주 중요하다.

그리고 제품설계에 있어 분명히 유의할 설계 요점을 앞에서 설명한 것을 토대로 다시 서술한다.

[언더컷 회피설계(제거설계) 후의 제품의 개선과 보완설계]

- 언더컷 회피설계(제거설계)의 완성도를 높이는 제품설계는 제품의 특성과 용도 그리고 사용 환경에 따라 다르므로 이를 고려한 최적설계가 필요하다. 플라스틱 제품설계뿐만 아니라, 프레스, 다이캐스팅, 절삭가공을 비롯한 부품 및 소재, 고무(rubber)와 부직포, 실리콘, 스펀지를 비롯한 다양한 부자재설계 등 광범위하고 상세한 설계 스킬(skill)과 노하우(know how)가 뒷받침 되어야만 한다. 이런 설계가 바로 제품개발에 있어 완성도를 높이는 제품설계가 된다.
- 그래야만 소비자의 입장에서 큰 문제없이, 외관 디자인을 나름대로 디자인 초안대로 지킬 수 있으며, 제품의 성능과 기능을 무리없이 유지하는 것이다. 날카롭고 예리한 소비자의 입장에서도 불편없이 제품을 사용해야 한다는 것이다. 그만큼 세련된 제품개발과 제품설계가 중요시된다.

그림 1.79의 제품 내부에 돌기가 있는 언더컷(undercut)에 대한 회피설계(개선설계)에 대하여 좀 더 구체적으로 설명하려고 한다.

그림 1.81은 그림 1.79를 모델링한 도면으로 언더컷이 형성된 제품의 구조와 형상이다. 그림 1.81(a)에서 나타냈듯이 제품 아래쪽 본체(bottom case)의 내부에 돌기가 형성된, 즉 후크(hook) 역할을 하는 구조의 형상이다. 전형적인 언더컷 구조이며, 이를 평면도와 단면도로 알기 쉽게 도면화하여 보여주고 있다. 이 구조는 본체에 또 다른 부품이 끼워질 때 가이드(guide, 안내)하고 잡아 고정시켜 주는 역할과 기능을 한다. (b)와 같이 언더컷을 없애는 개선설계를 하였다. 이를 언더컷 회피설계라고 한다.

[언더컷 회피설계(제거설계) 후의 제품의 개선과 보완설계]

외관상 문제는 소비자의 니즈(needs)를 고려해 검토할 문제이지만, 이에 대한 제품개발에 있어 개선은 구멍이 뚫린 윗부분에 단을 파주고 데코레이션(decoration, 장식) 또는 엠블렘(emblem, 상징), 스티커 등을 붙여 미려하게 가려주면 된다.

12) 언더컷 개선설계(회피설계)의 사례분석(1)

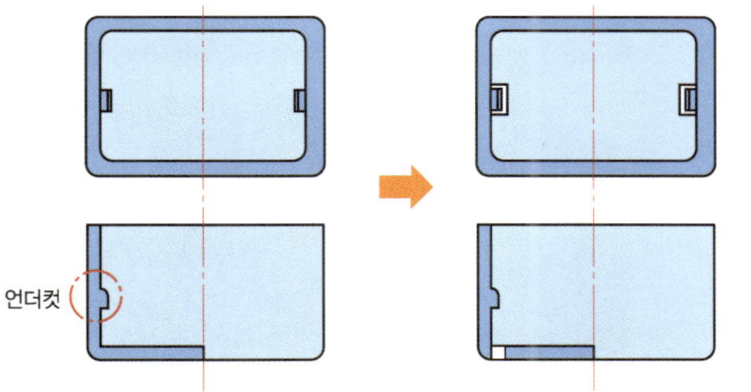

(a) 언더컷 구조(후크) (b) 언더컷 제거

그림 1.81 내부 후크가 돌출된 언더컷 구조와 언더컷 회피설계(제거설계)

그림 1.82(a)는 측벽에 구멍이 난 경우의 언더컷이며, (b)와 같이 개선설계를 하였다. 제품의 상단 케이스(top case 또는 upper case)에 형성된 구멍을 금형의 파팅라인을 경계로 하여 윗방향으로 따내서 언더컷을 제거한 설계이다. 따라서 2단 금형의 제작이 가능하다. 이 설계방법의 문제는 좌측(왼쪽)방향 외관에서 볼 때 구멍면이 크게 보이는 단점이 있다. 또한 이 문제를 해결하고 개선하는 또 다른 설계는 구멍을 금형의 파팅라인을 경계로 하여 아래방향으로 따내서 언더컷을 제거하는 설계이다.

(a) 언더컷 구조(측벽 구멍) (b) 언더컷 제거

그림 1.82 상단 케이스에 형성된 언더컷 구조인 측벽 구멍(hole)의 언더컷 회피설계(제거설계)

사진 1.20은 앞에서 설명한 스마트폰 상단 케이스 왼쪽 측벽에 형성된 언더컷 구조의 구멍을 보여주는 사례이다. 뒤집어 내부(이면, 배면)에서 보면 오른쪽 측벽에 구멍이 형성되어 있다.

사진 1.20 스마트폰 상단 측벽에 형성된 후크 구조(언더컷 발생)

그림 1.83(a)는 제품의 상단 케이스(top case 또는 upper case) 내부에 형성된 후크(hook)이다. 앞에서 설명한 후크(hook), 즉 스냅 핏(snap fit) 형상 구조의 언더컷이다. (b)와 같이 2단 금형으로 성형사출이 가능하도록 언더컷 회피설계를 하였다. 이때 후크의 선단과 구멍과의 갭(gap), 즉 틈새(clearance)는 최소 0.5mm 이상으로 설계하도록 한다.

앞의 그림 1.79, 그림 1.81과 반대 방향으로 형성된 후크이다. 따라서 반대방향으로 최소 0.5mm가 확장된 구멍을 뚫으면 금형을 빼낼 수가 있어 2단 금형의 설계구조가 되는 것이다.

그러나 이 설계방법의 문제도 윗방향 외관에서 볼 때 형성된 구멍으로 인해 내부가 보인다는 단점(문제)이 있다. 특히 스마트폰 등 휴대기기에 있어서는 먼지나 이물질 또는 물 등이 스며들어 갈 수 있고, 외관상 보기에도 좋지 않으므로 이런 문제점을 보완하기 위하여 반드시 추가 개선설계가 필요하다. 여기에서도 앞에서 설명한 개선설계방법들을 적용하여 문제를 해결할 수가 있다.

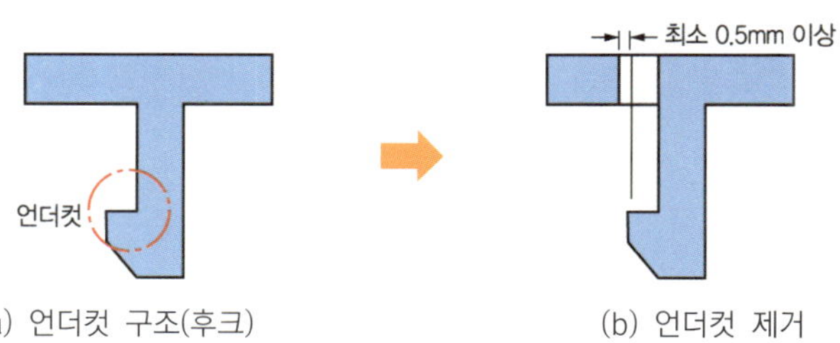

그림 1.83 제품의 상면 케이스 내부에 후크가 형성된 언더컷 구조와 언더컷 회피설계

3) 언더컷 회피설계(제거설계)의 사례분석(2)

후크(hook)는 스냅 핏(snap fit)이라 한다. 후크는 케이스(case 또는 cover) 간의 조립과 부품과의 조립을 위해 일반적으로 많이 활용하고 있다.

이는 스마트폰과 같이 한정된 좁은 공간에서는 조립과 고정을 하기 위해서 유용하게 사용하는 설계 방식이다. 그러나 나사 결합보다는 조립하기는 쉽지만 분해하기가 어렵다는 단점이 있다. 잘못 분해하면 후크의 탄성(텐션, tension이라고도 한다)을 갖는 다리(기둥) 부분이 소성변형으로 인해 간극이 생겨 헐거워지거나, 최악의 경우는 파손이 발생되어 제품 전체를 교환하는 경우가 빈번히 발생된다.

후크 형상은 전형적인 언더컷(undercut) 구조로 사이드 코어(side core)·슬라이드 코어(slide core)의 사용이 필요한 3단 금형으로 사출하고 있다. 따라서 디자인이나 성능상 문제가 없다면 가능한 언더컷 회피설계가 바람직한 설계이다.

그림 1.84(a)는 전형적인 언더컷 구조인 후크(hook) 형상을 보여주며, 금형 사출 시 슬라이드 코어(slide core)의 진행방향도 화살표로 나타내고 있다. (b)는 후크(hook)의 언더컷 회피설계(제거설계)를 한 도면을 보여주고 있다.

가동측금형인 하금형(core) 쪽과 맞닿게 구멍을 뚫어 언더컷(undercut)을 상쇄하여 언더컷 회피설계(제거설계)를 한다. 기존에 언더컷 구조였던 부분이 하금형(core)과 함께 빠질 수 있도록 설계한 것이다.

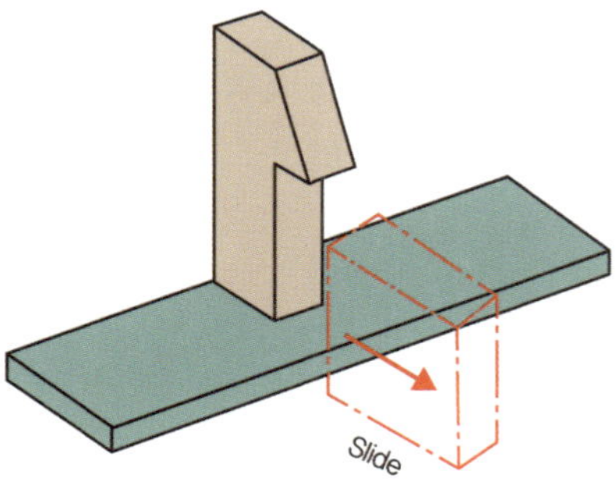

(a) 전형적인 언더컷 구조인 후크(hook)

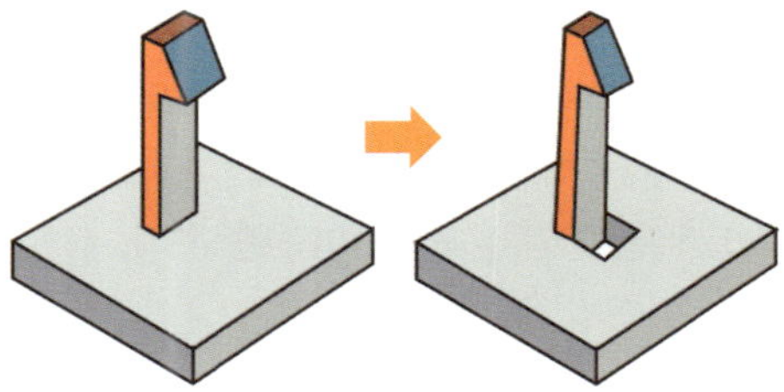

(b) 언더컷 회피설계(제거설계)

그림 1.84 전형적인 언더컷 구조인 후크(hook) 형상과 언더컷 회피설계(제거설계)

4) 언더컷 회피설계(제거설계)에 따른 개선설계 및 보완

그림 1.85에서 보여주는 사례는 제품설계에 있어 항상 발생하는 구조이다. 개선설계의 적용 사례를 잘 활용하고 응용하여 제품설계의 품질을 높여 제품의 생산성과 가치를 향상시켜야 한다. 계속 언급하지만 이것이 최적의 제품개발이 된다.

설계 원칙을 강조하면 올바른 제품설계는 소비자의 입장을 고려한 설계이기도 하다.

제품의 상면에 후크를 설치하는 경우가 제품설계 시 아주 많이 생긴다. 이를 해결하기 위해 3단 금형을 사용하여 사출한다. 그러나 그림 1.85에서 보여주는 바와 같이 제품 상면에 구멍을 내어 2단 금형으로 사출하면 그만큼 금형 제작비용의 절감과 사출 시 불량을 줄이고, 성형 사이클도 단축시켜 생산성이 올라간다.

따라서 제품설계로 상면에 뚫려있는 보기에 좋지 않은 구멍을 어떻게 처리하느냐가 관건이다. 여기에 적용된 사례은 제품설계의 표준이라 할 수가 있다. 반면 부자재가 투입되고 조립 공수는 추가되겠지만 제품의 이미지를 향상시키면서 앞에서도 강조했듯이 3단 금형에 따른 사출 시 문제점 해결을 의한 트러블 슈팅(trouble shooting, 현장에서 생산 과정에 발생하고 나타나는 문제의 해결)이 줄어들어 분명히 제품의 생산성은 향상된다.

[언더컷 회피설계(제거설계) 후의 제품 개선과 보완설계]

- 외관상 문제는 소비자의 니즈(needs)를 고려해 검토할 문제이고, 이에 대한 개선은 구멍이 뚫린 윗부분(상면)에 단을 파주고 데코레이션(decoration, 장식) 또는 엠블렘(emblem, 상징) 등을 붙여 미려하게 가려주면 된다. 그리고 제품명·모델명이나 특정 CI(Corporate Identity, 기업 이미지), 브랜드 이미지를 나타낼 수 있는 장점도 있다. 개선설계 및 보완을 통한 제품 차별성도 갖는 것이다.
- 제품의 상면(윗면)에 형성된 후크에 대한 언더컷 회피설계와 개선 및 보완설계의 적용은 제품의 모든 측면(우측면과 좌측면을 비롯한 정면, 후면)과 제품의 밑면에도 똑같이 적용할 수 있다.
- 언더컷 회피설계(제거설계) 후의 제품의 개선과 보완설계는 제품설계가 얼마나 중요한지를 보여주는 사례이다. 그리고 다양한 제품설계기술이 적용된다.

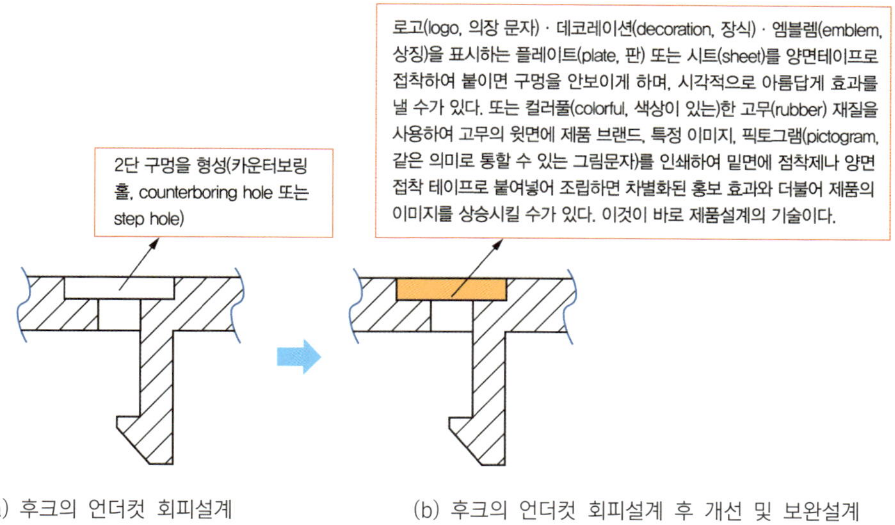

그림 1.85 제품 상면에 설치된 후크의 언더컷 회피설계(제거설계)에 따른 추가 개선설계 및 보완(확장된 구멍의 커버)

제품의 상면(윗면)에 형성된 후크(hook)에 대한 언더컷 회피설계(제거설계) 후의 제품의 개선과 보완설계는 상면에 2단 구멍(step hole)을 만들고 로고(logo, 의장 문자)·데코레이션(decoration, 장식)·엠블렘(emblem, 상징)을 표시하는 플레이트(plate, 판) 또는 시트(sheet)를 양면테이프 또는 점착제로 접착하여 구멍을 안보이게 하면 시각적으로 아름답게 효과를 낼 수가 있다. 플레이트는 일반적으로 플라스틱 재질을 사용하거나 금속으로는 주로 연질의 무게가 가볍고 내식성이 좋은 Al(알루미늄) 재질을 사용하며, 표면에 니켈도금(Ni plating)을 하여 광택을 내거나 아노다이징(anodizing) 처리를 하여 광택을 낸다. 또한 헤어라인(hair line, 머리카락처럼 가느다란 줄무늬가 있도록 하는 것) 표면처리를 하여 고급스럽게 하기도 한다.

시트(sheet)는 주로 내구성이 좋은 플라스틱 소재(재질, material) PC(Polycarbonate, 폴리카보네이트) 또는 PET(Polyethylene terephthalate, 폴리에틸렌 테레프탈레이트)를 사용한다.

또는 컬러풀(colorful, 색상이 있는)한 고무(rubber) 재질을 사용하여 고무의 윗면에 제품 브랜드, 특정 이미지, 픽토그램(pictogram, 같은 의미로 통할 수 있는 그림문자)을 인쇄하여 밑면에 점착제나 양면테이프로 붙여 넣어 조립하면 차별화된 홍보효과와 더불어 제품의 이미지를 상승시킬 수가 있다. 이것이 바로 제품설계의 기술이다.

픽토그램(pictogram)은 그림(picture)과 전보(telegram)의 합성어이다. 모든 사람이 알기 쉽게 문자 없이 그림만으로 정보를 빠르게 전달하기 위한 그래픽이다.

IT 제품에 널리 이용되는 아이콘(icon)도 컴퓨터 디스플레이에서 그림 이미지로 사용자를 돕는 데 널리 쓰이게 된 것이다.

언더컷 회피설계(제거설계, 개선설계)를 간략히 설명하면 그림 1.86과 같다. 이런 설계 사례는 제품설계 및 구조설계에 있어 자주 생긴다. (a)에서 보여주는 후크(hook 또는 snap fit) 구조는 전형적인 언더컷이다. 또한 측벽에 구멍이 뚫려있는 구조도 전형적인 언더컷이다. 이를 (b)와 같이 간단히 개선설계를 하면 바로 언더컷을 없앤 언더컷 회피설계, 제거설계, 개선설계가 되는 것이다. 이는 올바른(좋은) 언더컷 회피설계의 사례이다.

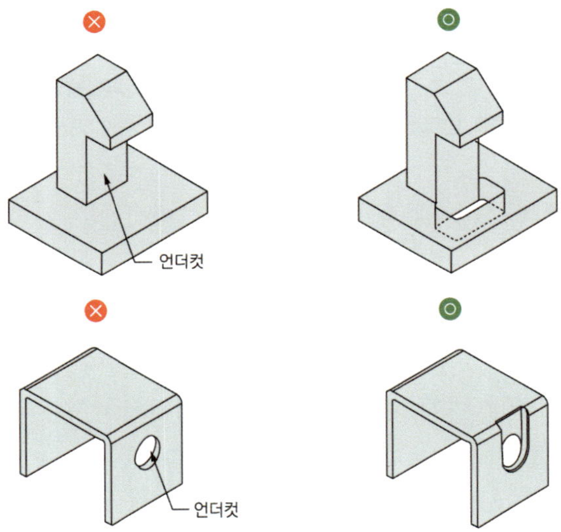

(a) 전형적인 언더컷 구조설계　　(b) 언더컷 회피설계(제거설계)

그림 1.86 후크(hook)와 측벽 구멍의 언더컷과 언더컷 회피설계의 예시

언더컷 회피설계를 좀 더 구체적으로 설명하면 다음과 같다.

그림 1.87에서 보여주는 바와 같이 (a)는 그림 1.86(a)에서와 같이 전형적인 언더컷 구조이다.

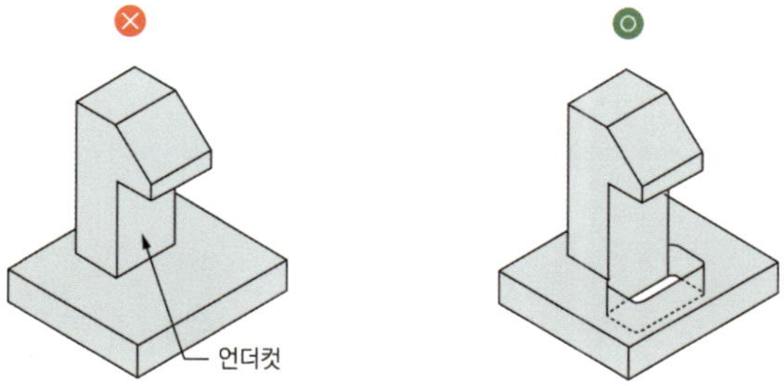

(a) 전형적인 언더컷 구조인 후크(hook)　　(b) 언더컷 회피설계 구조

그림 1.87 후크의 언더컷 구조와 언더컷 회피설계가 된 후크 구조설계

그림 1.88도 외부에 돌기부가 돌출된 또 다른 전형적인 언더컷 구조를 보여준다.

여기서는 언더컷을 피하기 위해 제품설계를 변경하지 않고, 다른 방법으로 해결하려고 한다. 금형 제작에 있어 파팅라인(P/L, parting line)을 변경하여 해결할 수가 있는 것이다.

그림 1.88(a)와 같이 일반적으로 상·하 조립품이 형합(fitting)이 되는 위치에 파팅라인을 설정하면 오른쪽(우측 방향)으로 돌출된 돌기부가 언더컷 구조가 된다. 따라서 (b)와 같이 돌출부에 파팅라인을 설정하면 언더컷 없이 2단 금형으로 성형품을 사출할 수가 있어 성형 품질의 향상은 물론 생산성이 좋아진다.

이와 같이 언더컷 회피는 설계 변경뿐만 아니라 금형제작 과정에 있어서도 해결할 수가 있으므로 양질의 성형품(제품)을 사출 및 생산하기 위해서는 가능한 제품설계자와 금형설계자, 제작에 관련된 전문가들이 모여 사전에 협의가 필요하다.

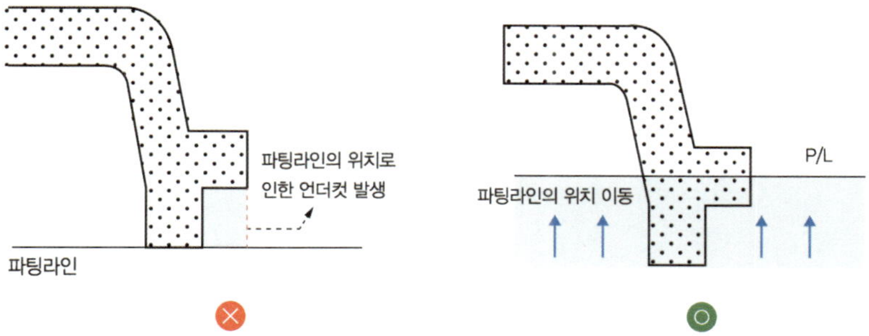

(a) 언더컷 구조의 파팅라인(외부 돌출)　　(b) 언더컷 회피를 위한 파팅라인의 변경

그림 1.88 언더컷과 언더컷 회피를 위한 파팅라인의 설정(외부 돌출)

따라서 위와 같이 피팅라인을 상판(상금형)과 하판(하금형)이 포개지는 부분인 형합부(fitting part)로 파팅라인의 위치 이동으로 해결할 수가 있다.

이외에도 강제 밀어내기 가공과 재료의 특성(즉, 탄성)을 이용한 우회방법 등으로 언더컷 회피를 할 수 있다.

[설계기술 배경]

언더컷이란 금형의 개폐 운동만으로 사출물을 꺼낼 수 없는 형상으로서, 돌출되거나 오목하게 패인 부분이 주요 언더컷 형상 또는 구조가 된다.
언더컷은 금형의 구조를 3단 금형으로 복잡하게 만들어 비용을 상승하게 하고, 금형 제작이 복잡해지며, 유지보수도 힘들다는 점에서 언더컷을 제거하기 위해 고안된 설계기술이다.

[설계기술 요약]

제품의 측벽에 구멍이 있다든가, 내부 또는 외부 측면에 돌기 부분이 있어 성형기에 형개방향 운동만으로는 성형품을 빼낼 수 없는 경우를 언더컷(undercut)이라 하며, 언더컷이 있으면 금형에 앵귤러 핀(angular pin, 경사핀) 또는 사이드 코어(side core, slide core)를 설치하지 않으면 금형에서 제품을 뺄 수 없다. 2단 구성된 금형으로는 성형품을 사출할 수 없는 제품설계의 구조 및 형상을 뜻한다. 언더컷이 있는 제품의 금형은 제작이 복잡하게 되어 고가로 되며, 고장이 생길 가능성이 높고 성형 사이클(cycle)도 길게 된다. 이러한 이유로 가능한 언더컷(undercut)이 없는 제품설계를 하는 것이 바람직하다. 그리고 가능한 외관 디자인 미관에 크게 영향을 미치지 않는, 디자인을 고려한 최적의 언더컷 회피설계가 아주 훌륭하고 좋은 플라스틱 제품설계이며 제품개발이 된다.

또 다른 간단한 예를 설명하고자 한다.

그림 1.89에서 (a)와 같이 배터리 커버(battery cover)의 ㄷ자형 둘레(around, 전주(全周)라고 한다)로 형성된 살두께가 원호 형상, 즉 컬링(curling) 형상으로 되어 있어 언더컷이 된다. 따라서 (b)와 같이 2단 금형으로의 성형사출을 위한 빼기구배가 가능하도록 우측 방향으로 90° 이상 약간 기울어지게 형상을 변경하여 언더컷 회피설계를 하였다.

(a) 언더컷 발생(원호 형상) (b) 언더컷 해결(회피설계)

그림 1.89 언더컷 회피설계의 예(배터리 커버)

[언더컷(undercut)]

- 2단 금형으로 빼낼 수 없는 기구적인 형상, 구조이다. 따라서 3단 금형으로 사출성형이 가능하다.
  [3단 금형 : 2단 금형 + 편금형(앵귤러 핀, 사이드 코어, 슬라이드 코어)]
- 언더컷이 있는 제품은 금형제작이 복잡하게 되어 고가이다.
- 고장이 생길 가능성이 높다.

03 언더컷(Undercut)의 제거 및 회피설계(제거설계)의 사례

1) 스마트폰에서의 하부 케이스(Lower case) 적용

사진 1.21은 스마트폰 제품의 상·하 케이스 체결용 구멍이 뚫린 각형의 리브 구조이다. 디스플레이가 설치된 상부 케이스와 형합되는 하부 케이스의 사진이다. 상대방 케이스를 조립하기 위해 설치된 4개의 구멍(관통구멍, through hole)은 전형적인 언더컷(undercut) 구조로 사이드 코어(side core) 또는 슬라이드 코어(slide core)의 사용이 필요한 3단 금형으로 사출하고 있다. (a)는 성형제품을 정면에서 찍은 사진이고, (b)는 이를 역설계하여 3D 모델링한 도면을 보여주고 있다.

케이스 체결용 구멍을 갖는 각형 리브

(a) 언더컷 구조를 갖는 케이스 조립을 위한 관통구멍의 사진

케이스 체결용 구멍을 갖는 각형 리브

(b) 언더컷 구조(관통구멍)의 케이스 모델링

사진 1.21 상대방 케이스를 조립하기 위해 설치된 4개의 구멍(관통구멍, through hole)이 형성되어 돌출된 각형 리브의 전형적인 언더컷(undercut) 구조

2) 갤럭시 S5 백 케이스_범퍼(Back case_bumper)의 언더컷 회피설계(개선설계, 제거설계)

그림 1.90은 갤럭시 S5의 범퍼 바톰(bumper bottom)에 있어서의 언더컷 회피설계에 대한 사례이다.

기존 스마트폰 백 케이스(back case)의 중간 부분에 설치된 금속처럼 빤짝이며 미려한 띠(band)를 갖는 범퍼(bumper)는 플라스틱 재질 PC(폴리카보네이트)에 니켈(Ni)도금을 하여 은색으로 보여지도록 광택 표면처리를 한 것이다. 갤럭시 S5의 범퍼는 윗 케이스와 아래 케이스로 구성되어 조립된다. 그런데 범퍼의 아래 케이스(bumper bottom) 부분에는 (a)에서의 모델링과 같이 사이드 버튼 구멍(side button hole)이 형성되어 있다. 이 형상 구조는 2단 금형으로는 사출할 수가 없는 언더컷(undercut) 구조인 것이다.

이는 금형 제작 시 사이드 코어(side core)를 사용해야만 하는 3단 금형의 제품설계 구조이다.

그리고 사이드 버튼(side button) 구멍의 윗 살두께는 너무 얇아서 낙하 또는 외부 충격 시에는 파손되기가 쉽다. 이런 문제점들을 개선하기 위하여 (b)와 같이 모델링한 언더컷 회피설계로 사이드 버튼을 톱 다운(top-down) 방식으로 조립할 수 있게 하였다.

또한 2단 금형 형태로 금형을 제작하여 제품의 생산성 향상을 꾀하였다.

언더컷 회피를 위한 개선설계방법은 2가지 경우가 있다.

첫 번째로 사이드 버튼 구멍의 중심(횡방향, 가로방향)을 범퍼의 중간에 맞추는 것이다.

두 번째로는 첫 번째의 경우가 아닌 구멍의 중심이 아래로 편심되어 있을 때 (b)에서 보여주는 모델링과 같이 보다 큰 사이드 버튼 구멍을 설계한 후 범퍼 윗 케이스에서 사이드 버튼 구멍을 막는 케이스(부분 리브)를 만드는 것이다.

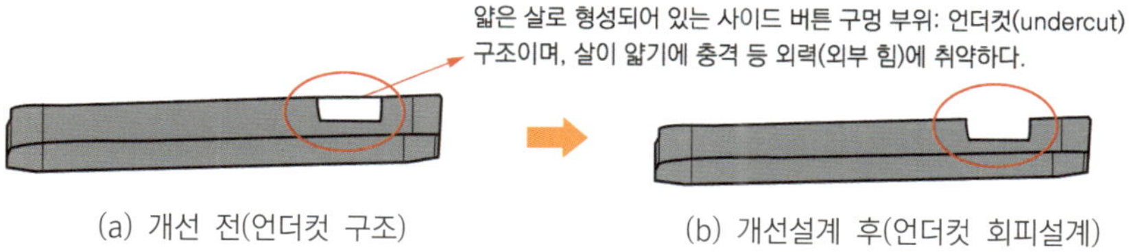

그림 1.90 갤럭시 S5의 범퍼 바톰(bumper bottom)에 있어서의 언더컷 회피설계

3) 갤럭시 S5 후크(Hook)의 언더컷 회피설계(개선설계, 제거설계)

그림 1.91은 기존 모델에서는 조립을 위해 좌우에 형성된 다수의 후크(hook)가 언더컷 형상이 된다. 이로 인해 슬라이드 코어로 제작되는 형식의 3단 금형이 제작된다. 후크의 끝단과 0.5mm 여유 구멍을 뚫어 개선설계를 통하여 2단 금형 방식으로 제작하여도 백 케이스(back case)로 뒷부분을 가리기 때문에 외관상으로는 전혀 문제가 없고, 2단 금형으로 제작함으로써 생산성을 향상시킬 수 있다.

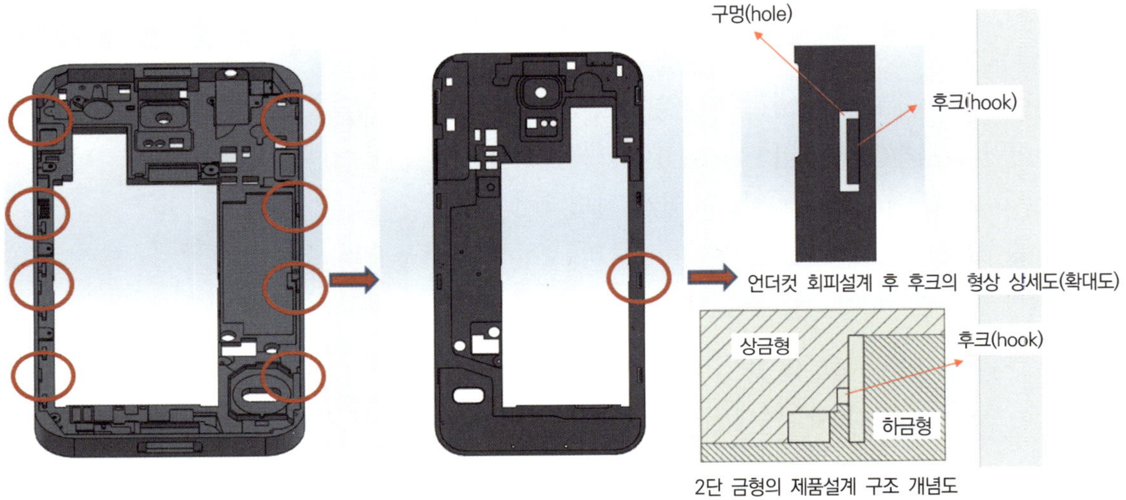

(a) 개선 전(前)의 언더컷 구조의 후크 (b) 후크의 언더컷 회피설계(개선설계)

그림 1.91 갤럭시 S5 후크(hook)의 언더컷 회피설계(개선설계, 제거설계)

4) 갤럭시 S7 사이드 버튼(Side button)용 구멍의 언더컷 회피설계(개선설계, 제거설계)

그림 1.92와 같이 하단부에 설치된 버튼 부위의 장방형 구멍을 윗방향으로 완전히 따낸 후 상단부 케이스에 리브 구조를 만들어 확장된 구멍을 가리는 설계로 개선한 구조설계이다.

이때 상단부 케이스의 리브 구조는 역 테이퍼(taper), 즉 역 빼기구배가 적용되므로 금형이 서로 맞닿는 파팅라인으로 인한 선이 생긴다. 디자인 외관상으로 그리 문제가 없을 시는 이와 같은 설계를 적용하여 언더컷 회피설계를 한다. 보통 측면에서는 디자인 외관상 그리 큰 영향이 없으므로 이러한 개선설계가 자주 적용된다.

(a) 사이드 버튼 구멍의 언더컷 형상

(b) 언더컷 회피설계된 사이드 버튼 구멍 형상

그림 1.92 사이드 버튼용 장방형 구멍의 언더컷 회피설계의 예

또한 그림 1.93과 같은 방법으로 별도의 부착물(부자재)을 추가로 사용(설치)하여 확장된 구멍을 가릴 수 있다. 이는 후공정으로 부착물 추가로 인한 원가 상승과 공정에 따른 공수가 상승되는 단점이 있다.

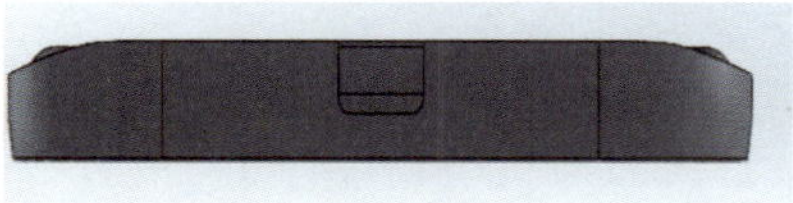

(a) 언더컷 회피설계된 사이드 버튼 구멍 형상(구멍의 확장)

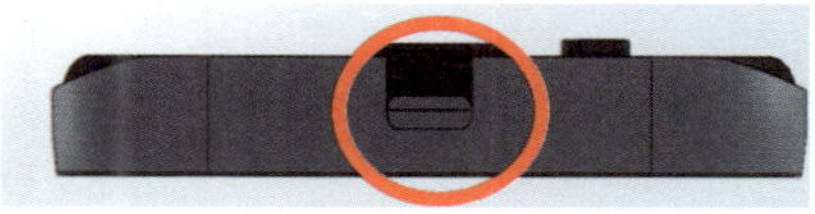

(b) 부착물로 확장된 구멍을 가림

그림 1.93 언더컷 회피설계에 따른 부착물의 추가 사용(설치)

04 언더컷(Undercut) 정리

1) 언더컷

언더컷의 사례를 살펴보면 다음과 같은 구조들이 있다.

① 제품의 측벽에 구멍이 있거나, 돌기부분이 있어서 금형 사출할 때 2단 금형만으로는 제품을 성형할 수 없는 구조이다.

② 언더컷이 있을 경우 사이드 코어, 슬라이드 코어를 포함한 3단 금형으로 제작하여 성형 사이클도 길게 되고 제품 제작비용이 상승한다. 또한 금형 트러블(trouble)이 2단 금형에 비해 자주 발생한다.

③ 첨단 스마트폰 등을 비롯한 모든 제품에 있어 기능과 성능에 무관하다면 그리고 외관 디자인에 큰 영향이 없다면 가능한 언더컷이 없는 제품설계를 해야 한다. 이것이 개선된 설계이며 훌륭한 제품설계이다.

사진 1.22는 스마트폰 제품의 왼쪽에 볼륨(음량 크기 조절) 버튼을 조립하기 위하여 형성된 장방형 형상의 구멍으로 전형적인 언더컷 구조이다.

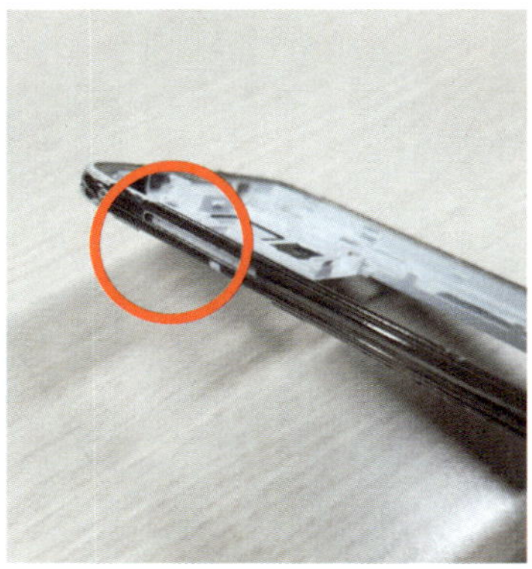

사진 1.22 스마트폰 제품의 왼쪽에 볼륨 버튼용 장방형 형상의 구멍(전형적인 언더컷 구조의 사례)

④ 언더컷(undercut) 해결을 위해 3단 금형으로 해당 부분만 금형(일종의 편금형)을 분할하는 방식이다.

사진 1.23은 LG G3 스마트폰에서 언더컷으로 형성된 여러 형태의 구조들이다.

언더컷의 전형적 구조인 스냅 핏(snap fit), 즉 후크(hook) 구조이다.

이 구조의 역할은 상대 케이스나 부품을 형합(fitting, 모양이나 형체를 고정)하거나 조립하여 결합하거나 고정하는 중요한 기능을 한다.

(a) 백 커버 (back cover)

(b) 메인 허브 (main hub)

(c) 톱 하우징 (top housing)

사진 1.23 LG G3 스마트폰에 있어 언더컷으로 형성된 여러 구조들

05 LG 스마트폰에서의 언더컷 회피설계 사례 적용

1) 언더컷 회피설계(개선설계)

언더컷 회피설계를 위한 사례로 그림 1.94에서 도시한 바와 같이 LG G3 스마트폰에 있어 바톰 하우징(bottom housing)과 톱 하우징(top housing)의 후크(hook) 부분에 0.5mm 여유를 둔 언더컷 개선설계를 하였다.

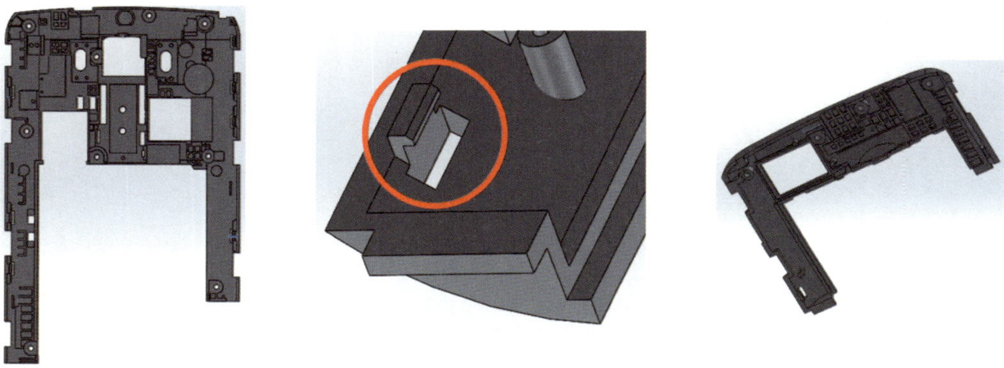

(a) 톱 하우징 (top housing) (b) 후크부의 언더컷 회피설계 (개선설계) (c) 바톰 하우징 (bottom housing)

그림 1.94 LG G3 스마트폰에 있어 후크(hook)의 언더컷 개선설계

2) LG G3 톱 하우징(Top housing)의 언더컷 회피설계(개선설계) 반영 도면

LG G3 톱 하우징(top housing)의 후크 부위 언더컷의 개선사항을 2D 도면화하여 그림 1.95와 같이 상세설계 도면을 그렸다.

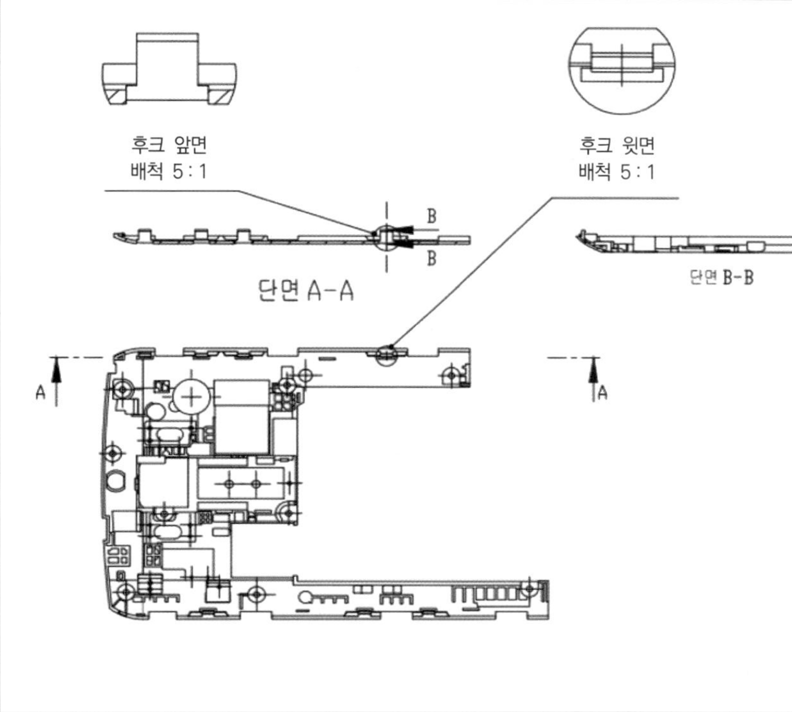

모델명	LG G3
품명	Top Housing
척도	1:1
작법	3rd
재질	PA+GF55%
작성자	

그림 1.95 톱 하우징(top housing)의 후크 부위 언더컷의 회피(개선)설계 도면

3) LG G3 바톰 하우징(Bottom housing)의 언더컷 회피설계(개선설계) 반영 도면

LG G3 바톰 하우징(bottom housing)의 후크 부위 언더컷의 개선사항을 2D 도면화하여 그림 1.96과 같이 상세설계 도면을 그렸다.

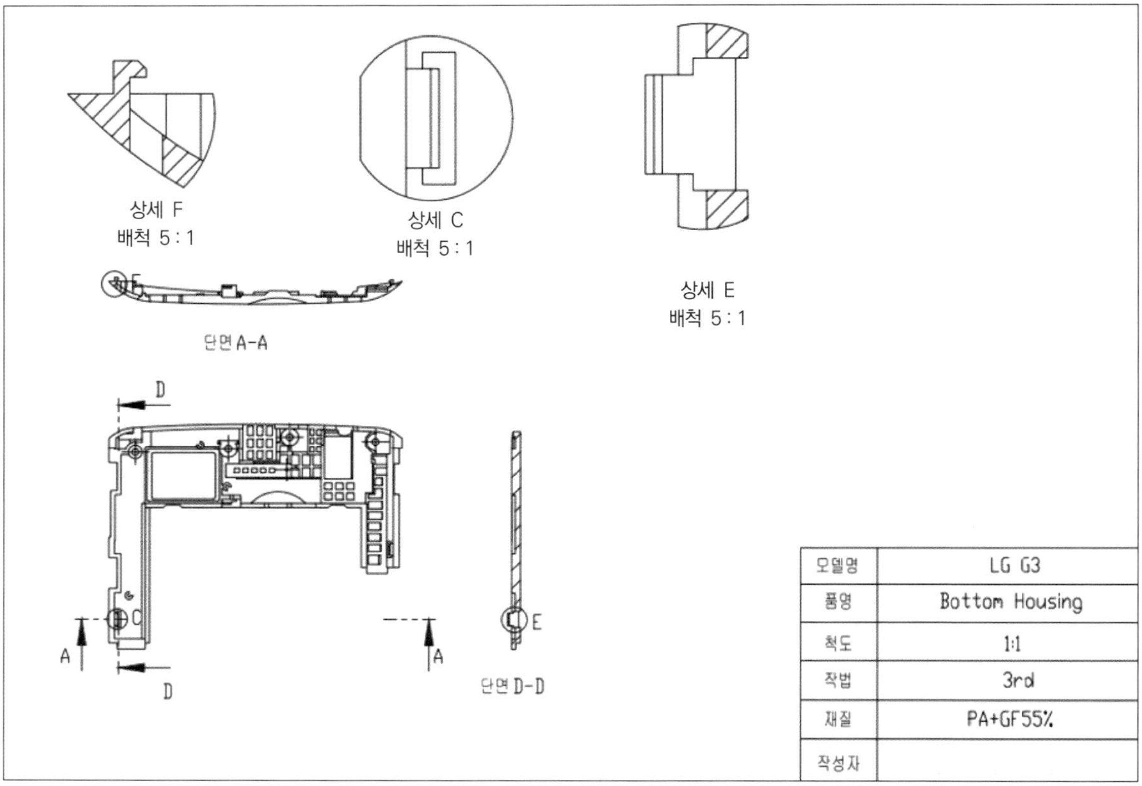

그림 1.96 바톰 하우징(bottom housing)의 후크 부위 언더컷의 회피(개선)설계 도면

06 금형에서의 언더컷 처리

1) 성형품의 강제 돌출

플라스틱 중에서 탄성이 큰 것, 예를 들어 POM(Polyacetal, 폴리아세탈), PE(Polyethylene, 폴리에틸렌), PP(Polypropylene, 폴리프로필렌) 등에서 극히 작은 언더컷(undercut)은 재료의 탄성을 이용하여 금형에서 강제 돌출시킬 수 있다.

특히 POM은 탄성이 커서 원형제품의 경우 직경의 5% 이내에서는 강제 돌출이 가능하다. 그러나 이러한 경우 돌출 시 변형되는 것이 필요하게 되므로 돌출력을 높이기 위해 슬리브 이젝션(sleeve ejection) 혹은 스트리퍼 이젝션(stripper ejection) 방식으로 하지 않으면 안 되는 경우가 많다.

그림 1.97은 강제 돌출이 가능한 제품의 형상 예와 불가능의 제품 형상 구조의 예를 나타낸 것이다. (a)와 같이 외부 전주(全周, around, 전둘레)로 형성된 외측 돌기는 강제 돌출이 불가능하지만, (b)와 같이 내측에 전둘레가 아닌 부분적으로 형성된 돌출 구조(예를 들면, 제품 형합용으로 형성된 다수의 후크)는 그림 1.98에서 도시한 방법으로 강제 돌출이 가능하다. 이는 스트리퍼 이젝션(stripper ejection)을 할 때 재료의 탄성을 이용하여 성형품을 빼낼 수가 있기 때문이다. 그림 1.98은 스트리퍼 플레이트(stripper plate)에 의한 강제 돌출의 예를 표시한 것이다.

이와 같이 탄성이 있는 플라스틱 재료에 있어서 제품설계의 형상 구조와 치수에 따른 강제 돌출이 가능한지와 예상되는 변형 여부에 대한 상세한 내역은 미리 금형설계와 금형가공, 사출에 있어 전문가와 협의해야만 한다. 그래야만 금형설계 이전에 제품설계를 그 기본(디자인 형상 및 구조와 기능 등)은 유지하면서 약간의 수정·보완을 함으로써 최종적으로 양질의 성형품을 만들어 낼 수가 있다.

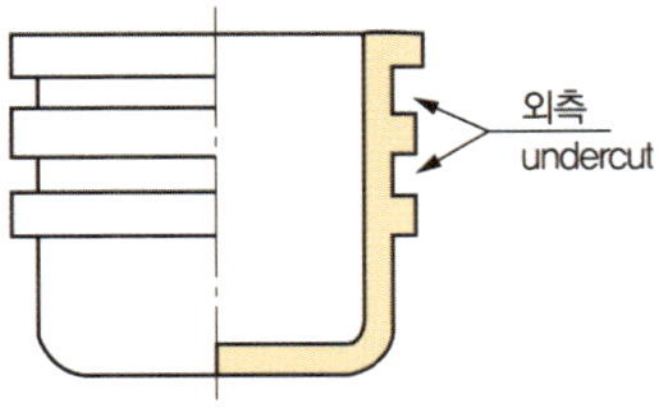

(a) 강제 돌출 불가(不可)한 외측 언더컷(undercut)

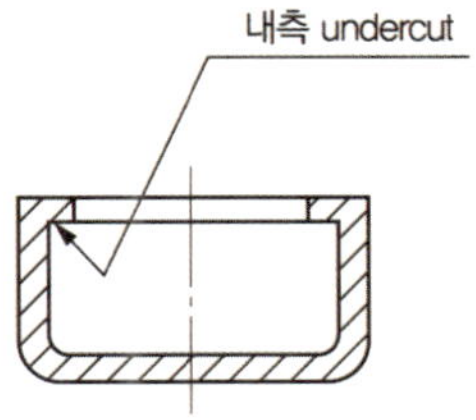

(b) 강제 돌출이 가능(可能)한 내측 언더컷(undercut)

그림 1.97 성형품의 강제 돌출

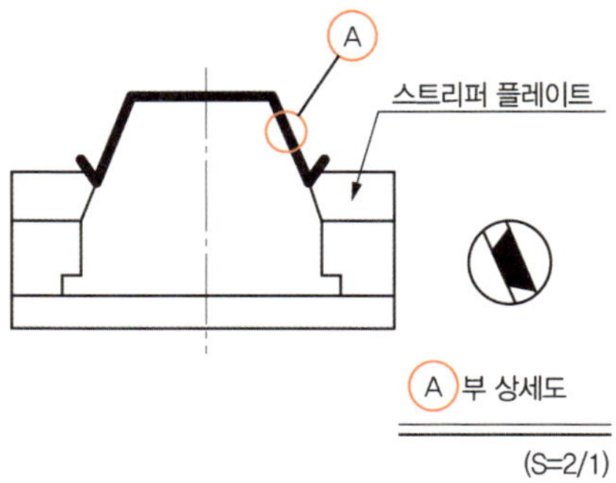

그림 1.98 스트리퍼 플레이트(stripper plate)에 의한 강제 돌출

2) 분할금형에 의한 외부 언더컷(Undercut) 처리

분할된 캐비티(cavity) 전체 혹은 일부분을 성형기에서 금형의 형개(型開, 금형 열림) 운동을 기계적, 공기압 또는 유압으로 슬라이딩(sliding)시킴으로써 언더컷(undercut)을 처리하는 방법이다. 제품 외부의 전주(全周, 전둘레)에 홈이라든가 다수의 돌기가 있어 파팅라인(parting line)의 변화로는 금형 제작이 곤란한 경우(예를 들면, 타자기의 문자 볼(ball) 등)는 금형을 2개 또는 수개로 분할하여 언더컷(undercut)을 처리한다.

분할금형의 이동은 보통 경사핀(angular pin)을 사용하나, 이젝터 플레이트(ejector plate) 혹은 경사캠(angular cam)을 사용하는 경우도 있다. 이 경우 주의해야 할 것은 돌출핀(ejector pin, 이젝터핀) 혹은 스트리퍼 플레이트(stripper plate)가 되돌아오지 않은 상태에서 금형이 닫히면 분할금형이 이것들과 충돌하여 금형이 파손되는 경우가 있다. 그림 1.99와 그림 1.100은 분할금형의 예를 나타낸 것이다.

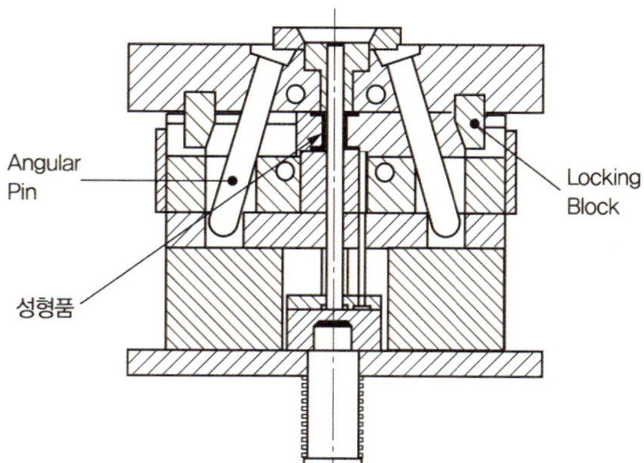

그림 1.99 분할금형(I)
(angular pin 사용, 핀 돌출)

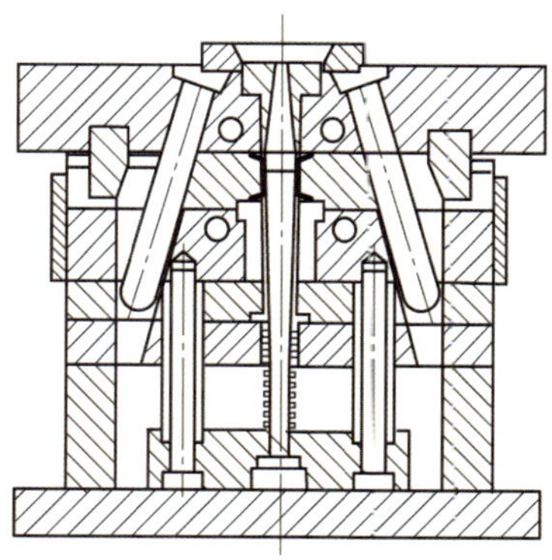

그림 1.100 분할금형(II)
(angular pin 사용, stripper plate 돌출)

3) 슬라이드 코어(Slide core)에 의한 외부 언더컷(Undercut) 처리

사이드 코어 방식은 성형품의 외측에 언더컷(undercut)이 있는 경우에 사용할 수 있는 방법으로 분할금형은 캐비티(cavity) 전체를 대칭적으로 둘 또는 그 이상으로 분할하는 것에 비해 슬라이드 코어(또는 사이드 코어라 칭함)는 언더컷 부분만 부분분할하는 방식이다. 일반적으로는 가동측형판에 설치하고 고정측형판에 경사핀 또는 경사캠을 설치해 유압 또는 공기 실린더로 이동시킨다.

그림 1.101과 1.102는 슬라이드 코어가 있는 금형구조를 표시한다.

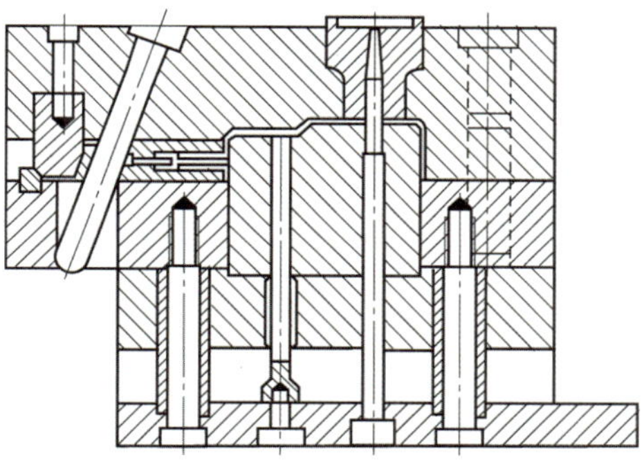

그림 1.101 슬라이드 코어(I)(경사핀 사용)

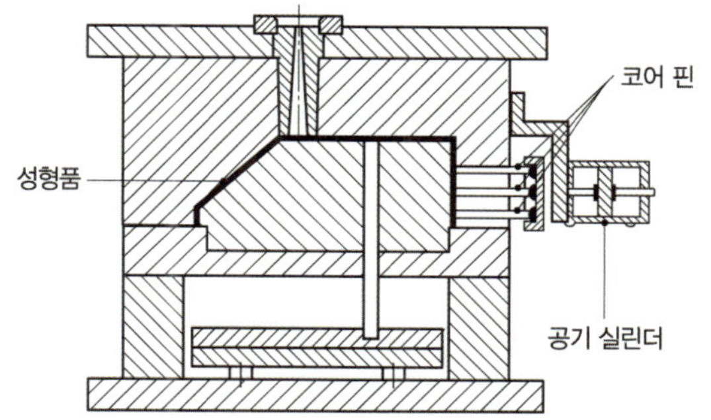

그림 1.102 슬라이드 코어(II)(에어 실린더 이용)

4) 내부에 언더컷(Undercut)이 있는 제품

여러 개로 분할하여 제작하였던 부품의 복합화를 가능하게 하고 생산성을 높여서 경제적 효과를 높이는 것이다. 따라서 디자인과 부품의 기능면을 고려할 때 성형품에 언더컷이 있는 것은 피할 수 없다. 이런 경우에 성형품의 언더컷을 금형에서 이형(離型, 금형의 분리)하기 위한 방법으로 억지 밀어내기, 슬라이드 코어, 컬랩서블 코어(collapsible core, 접을 수 있는 코어) 등을 이용한 금형설계를 하게 된다. 성형품 내부에 있는 언더컷의 처리는 외부의 언더컷에 비해 어려우나, 다음과 같은 3가지 금형구조 방식으로 주로 처리되고 있다.

(1) 경사 돌출핀 작동 방식

그림 1.103의 구조 예와 같이 경사 돌출핀과 이와 접촉하고 있는 돌출판으로 구성되어 있다. 형개시 돌출판이 전진하면 이에 따라 경사 돌출핀도 전진함과 동시에 안쪽으로 동작되므로 내부 언더컷은 처리된다.

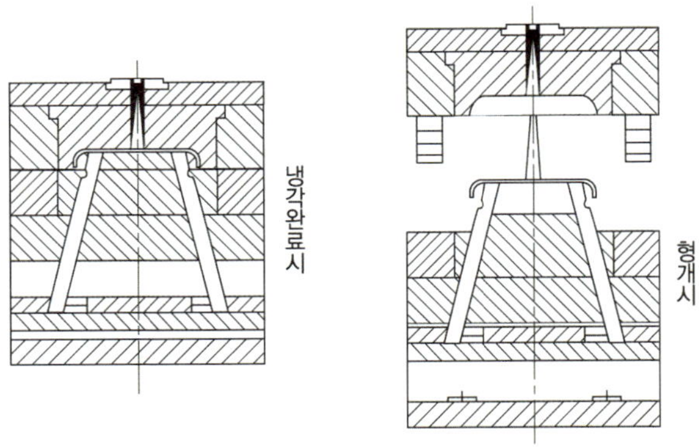

그림 1.103 경사 돌출핀

(2) 분할 코어 작동 방식

그림 1.104에 대표 예로서 경사 돌출핀 방식과 비슷하지만 언더컷(undercut)부는 슬라이드 코어에 위치해 있다. 제품의 양측에 언더컷이 있는 경우로 그 전진한계는 2조의 코어가 접촉하는 위치이다. 그리고 그림 1.105에 표시한 것과 같이 성형품의 위쪽에 리브(rib)가 있을 때, 그 위치는 슬라이드 코어가 언더컷(undercut)을 벗어날 수 있도록 충분한 거리에 있어야 한다.

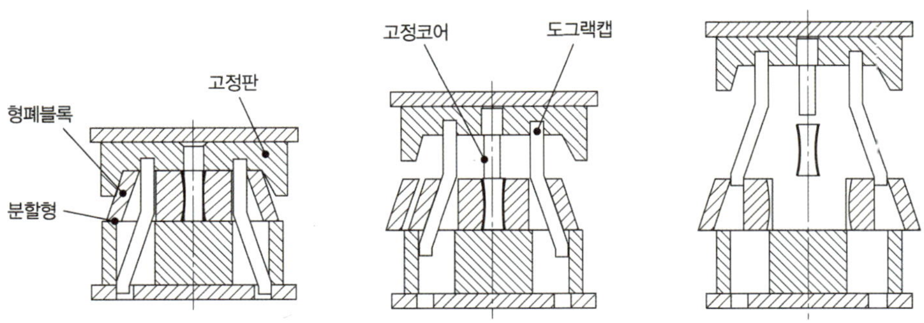

그림 1.104 분할 코어 방식의 기구 예

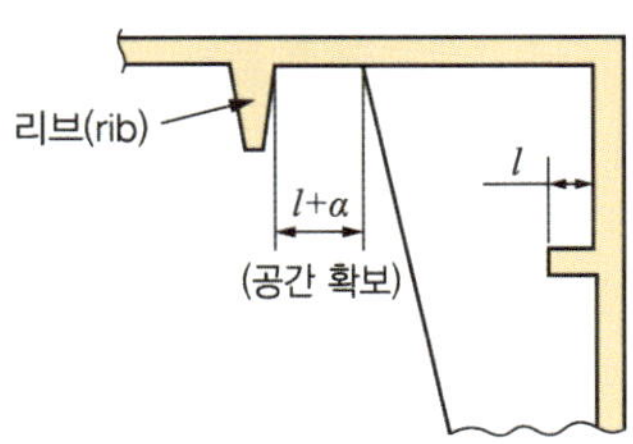

그림 1.105 내부의 언더컷(undercut)에서의 설계상 주의

(3) 컬랩서블 코어(Collapsible core, 접을 수 있는 코어) 방식

그림 1.106과 같이 코어핀(core pin)이 빠질 때 접을 수 있는 컬랩서블 슬리브(collapsible sleeve)가 안으로 오므라들도록 함으로써 내부의 언더컷(undercut)을 처리하는 방식이다.

특징은 다음과 같다.

① 컬랩서블 코어는 여러 개로 분할된 세그먼트(segment)의 표면에 나사와 같은 언더컷 형상을 정밀하게 기계가공하여 조립한 구성부품이므로, 해체하고 정비할 때 특별한 주의가 요구된다. 해체하고 조립할 때 부품의 표면이 손상되면 코어의 조립 정밀도가 나빠진다. 조립할 때 이물이 컬랩서블 코어 안에 남지 않게 하고 거스러미[플래시(flash) 또는 버(burr)]나 찌꺼기가 생기지 않게 세심한 주의를 하여야 분할된 코어의 이음 부분에서 성형품의 정밀도가 나빠지는 것을 방지할 수 있다. 플래시(flash) 또는 버(burr)란 금형의 맞춤면, 즉 고정형과 이동형의 사이, 슬라이드 부분, 인서트(insert)의 틈새(clearance), 이젝터핀(ejector pin)의 간격 등에 수지가 흘러들어가 제품(성형품)에 필요 이상의 막인 지느러미가 생기는 현상이다.

② 플라스틱 제품 안쪽에 홈이나 돌기가 있는 경우와 원통 형상의 성형품으로 안쪽면 전체 주위에 있는 360° 언더컷이 있을 때 이들 상태에 따라서 컬랩서블 코어의 선단 부위 형상을 다르게 제작한다.

③ 컬랩서블 코어는 윤활제를 사용하지 않고 작동하는 것이 바람직하므로 구성부품의 기능에 따르는 재질 선택이 중요하다. 내마멸성과 내식성 등을 고려하여 표면처리를 하여 사용하기도 한다.

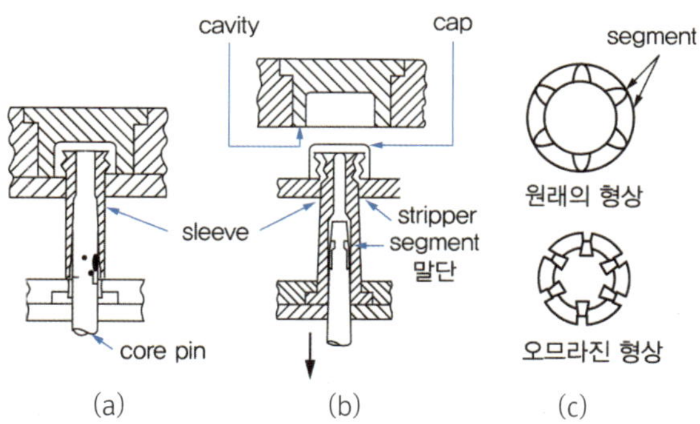

그림 1.106 컬랩서블 코어(collapsible core)

제 14 절 나사(Screw)

사출성형으로 수나사 및 암나사의 성형(成形, forming)이 가능하다. 나사를 성형사출시킴으로써 별도의 기계가공이 필요없게 되므로 공수 단축 및 비용면에서 유리하다.

그러나 플라스틱 나사는 설계과정에서 여러 가지 제약이 따른다.

① **매우 가는 나사는 성형이 어렵다.**
피치(pitch)가 최저 0.3 이하인 나사는 성형수축 관계로 불완전 나사산이 되기 쉬우므로 가능한 피한다.

② **길이가 긴 나사는 주의를 요한다.**
나사의 금형제작 시 일반적으로 나사의 피치에 성형수축률을 감안하지 않은 상태에서 제작된다. 따라서 성형후 나사의 피치는 성형수축률만큼 작게 되어 긴 나사에서는 문제가 된다. 정밀나사 피치가 요구될 때는 NC선반(Numerically Controlled Lathe, 수치제어 선반) 등을 사용하면 오차가 적은 나사의 성형도 가능하다.

다음에 수나사와 암나사의 설계상 요점을 설명한다.

01 수나사

수나사의 나사부에 약간의 파팅라인(parting line)이 생겨도 무방할 경우에는 분할금형을 사용한다. 만약 파팅라인을 절대 피해야 될 경우는 캐비티(cavity)를 회전하여 금형에서 빼내야 된다. 이 경우는 매우 드물다. 수나사의 설계 시 금형 및 제품에 샤프 엣지(sharp edge, 날카로운 끝)를 피하기 위해 나사의 선단 및 근원에 평활부를 두어야 한다(그림 1.107 참조).

(a) 좋은 설계(可, 가) (b) 나쁜 설계(不可, 불가)

그림 1.107 수나사 설계

02 암나사

암나사는 수나사에 비해 제작이 훨씬 곤란하다. 암나사에는 나사빼기 장치가 필요하기 때문이다. 그러나 피치가 크고, 나사의 프로파일(profile, 형상)이 둥글고, 외측의 벽두께가 얇을 때, 또한 PP(Polypropylene, 폴리프로필렌)나 POM(Polyacetal, 폴리아세탈) 등 탄성이 많은 플라스틱으로 성형한 경우는 슬리브 이젝션(sleeve ejection) 또는 스트리퍼 플레이트 이젝션(stripper plate ejection)을 사용하여 강제 돌출시키는 경우도 있다. 암나사의 형상도 수나사와 같이 나사의 선단 및 근원에는 평활부를 두어야 한다(그림 1.108 참조).

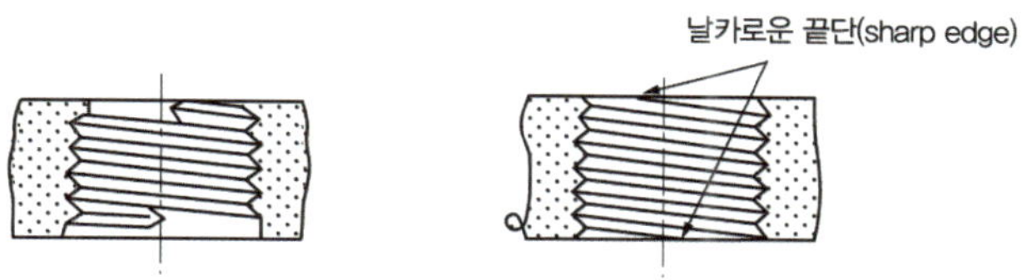

(a) 좋은 설계(可, 가) (b) 나쁜 설계(不可, 불가)

그림 1.108 암나사 설계

나사빼기 장치는 랙과 피니언(rack and pinion) 혹은 모터에 의해 나사부를 회전시키고 스트리퍼 플레이트(stripper plate) 혹은 슬리브 이젝션을 병행하여 돌출시킨다. 이때 코어의 회전과 함께 성형물이 회전하면 성형물이 캐비티에서 빠지지 않기 때문에 회전 방지부를 성형물 외주(外周, 바깥둘레) 등에 설계하지 않으면 안 된다.

다른 나사빼기 장치로는 앞에서 설명한 컬랩서블 코어(collapsible core)를 사용하는 경우(최소 나사내경 35.3mm까지 가능하다)라든가, 암나사의 일부를 제거하고 간단히 경사 돌출핀 등으로 암나사 부분을 금형에서 빼내는 방법도 있다. 특히 후자는 금형 제작비가 싸므로 간단한 뚜껑에 많이 사용되고 있다.

제 15 절 문자조각(각인)

01 문자조각과 착색(着色)

플라스틱에 양각 또는 음각문자를 넣을 수도 있다. 금형제작상 문자의 끝이 각진 것보다는 둥근 것이 가공이 쉽다.

1) 양각문자

양각문자는 금형에 직접 조각함으로써 용이하다. 따라서 양각문자나 음각문자 모두 목적상 지장이 없다면 양각문자로 하는 것이 금형제작상 용이하다. 투명 플라스틱 제품에 문자를 넣을 때는 이면에 하는 것이 효과적이다.

2) 음각문자

음각문자를 성형시키려면 금형측에서는 문자를 양각시켜야 되므로 양각문자의 성형보다는 어렵다. 제작방법으로는 문자만 남겨놓고 주변을 깎든가 방전가공으로 행하고 있다. 문자의 주위에 선이 있어도 관계없으면 그 부분을 별도 코어편(片)으로 하여 제작하는 방법이 많이 사용되고 있다.

3) 문자의 착색(着色)

외관부품에서 미려한 문자가 요구되는 경우가 있는데, 이때는 실크 스크린(silk screen)인쇄 또는 핫 스탬핑(hot stamping) 외에 제품에 음각문자를 만들고 여기에 도료를 충전시키는 것이 있다. 이를 문자의 착색(着色)이라고 하며 색을 입히는 것이다. 도료를 충전하는 방법에서는 문자의 끝부분에 웰드라인(weld line)이 있으면 그 부분에 도료가 스며들어 외관상 좋지 않게 된다. 따라서 가는 음각문자라면 깊이 0.2mm, 폭 0.2mm 이상 되지 않도록 해야 한다.

02 문자조각(각인, 刻印)의 적용 사례

[문자조각(각인, marking)]

플라스틱(plastic)에 문자조각을 하는 방법으로 양각 또는 음각문자를 넣을 수 있다. 이를 각인이라고도 한다. 금형제작상 문자의 끝이 각진 것(sharp edge)보다는 둥근 것(round)이 가공이 쉽다. 그리고 양각문자를 성형시키려면 금형측에서는 문자를 음각시켜야 되므로 양각문자의 성형은 음각문자의 성형보다 가공·제작이 쉽고 용이하다.

1) 양각문자(Convex letter)

사진 1.24와 사진 1.25는 스마트폰 이면(내면)부에 새겨진 양각문자 및 기호이다. 보통 재질 및 충격강도 등급, 사출한 로트(lot, 생산이 이루어지는 단위 수, 즉 한 작업을 위하여 작업 준비를 하고 다른 작업으로 전환하기 전까지 생산하는 제품의 수량을 가리킨다) 등을 표시하고 있다.

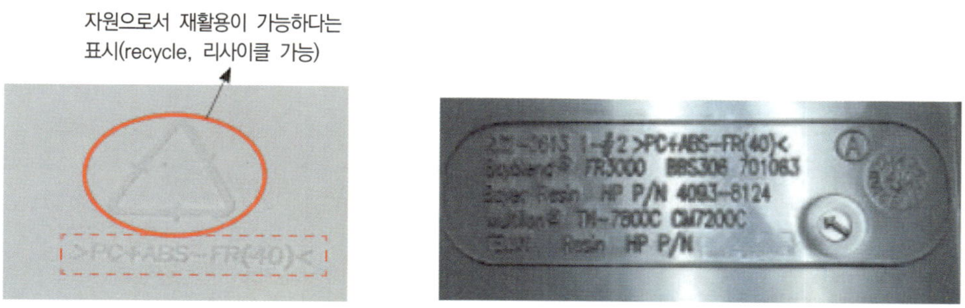

사진 1.24 스마트폰 내부에 양각으로 각인된 재질 및 내충격성 등급 표기의 예

사진 1.25 스마트폰 내부에 양각으로 각인된 재질 표기의 예

사진 1.25에서 보여주는 재질의 표기에 대한 양각문자 내용을 자세히 설명하면 다음과 같이 요약할 수 있다.

[PC + ABS-FR(40)의 설명]

- PC + ABS(PC/ABS) : PC(Polycarbonate)와 ABS 수지를 얼로이(alloy) 함으로써 각각의 수지가 갖는 단점을 상호 보완하고, 장점을 최대한 살린 엔지니어링 플라스틱으로써 기계적 강도, 열적 성질, 가공성 및 내후성이 우수하다. LG화학에서는 LUPOY(루뽀이) 상표로 공급된다.
- FR(40) : 내충격성 등급
- PC + ABS(PC/ABS) 재질의 용도 : 주요 용도로는 스마트폰 케이스, 노트북 케이스, 모니터 하우징(housing), 컴퓨터 하우징, 무선전화기 케이스, 가전용품 케이스, 자동차 콘솔박스(console box)와 계기판(instrument panel)을 비롯한 전장 등 IT기기용, 산업용으로도 널리 쓰인다.

양각문자는 금형에 직접 조각함으로써 후공정인 실크인쇄나 레이저인쇄 등의 인쇄보다 생산성에 있어 더 용이하다. 따라서 양각문자나 음각문자 모두 목적상 지장이 없다면 양각문자로 하는 것이 금형제작상 쉽다. 투명 플라스틱(plastic) 제품에 문자를 넣을 때는 이면에 하는 것이 효과적이다.

사진 1.25에서 보여주는 PC+ABS는 재질로 PC/ABS의 합금 소재를 말하며, FR(40)은 내충격성 등급으로 충격강도 40 이상을 의미한다.

그리고 중간에 화살표가 표기된 삼각형은 '자원(즉, 여기서는 재질, 소재)의 순환'이란 의미로 플라스틱의 재활용(recycle)이 가능하다는 표시이다.

양각문자는 제품의 표면에서 문자 글씨가 튀어나오게 하며 convex height : 0.3mm로 표기한다. 보통 돌출 높이를 0.2 ~ 0.3mm 정도로 설계한다.

2) 음각문자(Concave letter)

제품에 음각문자를 성형시키려면 금형측에서는 문자를 양각시켜야 하므로 양각문자의 성형보다는 어렵다. 제작방법으로서는 문자만 남겨놓고 주변을 깎든가 방전가공으로 행하고 있다. 문자의 주위에 선이 있어도 관계 없으면 그 부분을 별도 코어편으로 하여 제작하는 방법이 많이 사용되고 있다.

① 제품(성형품)에 직접 조각됨으로써 생산성이 용이하다. 음각문자 깊이는 보통 0.3mm 정도이다(concave depth : 0.3mm로 표기한다).

② 플라스틱 제품에 문자를 넣을 때는 보이지 않는 이면에 하는 것이 효과적이다.

③ 가장 효과적인 방법은 음각 바탕에 양각문자로 각인하는 것이 좋다. 즉, 0.3mm 정도로 음각 바탕을 파내고 여기에 양각문자를 0.3mm 돌출시킨다. 그러면 바탕은 음각이고 문자 높이는 표면까지 돌출된다. 가장 시각적으로 효과가 크다(양각문자 높이를 convex height : 0.3mm로 표기한다).

사진 1.26과 사진 1.27은 스마트폰 하단부 이면(내면)에 새겨진 음각문자 및 기호이다. 보통 재질 및 충격강도 등급, 사출한 로트(lot, 생산이 이루어지는 단위 수, 즉 한 작업을 위하여 작업 준비를 하고 다른 작업으로 전환하기 전까지 생산하는 제품의 수량을 가리킨다) 등을 표시하고 있다.

사진 1.26 스마트폰 내부에 각인되어 새겨진 음각문자 및 기호, 숫자

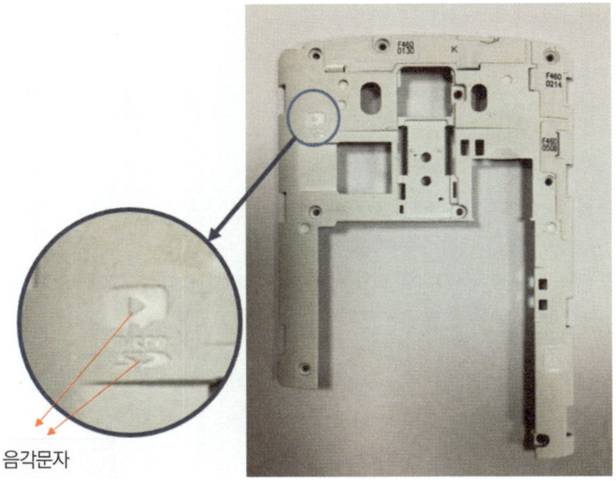

사진 1.27 스마트폰 톱 하우징(top housing) 이면에 각인되어 새겨진 음각문자

사진 1.28은 스마트폰 내면에 음각문자가 새겨진(금형 각인) 제품의 예시이다.

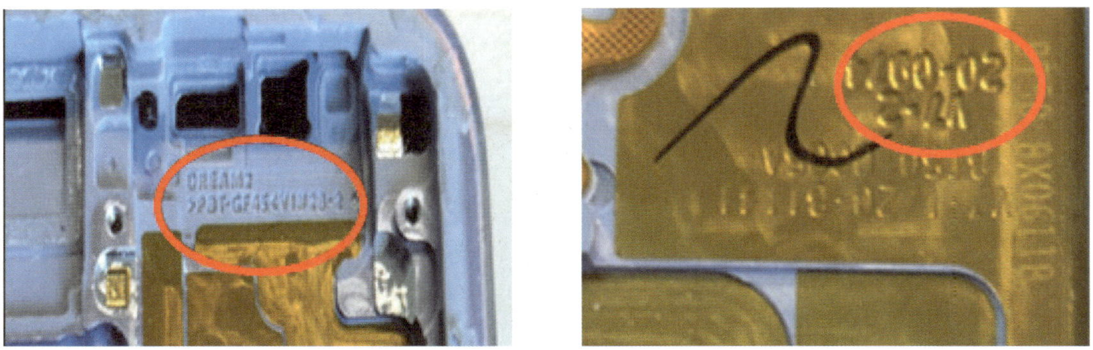

사진 1.28 스마트폰 내면에 각인된 음각문자 예시

일반적으로 문자조각은 플라스틱 재질이나 금속 재질의 사출품(제품)에 글자 또는 로고를 넣어 사출 또는 가공을 하는 것으로, 예를 들면 원산지 표시, 제품 로트(lot) 번호, 재질 등을 표기한다.

음각문자는 일반적으로 0.2mm ~ 0.3mm 깊이로 음각한 것이며, 금형상에서 음각과 양각이 형성된다, 그러나 정밀가공이 필요할 때는 레이저에 의한 레이저 프린팅방법 등이 사용된다.

또한 양각은 금형을 수정할 경우 용접을 하여 제거해야 하기 때문에, 대부분의 경우 음각으로 각인하며 수정이 필요한 경우 금형에서 방전가공으로 손쉽게 제거할 수 있으므로 수정이 용이하다.

[음각(concave depth)]

- 문자나 로고를 파내어 새기는 방식
- 문자가 돌출되는 양각에 비해 눈에 더 잘 띈다.
- 손으로 잡거나 다른 부품과 맞닿아 있어도 걸리지 않는다.
- 일반적인 설계는 조각 깊이를 0.3mm 정도로 한다.

제 16 절 인서팅(Inserting)과 인서트(Insert)

01 인서팅(Inserting)

인서트(insert, 플라스틱, 특히 보스(boss)에 삽입되는 금속으로 된 부품이며, 기계나사의 체결용도로 널리 사용된다)가 있는 성형품의 설계에서는 여러 가지 주의가 필요하다. 인서트를 금형에 넣는 조작은 특별기구를 사용하는 것을 제외하고는 손으로 집어넣어야 하므로 성형의 무인화가 불가능해지고 성형 사이클(cycle)도 길게 된다. 또한 인서트가 성형 중에 떨어지면 금형을 손상시키는 일이 많으므로 인서트를 넣어 성형하는 것이 필요불가결한 경우에만 사용한다.

따라서 일반적으로 인서트를 성형 시에 삽입하지 않고, 성형품에 파일럿 홀(pilot hole)을 뚫고 인서트를 그 홀(hole)에 압입 또는 초음파로 삽입하는 2차 가공 방식을 취하는 경우가 많다.

인서트(insert)의 외형을 각형으로 하면 성형품에서 그 부분에 응력이 집중하고 인서트부로부터의 응력에 의해 갈라짐이 많이 생기므로 가능한 원형 인서트를 사용하는 것이 좋다. 삽입된 인서트의 플라스틱 내에서의 고정은 플라스틱의 열팽창이 금속에 비해 훨씬 큰 것을 이용한 것이다.

따라서 냉각되면 인서트는 플라스틱 중에 고정되므로 인발력에서도 대항할 수 있게 된다.

인서트(insert)가 있는 제품에서는 인서트를 잡아주기 위해 보통의 횡형(横形) 사출기가 사용되지 않고 입형(立形) 사출기를 사용하는 경우가 많다.

1) 인서트(Insert)의 고정형상

인서트(insert)를 플라스틱(plastic)에 고정하기 위한 형상으로는 여러 가지가 있다. 가장 일반적인 것은 인서트 외주(外周)에 널링(knurling)하는 방법, 원주 양측을 커트하는 방법, 원주에 홈을 내는 방법, 플레이트형(板形) 금속(metal)일 경우는 구멍 뚫는 방법 등이 있다(그림 1.109 참조).

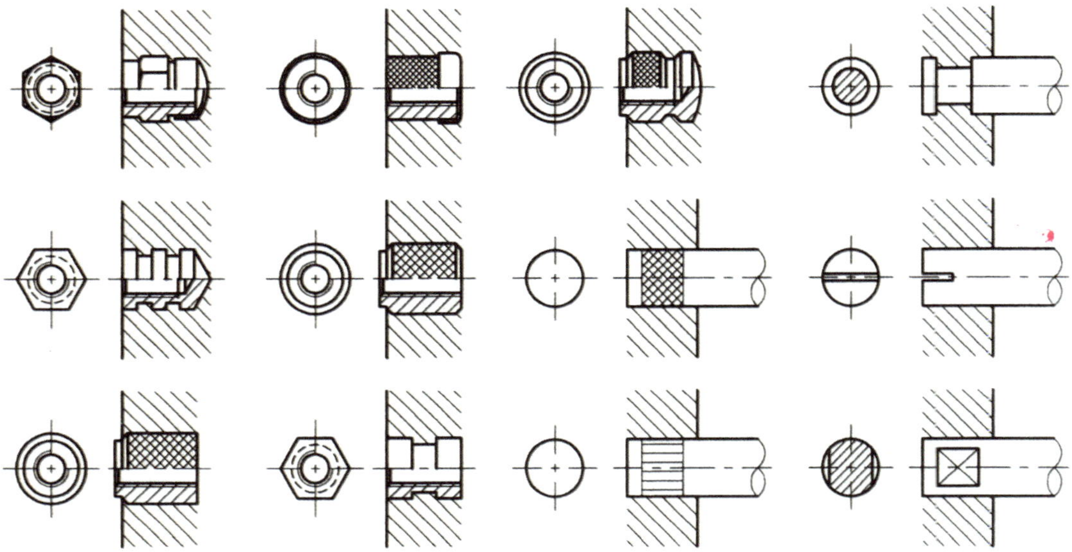

그림 1.109 인서트(insert)의 예

2) 금형에서의 인서트(Insert) 고정

인서트(insert)는 금형에 충분히 고정되어 있어 금형으로부터의 진동에도 빠지지 않고, 인서트와 금형과의 틈으로 수지가 유입되지 않도록 해야 한다. 따라서 유입을 방지하기 위해서 인서트의 직경은 금형의 직경보다 0.02mm 이내로 작게 한다. 수나사가 있는 인서트를 사용할 경우 외경을 상기의 범위에 들어오도록 하고 인서트 근원에는 평탄부를 주어 사출 시 용융된 플라스틱이 나사부로 흘러나오지 않도록 해야 한다. 특히 인서트의 플라스틱 쪽에 매립된 직경(그림 1.110(a))이 수나사 직경(그림 1.110(b))보다 큰 것이 제일 좋다(그림 1.110 참조).

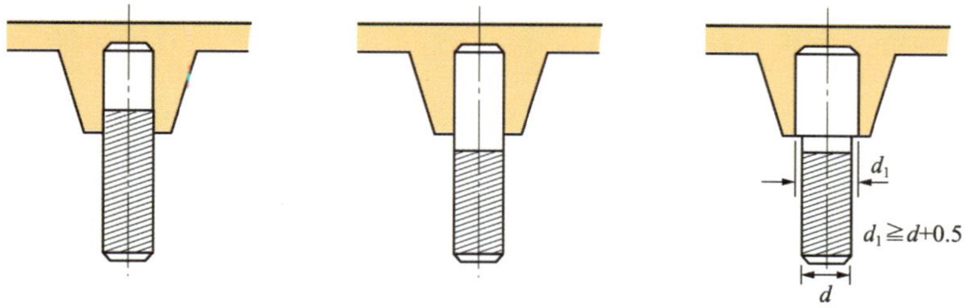

(a) 인서트 불가(不可)　(b) 인서트 가(可)　(c) 인서트 양(良)

그림 1.110 나사 인서트(insert)

그림 1.111에서와 같이 구멍을 제품에 또한 인서트(insert)를 중간까지 넣어야 할 경우, 인서트가 성형 중 뜨지 않도록 하기 위해 금형에서 핀을 캐비티 및 코어 양측에서 세워 인서트면에서 받도록 하지 않으면 여러 문제가 발생한다.

인서트 끝면에서 핀으로 잡기 위해 필연적으로 플라스틱측의 구멍은 인서트의 구멍보다 커야 한다. 그 직경의 차는 인서트 크기에 따라 다르나 구멍 직경이 $\phi 2 \sim 3$mm일 때, 그 차는 0.5mm 정도면 된다. 이 경우에도 인서트의 치수 허용차는 엄밀하게 취급되어야 한다. 판상(板狀) 인서트의 고정은 그림 1.112와 같이 인서트를 상하에서 끼워 고정하도록 하지 않으면 구부러짐이 생길 수 있고 경우에 따라서는 인서트가 성형품의 면에 들 수도 있다. 판상의 인서트가 들어간 성형은 거의 입형 사출기가 필요하다.

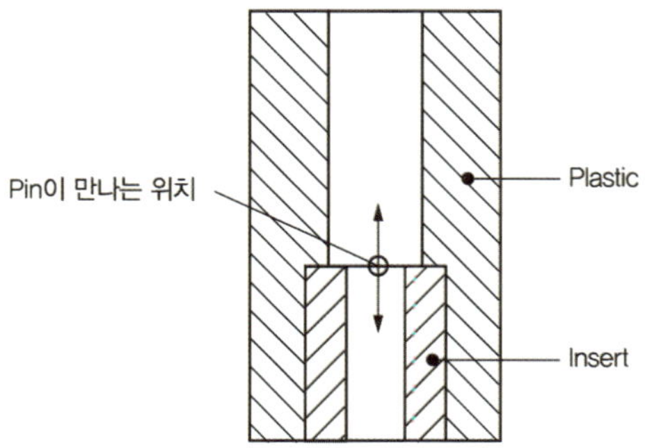

그림 1.111 인서트(insert)의 고정

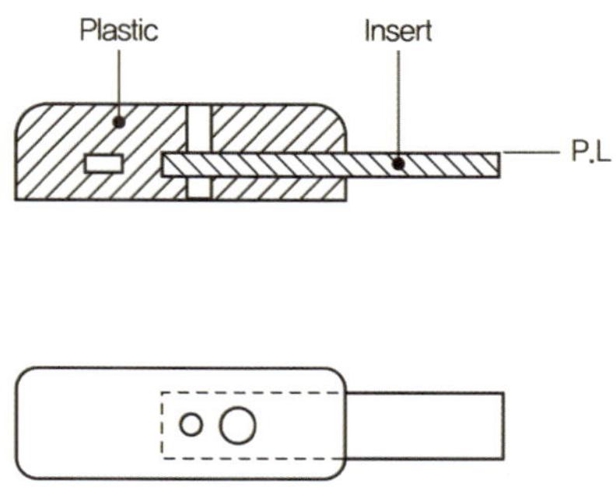

그림 1.112 판상 인서트(insert)의 고정

02 인서트(Insert)

1) 인서트설계와 적용

인서트(insert)는 플라스틱 성형품 속에 삽입된 금속(암나사가 가공성형된)으로 수나사(기계나사)를 체결시켜 체결력을 강화할 수 있다.

일반적으로 플라스틱에 셀프태핑 스크류(self-tapping screw)에 의한 강제 탭(tap)을 내어 사용할 때, 나사산이 발생하나 체결력이 약하다.

따라서 인서트는 체결력 저하에 따른 문제를 해결하기 위해 플라스틱이나 경금속(특히 연질의 알루미늄)과 같은 강도가 약한 재질의 모재(母材)에 대해 금속으로 된 암나사를 삽입하여 강한 체결력과 더불어 보강 역할을 하는 것이다.

그림 1.113과 같이 성형품(모재, 플라스틱)에 나사를 만들기 어려운 경우 성형품에 삽입·부착하여 암나사 역할을 할 수 있도록 만들어진 금속 부품이다. 이는 셀프태핑(self-tapping) 나사 체결 시에 체결력, 즉 체결 토크(torque)가 약한 것을 개선하기 위하여, 기계식 나사(machine screw)를 체결할 때 사용된다.

(a)는 (b)의 외형도 중 왼쪽 도면을 단면으로 자른 단면도이다.

일반적으로 인서트(insert)의 하단부에 각도를 주어 플라스틱 성형품(모재, 母材)에 삽입이 용이하도록 한 외형 구조(형상)를 많이 사용한다.

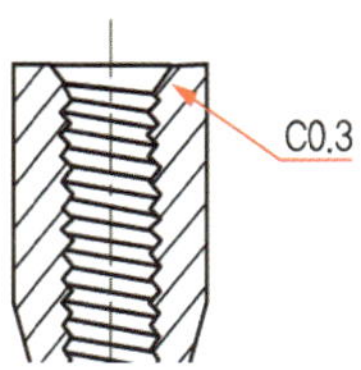

(a) 단면도

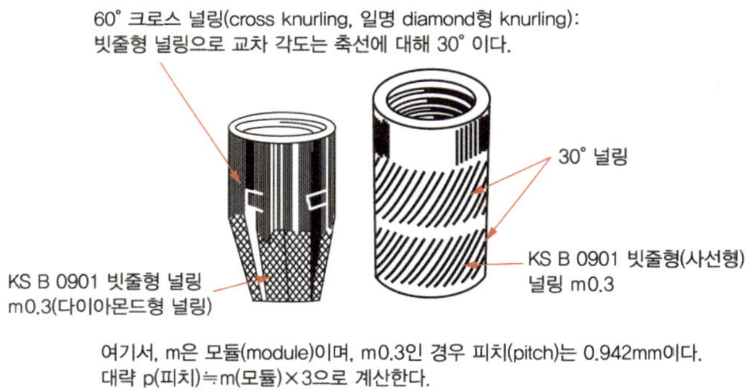

(b) 인서트 외형도

그림 1.113 인서트의 종류 및 형상, 구조

그림 1.114는 또 다른 형상의 인서트와 인서트가 삽입되는 플라스틱 모재의 단면구조와 인서트가 모재에 삽입되어 조립된 조립단면도를 보여주는 설계 예시이다.

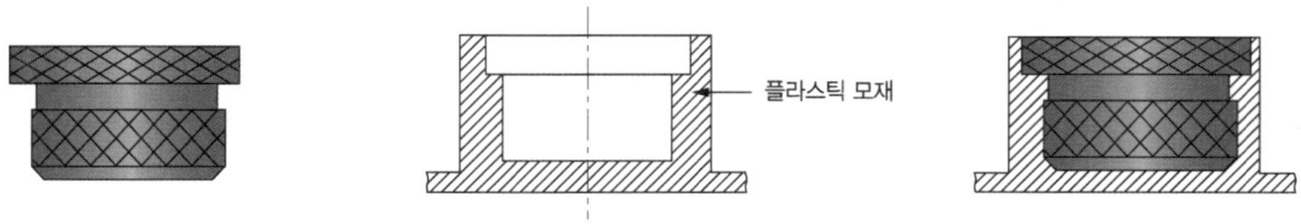

(a) 인서트 (b) 인서트가 삽입되는 플라스틱 모재 (c) 조립 단면도

그림 1.114 인서트, 플라스틱 모재의 단면구조 및 조립단면도

그림 1.115도 또 다른 형상의 인서트와 인서트가 플라스틱 모재에 삽입되어 조립된 조립단면도를 보여주는 설계 예시이다.

(a)는 30° 빗줄형(사선형) 널링(knurling, 새김눈)이 서로 반대 방향으로 이중으로 형성된 구조이다. 널링(knurling)은 기계나 공구에서 손잡이 등 손가락으로 잡는 부분에 톱니 모양 또는 빗줄무늬를 만들어 미끄러지지 않도록 해주는 가공작업이다. 미끄럼 방지 외에도 장식용으로 많이 쓰인다. 한편 인서트(insert)에서는 플라스틱 소재(즉, 모재)에 삽입 후 모재(母材)인 보스(boss)에서 빠지지 않도록 하기 위한 용도로 주로 활용된다. 무늬는 바른줄형(직선형), 빗줄형(사선형과 다이아몬드형) 등 모양에 따라 구분된다.

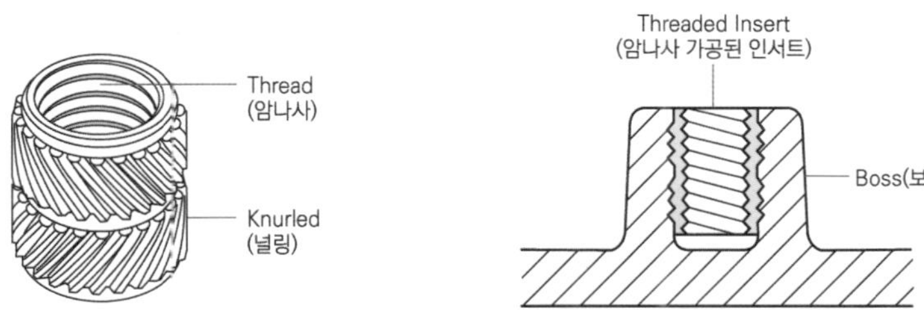

(a) 이중 30° 널링된 인서트(insert) (b) 플라스틱 모재(보스, boss)에 조립된 인서트의 조립단면도

그림 1.115 인서트와 조립단면도

인서트에 의해 수나사와 암나사가 체결되면 체결력이 증가되어 스마트폰의 휴대시 혹시나 모를 충격(떨어뜨리는 낙하충격, 사용 중 부딪히고, 밟히는 등의 예상치 못한)에도 잘 견뎌 파손되지 않는다. 또한 탭오버(tap over, 여러 번 잠그고 풀고난 후 헐거워지는 현상)가 발생되지 않는다. 그러므로 초소형 경박단소 제품에서 조립과 분해가 용이한 구조가 되기 위해서는 인서트가 필수적이다. 이러한 제품의 특성으로 인하여 인서트와 인서팅(inserting) 조립설계는 중요하다.

설계 시 유의점은 다음과 같다.

① 인서팅(inserting) 시 인서트의 상단 높이는 보스(boss) 높이보다 낮아야 한다.
② 설계 시 반드시 보스 구멍의 공차와 인서트의 공차를 고려해야 한다.
③ 설계 시 반드시 인서트 부품의 가공공차와 보스와 보스 위에 실장되는 조립물과의 복합적인 조립공차를 고려해 설계해야 한다. 이는 정확하고 세밀한 조립을 위한 최적설계이다.

따라서 스마트폰을 비롯한 정밀기기 제품에서는 인서트가 반드시 사용된다. 일반적으로 인서트 재질은 다음과 같이 2가지가 사용된다.

① 쾌삭 황동봉(free cutting brass bar)이며 보통 인발 BsBD, 압출 BsBE 재질을 사용한다. 여기서 Bs는 Brass(황동으로 구리(Cu)와 아연(Zn)의 합금)이고, B는 Bar(봉, 棒)으로 둥근 막대를 의미한다. 마지막으로 사용된 D(Drawing, 引拔, 인발로 일정한 모양의 금형 구멍으로 금속을 눌러 뽑아내며, 자른 면의 단면이 그 구멍과 같고 길이가 긴 제품을 만들어 내는 가공)이고 E(Extrusion, 壓出, 압출이란 좁은 금형 구멍으로 눌러서 밀어내는 가공)을 나타낸다.
② 스테인리스강(SUS304-1/2H 혹은 SUS304-3/4H)이며, 강도(strength)를 좋게 하기 위해 경도 3/4H 등급까지 사용하고 있다. 여기서 304는 재질의 등급으로 정확히는 인장강도 등급을 나타내고, H는 경도(Hardness)를 의미한다.

사진 1.29는 생활용품인 헤어 드라이기(hair drier, 헤어 드라이어) 제품에 있어, 인서트가 박혀 조립되어 있는 성형품의 일부인 손잡이 케이스(case)를 보여주고 있다.

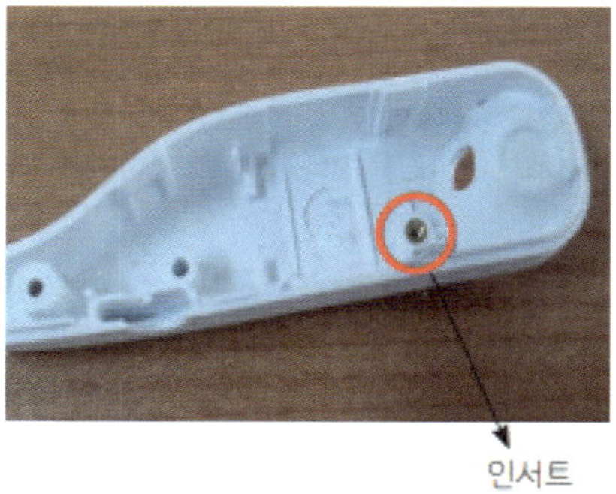

사진 1.29 인서트(insert)가 압입·조립된 플라스틱 성형품(헤어 드라이기)

또 다른 예를 살펴보면, 사진 1.30에서 (a)는 삼성 스마트폰에 삽입되어 고정된 인서트이고, 이를 측정하고 재설계하여 (b)와 같이 3D 모델링으로 제시하였다.

(a) 스마트폰 내부에 고정된 인서트(insert)

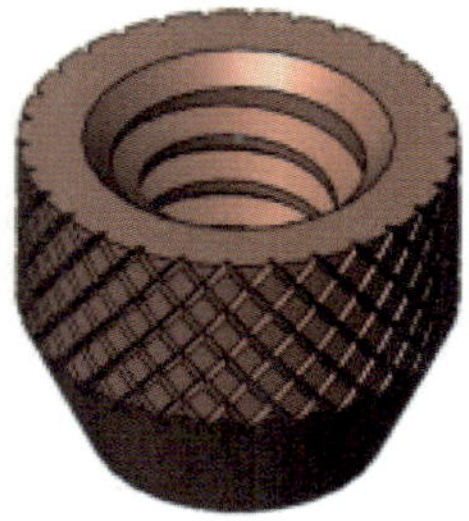
(b) 인서트(insert)의 3D 모델링 도면

사진 1.30 스마트폰 내부에 고정된 인서트(insert)와 3D 모델링(modeling)

2) 노트북 컴퓨터에 적용된 인서트(Insert)

사진 1.31은 노트북 컴퓨터의 미들 커버(middle cover)에 다수가 조립된 인서트의 설계 구조이다. 이 구조는 충격 등에 의한 나사의 풀림 토크(torque)가 느슨해지는 것을 방지하기 위해 체결 토크를 강화하도록 기계나사(machine screw 또는 M/C screw)를 사용하기 위하여 설계되었다.

조립된 사진을 보면 삽입된 인서트의 표면이 보스의 구멍(안지름, 내경)에 삽입 후 잘 빠지지 않도록 널링(knurling, 새김눈)이 되어 있는 것이 보인다.

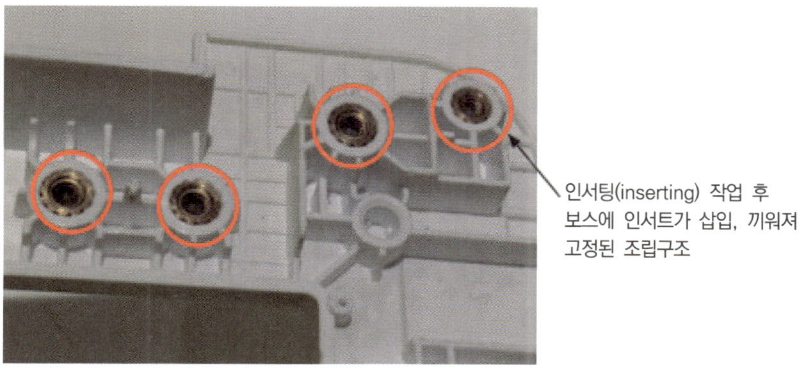

사진 1.31 노트북 컴퓨터의 미들 커버(middle cover)에 조립된 인서트의 구조

플라스틱 보스 구멍 자체에 셀프태핑 스크류(self-tapping screw)에 의한 강제 나사산을 낼 경우, 체결 토크가 약하고 계속되는 조립·분해 시에는 나사산이 마모되어 겉돌거나 헛도는 탭오버(tap over) 현상 등이 발생하여 조립이 불가능하거나 체결력(즉, 체결 토크)이 약해진다. 따라서 이러한 문제들을 해결하기 위하여 기계나사를 체결할 필요가 있다. 기계나사는 수나사이므로, 보스에 암나사를 형성하기 위해서는 금속재질로 가공된 인서트의 삽입이 반드시 필요하다. 인서트의 내경에는 태핑(tapping, 나사산을 냄) 가공에 의한 암나사가 이미 형성되어 있다.

이는 셀프태핑 스크류의 체결강도가 작기 때문에 금속을 플라스틱에 인서팅(inserting, 삽입 또는 압입) 한 후에 기계나사로 다른 실장 파트(취부물)를 조립하여 체결한다.

보스 성형물에 구멍을 파고 그 자리에 인서트를 압입하여 기계나사(M/C screw, machine screw) 등을 이용하여 다른 부품을 고정하는 것이다.

3) LG 스마트폰에 적용된 인서트

사진 1.32는 LG G3 스마트폰에 있어 메인 허브(main hub)와 톱 하우징(top housing)에 적용된 인서트 형상 및 구조이다.

(a) 메인 허브(main hub) (b) 톱 하우징(top housing)

사진 1.32 LG G3 스마트폰에 적용된 인서트 형상 및 구조

4) 삼성 갤럭시 노트3에 적용된 인서트

사진 1.33에서 보여주는 적용 사례와 같이 최근 스마트폰을 비롯한 대부분의 경박단소의 IT 제품 및 전자기기에 인서트설계가 광범위하게 적용되고 있다.

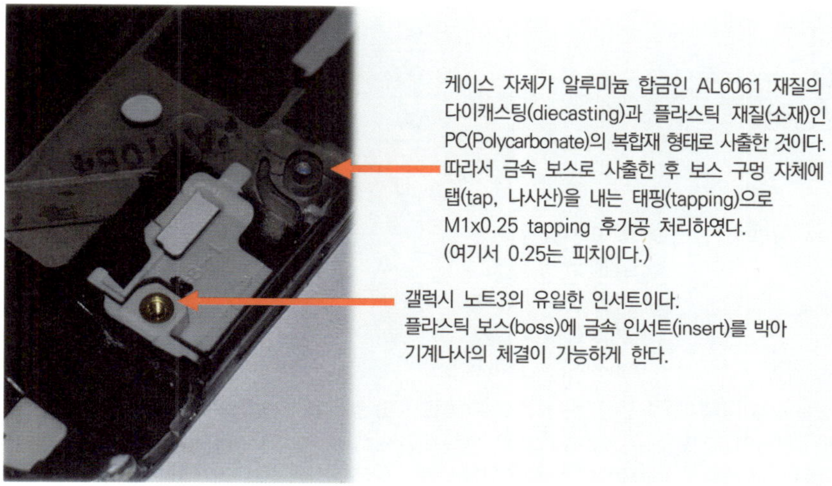

사진 1.33 삼성 갤럭시 노트3에 적용된 인서트

사진 1.33에서 설명한 바와 같이 삼성 갤럭시 노트3의 케이스(case)가 알루미늄 합금 AL6061 재질의 다이캐스팅과 엔지니어링 플라스틱인 PC(Polycarbonate, 폴리카보네이트)의 복합재로 되어있다. 일반적으로 AL 합금 소재로 6061 등급이 많이 사용되고 있다. 이 소재(재질)에 대한 특징과 물성에 대해 알아보기로 하자.

AL6061의 특성은 표 1.6과 같다.

▶▶ 표 1.6 AL6061 특성

	밀도(kg/m³)	항복강도(MPa)
스틸(steel)	7850	120(≒ 약 12kgf/mm²)
AL6061-0	2700	110
AL6061-T4	2700	110
AL6061-T6	2700	241

(참고 : 1Pa = 1N/m², 1kgf = 9.8N)

AL6061

합금성분

- 실리콘 : 0.4 ~ 0.8% by weight
- 구리 : 0.15 ~ 0.40%
- 마그네슘 : 0.8 ~ 1.2%
- 아연 : 0 ~ 0.25%
- 기타 : 각 0.05% 이하, 합계 0.15%
- 철 : 0 ~ 0.7%
- 망간 : 0 ~ 0.15%
- 크롬 : 0.04 ~ 0.35%
- 티탄 : 0 ~ 0.15%
- Aluminum : 나머지 부분

- 6061-0 : 열처리되지 않는 6061 알루미늄의 인장강도는 150MPa 정도이고, 항복강도는 110MPa이다. 파괴직전 강도에서의 연신율은 16%이다.
- 6061-T4 : T4 열처리된 6061의 인장강도는 207MPa이고, 항복강도는 110MPa이다. 연신율은 16%이다.
- 6061-T6 : 열처리에 의해 인장강도는 290MPa이고, 항복강도는 241MPa이다. 연신율은 8 ~ 10%이다.
- 사용처 : 6061은 항공기 날개 등 구조물 구성에 널리 사용되며, 요트에도 많이 사용된다.
  7005와 비슷하게 고급·고가 자전거 프레임에 보통 사용된다.
- 용접 : 6061은 TIG로 용접성이 좋다. 용접한 후 기계적 물성치가 6061-0으로 떨어진다. 즉, 열처리하였던 6061-T6은 용접 후 80%로 항복강도 및 인장강도의 감소가 일어날 수 있다. 따라서 용접한 후 다시 전체 프레임에 대해 열처리를 수행하여야 한다.
- 가공성 : 압출에 의해 파이프나 판 형태로 쉽게 가공이 가능하다.

열처리의 종류는 다음과 같이 분류한다.

- T3 : 냉간가공 후 자연시효
- T4 : 자연시효
- T6 : 인공시효
- T8 : 냉간가공 후 인공시효

예를 들어, T4 혹은 T6은 열처리를 말하는 것으로, 템퍼링(tempering, 뜨임)이란 열처리 기술은 일정한 온도에서 적어도 1시간 이상 유지시켜 금속의 조직을 바꾸는 방법이다. 로(전기로) 안에서 하므로 에너지 소비가 많다. 원가 상승의 원인이 된다.

열처리된 알루미늄을 용접하면 용접 부분이 열처리 전 상태로 돌아가서 항복강도가 저하된다. 따라서 용접 후 열처리를 다시 시행해야 한다.

5) 또 다른 인서팅

사진 1.34와 같이 인서트가 삽입용 보스(boss) 높이보다 더 높게 돌출되도록 설계된 경우이다.

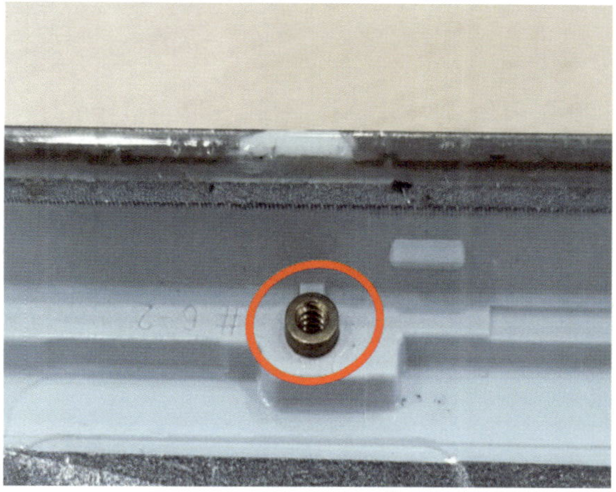

사진 1.34 인서트가 삽입용 보스(boss) 높이보다 높게 인서팅(inserting)된 설계

[인서트(insert)]

- 인서트는 성형품에 파일럿 홀(pilot hole)을 뚫고, 인서트를 그 홀에 압입 또는 초음파로 삽입하는 2차 가공 방식이다.
- 인서트의 외형이 각형일 시, 응력이 집중됨에 따라 파손이 생기기 쉽다. 따라서 가능하면 원형 인서트를 사용하는 것이 좋다.
- 인서트를 성형품에 매몰시키는 방법으로 개선설계가 가능하다.

6) 인서트 고정 체결에 사용되는 기계나사(machine screw, M/C screw)

(1) 스마트폰용 기계나사

스마트폰에서 인서트의 조립을 위한 체결에 일반적으로 널리 사용되고 있는 기계나사인 미터보통나사는 표 1.7과 같다.

표 1.7 기계나사의 종류에 따른 기호, 나사의 호칭, 관련규격(단위 : mm)

나사의 호칭(종)			피치 P	접촉높이 H_1	암나사 골지름 D / 수나사 바깥지름 d	암나사 유효지름 D_2 / 수나사 유효지름 d_2	암나사 안지름 D_1 / 수나사 골지름 d_1
1	2	3					
M1			0.25	0.135	1.000	0.838	0.729
	M1.1		0.25	0.135	1.100	0.938	0.829
M1.2			0.25	0.135	1.200	1.038	0.929
	M1.4		0.30	0.162	1.400	1.205	1.075
M1.6			0.35	0.189	1.600	1.373	1.221
	M1.8		0.35	0.189	1.800	1.573	1.421

비고 : 나사의 호칭에서 1종을 우선적으로 선택하고, 필요에 따라 2종, 3종의 순서로 선택하여 사용한다.

표 1.7에서 나타낸 바와 같이 예를 들어 표기를 설명하면(M1×0.25 사용시), M1은 미터보통나사로 수나사의 바깥지름(d)이 ϕ1mm이고, 피치가 0.25mm이다.

나사산의 피치가 가장 작다.

① 일반적으로 가장 많이 사용하는 기계나사

- M1×0.25(피치 0.25)
- M1.1×0.25
- M1.2×0.25
- M1.4×0.3

② 두 번째로 사용하는 기계나사

- M1.6×0.35(피치 0.35)

(2) 기계나사의 체결력(Torque, 토크)

나사의 체결력은 조립 후의 체결력으로, 체결 토크의 유지를 위해서는 수나사가 체결되어 암나사와 서로 맞물리는 나사산이 최소 3개 이상 되어야만 한다. 즉, 2피치(pitch) 이상이 서로 맞물려져 있어야만 한다는 것이다. 이를 기준으로 하고 조립부품의 두께를 더하여 기계나사의 길이가 결정된다. 맞물리는 나사산이 많을수록 그만큼 체결력도 증가한다.

03 인서트(Insert)의 압입(Inserting, 인서팅)

1) 인서트와 보스의 형합 및 조립설계

인서트를 삽입하여 성형하면 사출성형기의 무인운전이 곤란하게 되고 성형 사이클(cycle)이 떨어지게 된다. 이 문제점을 해결하는 방법으로는 성형품에 파일럿 홀(pilot hole)만 성형시키고, 그 구멍(hole)에 인서트를 성형물에 압입시키고 기계나사(machine screw) 등을 이용하여 다른 부품을 고정하는 방법이다. 압입방법으로는 초음파, 냉간강제 압입이 있으며, 접착제에 의한 접착고정방법도 있다.

인서트를 압입(삽입)하여 끼워 고정시키는 인서팅(inserting)은 열가소성 플라스틱에 인서트를 삽입시키는 기술로 제품설계 시 보스 구멍(hole)의 직경을 인서트(insert)의 직경보다 약간 작게 설정하여 설계한다. 일반적으로 인서트는 표면에 널링(knurling, 새김눈), 홈 등이 가공·형성되어 인서팅 후 인장과 토크(torque)에 대해 강력한 고정이 되도록 한다.

인서트 표면에 혼(horn)에서의 초음파 진동과 압력이 가해지면 인서트 외경면과 플라스틱 부품 내경(즉, 보스 구멍의 안지름)에 있어서 통상 0.2 ~ 0.4mm의 간섭(interference)되는 면에서 국부적인 마찰열이 발생되고 수지를 용융시킨다. 그림 1.116은 플라스틱의 보스(boss)에 인서팅을 할 때 보스 내경(안지름)과 인서트의 외경(바깥지름)과의 조립 단면도면이다. 이 조립단면도와 설계 가이드(지침)를 잘 활용하여 인서트와 보스를 설계하면 올바른 최적의 설계가 되는 것이다.

다시 말하지만 그림 1.116에서 보여주는 인서팅설계 시 보스 내경(안지름)과 인서트의 외경(바깥지름)과의 설계 가이드라인(guide line, 지침)은 설계표준이라고 할 수 있다.

조립치수는 인서트의 외경을 D, 보스의 내경을 d라고 하면, D=d+(0.2 ~ 0.4mm)가 된다. 보통 설계 시는 평균값을 취하여 D=d+0.3mm로 설계한다.

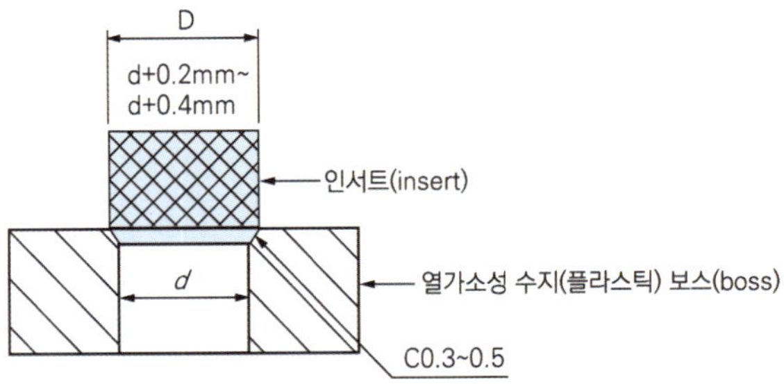

그림 1.116 인서팅 설계 시 보스 내경(안지름)과 인서트의 외경(바깥지름)과의 설계 가이드(설계표준)

2) 인서트설계 기술과 초음파 압입

사진 1.35는 플라스틱 제품에 인서트(insert, 금속 삽입물)가 결합된 예시이다.

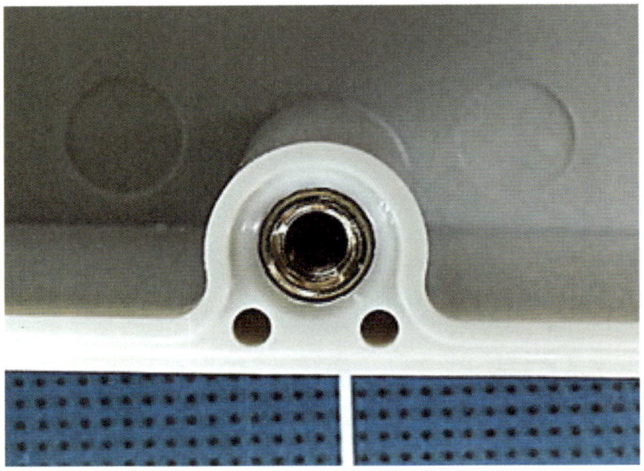

사진 1.35 플라스틱 제품에 인서트(insert, 금속 삽입물)가 결합된 예시

그림 1.117은 초음파를 이용한 압입 방식으로 인서트를 열가소성 플라스틱 제품에 끼워 결합하는 원리를 보여주고 있다.

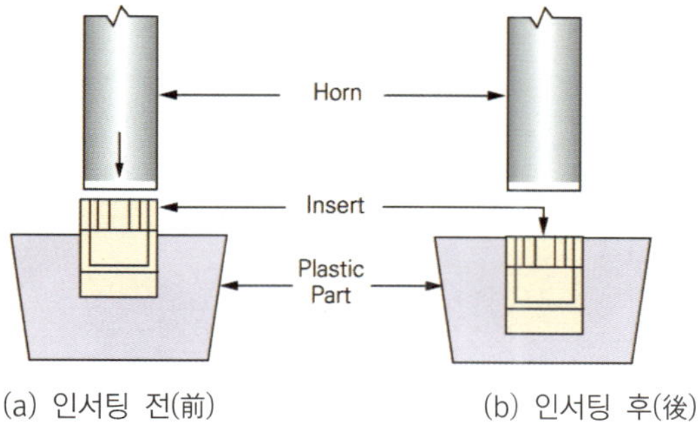

그림 1.117 초음파 압입 방식을 사용한 인서팅(inserting)

[설계기술 배경]

성형품에 나사를 만들기 어려운 경우 성형품에 삽입, 부착하여 암나사 역할을 할 수 있도록 만들어진 금속부품이다.

[설계기술 요약]

인서트(insert)는 성형 시에 삽입하지 않고, 성형품에 파일럿 구멍(pilot hole)을 뚫고 인서트를 그 구멍(hole)에 초음파 압입 혹은 열용착 방식의 2차 가공 방식을 취하는 경우가 많다. 인서트를 플라스틱 부품(plastic part)에 고정하기 위한 형상으로는 인서트 외주(外周, 바깥면 둘레)에 널링하는 방법, 원주 양측을 커트하는 방법, 원주에 홈을 내는 방법 등이 있다. 인서팅(inserting)은 열가소성 플라스틱(plastic)에 인서트(insert)를 삽입시키는 기술로 제품설계 시 구멍(hole)의 직경을 인서트의 직경보다 약간 작게 설정한다. 인서트는 통상 널링(knurling), 홈 등이 실시되고 인서팅(inserting) 후 인장과 토크(torque)에 대해 강력한 고정이 되도록 한다. 인서트 표면에 혼(horn)에서의 초음파 진동과 압력이 가해지면 인서트 외경면과 플라스틱(plastic) 부품 내경에 있어서 통상 0.2 ~ 0.4mm 간섭되는 면에서 국부적인 마찰열이 발생되고 수지를 용융시킨다.
이는 억지끼워맞춤으로 인서트에 가해진 열이 보스의 구멍과 맞닿는 표면을 녹이면서 인서트를 밀어넣는 지그(jig) 등의 압력에 의해 압입되는 원리이다.
셀프태핑 스크류(self-tapping screw)의 체결 토크(torque)가 약한 것을 개선하기 위해 한정된 작은 공간에서 기계나사를 체결할 때 사용된다.

3) 개선설계의 예

그림 1.118은 인서트 적용 후의 개선설계 예를 보여주고 있다.

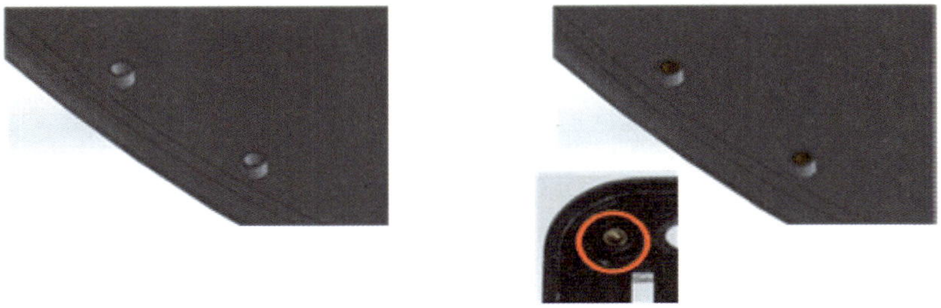

(a) 인서트의 적용 전 (b) 인서트의 적용 후

그림 1.118 인서트(insert)의 개선설계 예

4) 인서트(Insert)의 설계 적용 사례 – 갤럭시 노트3

삼성 스마트폰 갤럭시 노트3에 인서트를 적용한 설계 사례이다. 그림 1.119는 스다트폰을 구성하는 메인 바디(main body, 주요 몸체) 중의 한 부품인 프런트 케이스(front case)에 인서트를 압입(inserting, 인서팅)하기 위한 설계 도면이다.

(1) 인서팅(inserting)된 설계 구조

다음은 삼성 갤럭시 노트3 스마트폰 제품의 부품을 2D 도면화 작업을 하여 상세 설계도면으로 그린 것이다. 2D 파트 도면(2D part drawing)으로 상세 설계도면(detail drawing) 작업을 하였다.

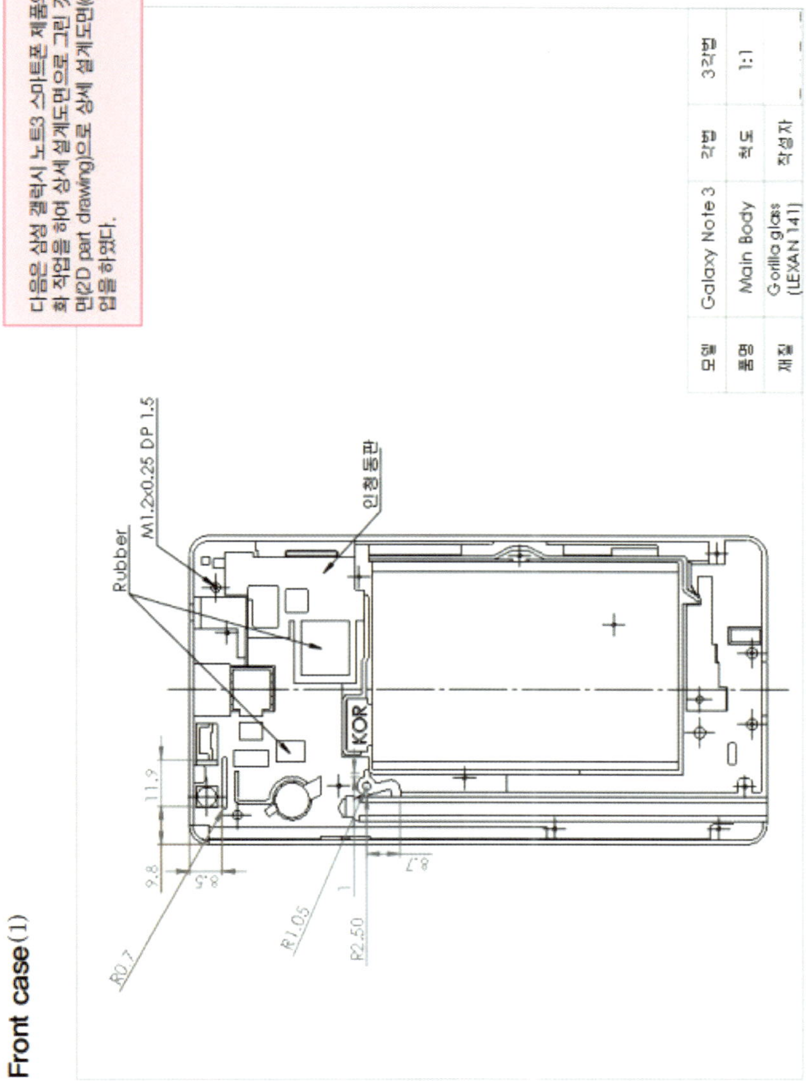

그림 1.119 스마트폰 갤럭시 노트3 인서팅(inserting)된 설계 구조(main body)

그림 1.120은 프런트 게이스(front case)에 형성된 보스(boss)에 압입되어 고정되는 인서트(insert)의 상세설계 도면이다. 그리고 보스(boss)의 형상(구조)과 상세 치수를 기입한 설계 도면이다.

(2) 인서트(insert)와 보스(boss)의 설계 구조

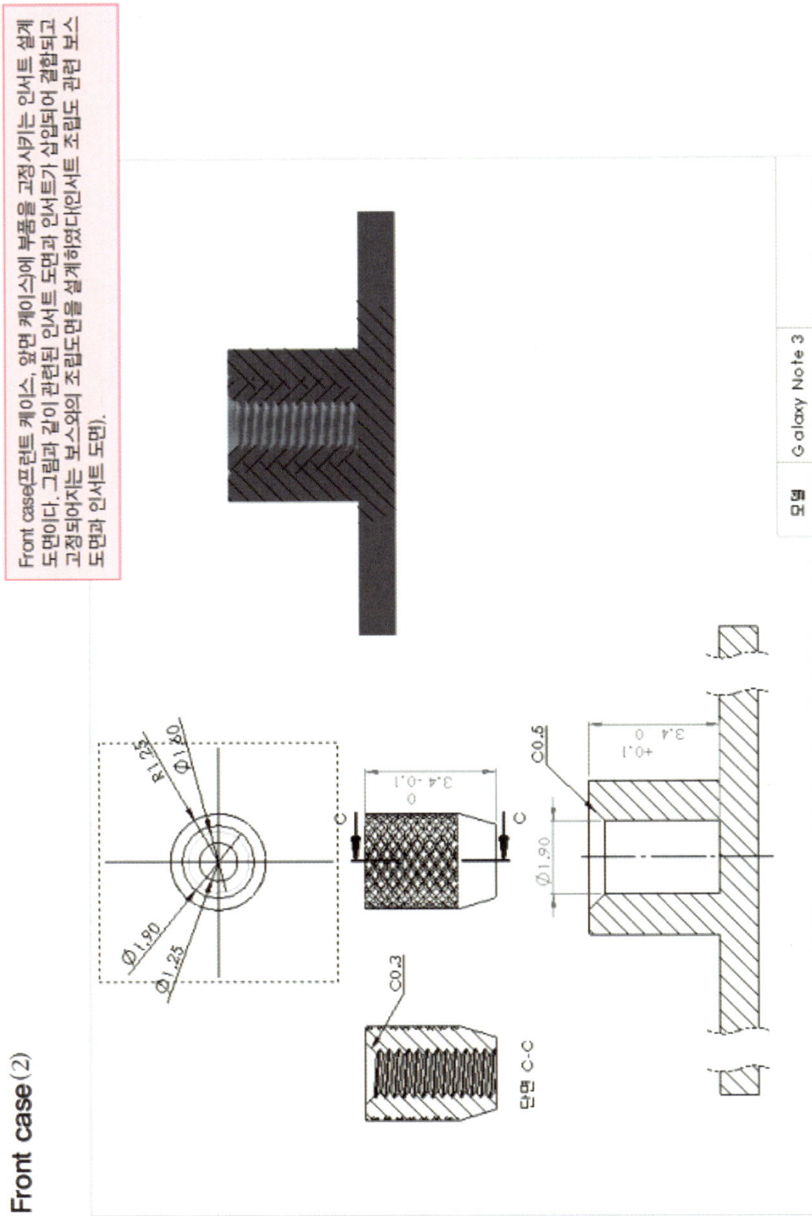

그림 1.120 스마트폰 갤럭시 노트3 인서트(insert)와 보스(boss)의 설계 구조(front case)

그림 1.121은 팬택의 스마트폰 베가 시크릿 노트(VEGA Secret Note)의 프런트 케이스(front case) 내부에 형성된 인서트 설계 구조를 보여주는 상세설계 도면이다.

(3) 인서트설계 구조

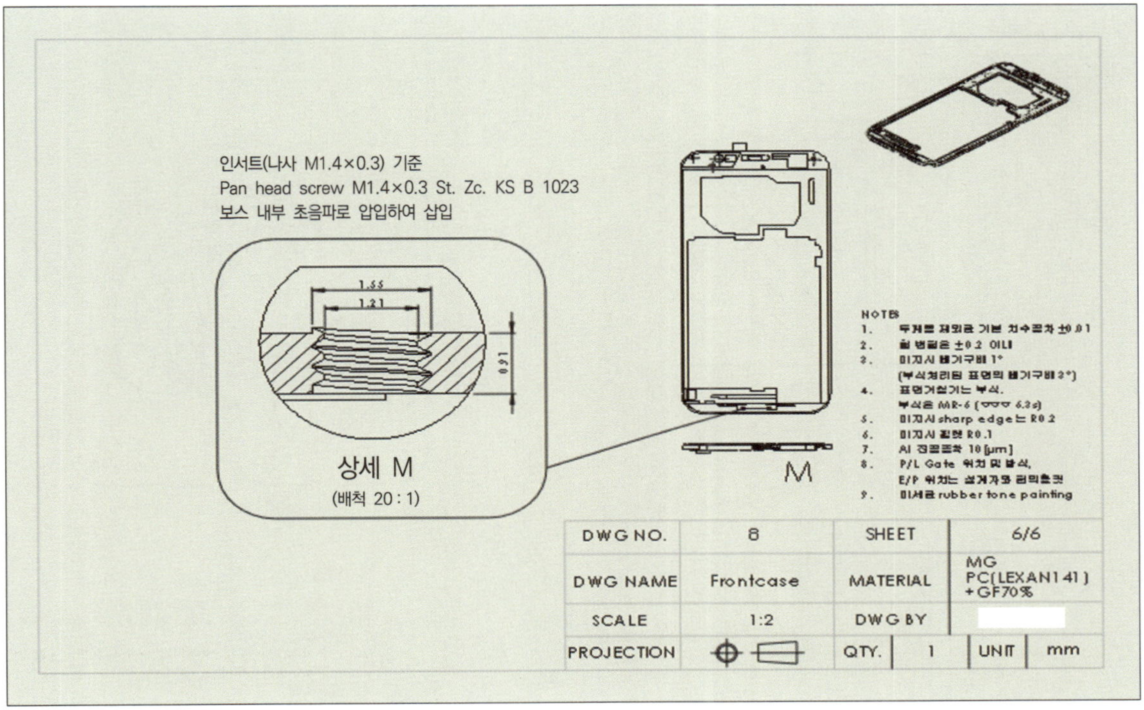

그림 1.121 팬택 스마트폰 베가 시크릿 노트의 인서트설계 구조(front case)

인서트(insert)의 형상은 용도에 따라 여러 가지이다. 그림 1.122는 스마트폰 갤럭시 S6에 적용된 인서트 설계의 한 예시로 인서트의 형상과 구조를 보여준다.

(a) 플랜지(flange) 타입 인서트 (b) 30° 널링 삼중 빗줄형(사선형) 타입 인서트

그림 1.122 인서트의 종류(형상 및 구조)

그림 1.123은 그림 1.122(a)에서 3D 모델링으로 도시한 플랜지 타입(flange type) 인서트를 설계한 2D (2차원) 상세 도면의 예시이다.

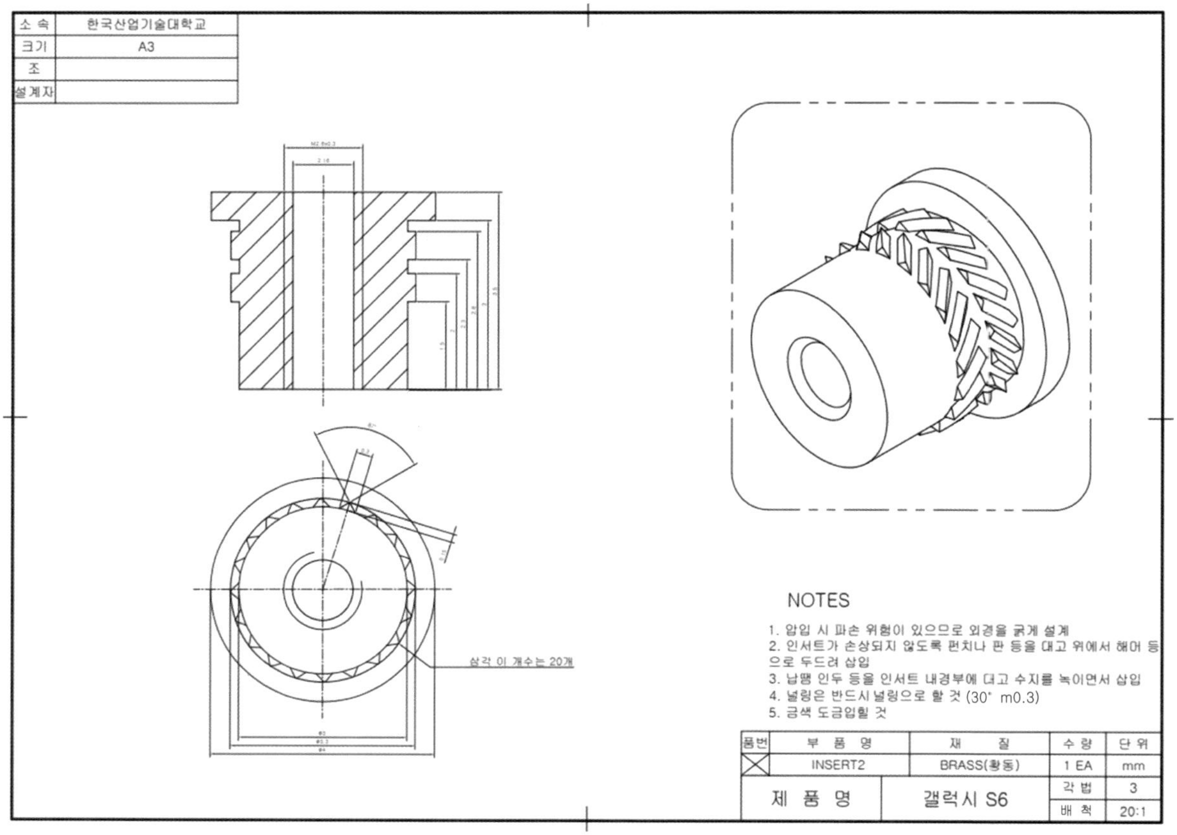

그림 1.123 플랜지 타입(flange type) 인서트 상세설계 도면의 예시

그림 1.124는 그림 1.122(b)에서 3D 모델링으로 도시한 서로 반대 방향으로 형성된 30° 널링(knurling) 삼중 빗줄형(사선형) 타입 인서트를 설계한 2D(2차원) 상세 도면의 예시이다.

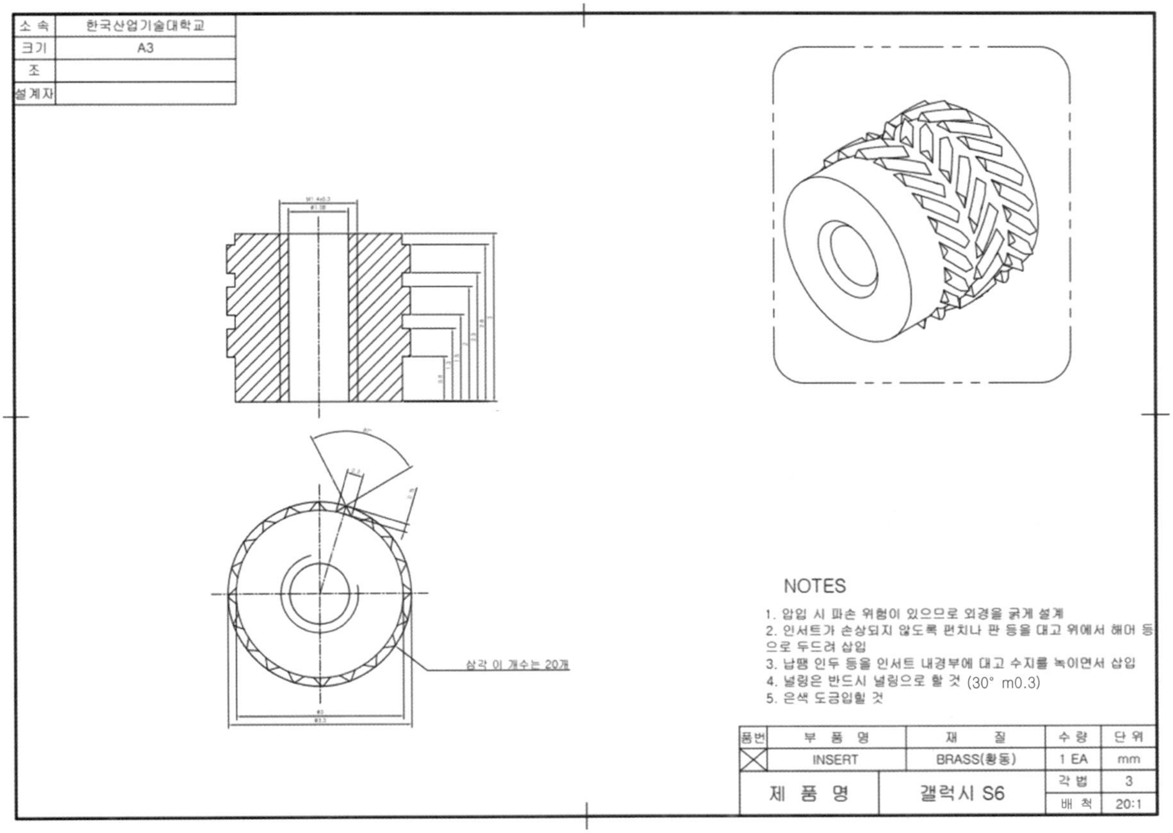

그림 1.124 30° 널링(knurling) 삼중 빗줄형(사선형) 타입 인서트를 설계한 상세 도면의 예시

04 개선설계(Improvement design)

1) 갤럭시 S5의 인서트 돌출부의 개선

인서트가 돌출된 부분이 있으면 결합에 있어서 좌우 흔들림이 생겨 불안정하게 되고 또한 조립구조를 잡아주는 체결력이 균일하게 분포하지 못하는 경우도 발생하기 때문에, 인서트의 높이와 보스의 두께를 일치시켜 결합에 있어서 조립 안정성을 갖게 한다. 그림 1.125(a)는 갤럭시 S5의 인서트 돌출부의 실물사진이고, (b), (c), (d)는 개선설계를 한 상세설계 도면이다.

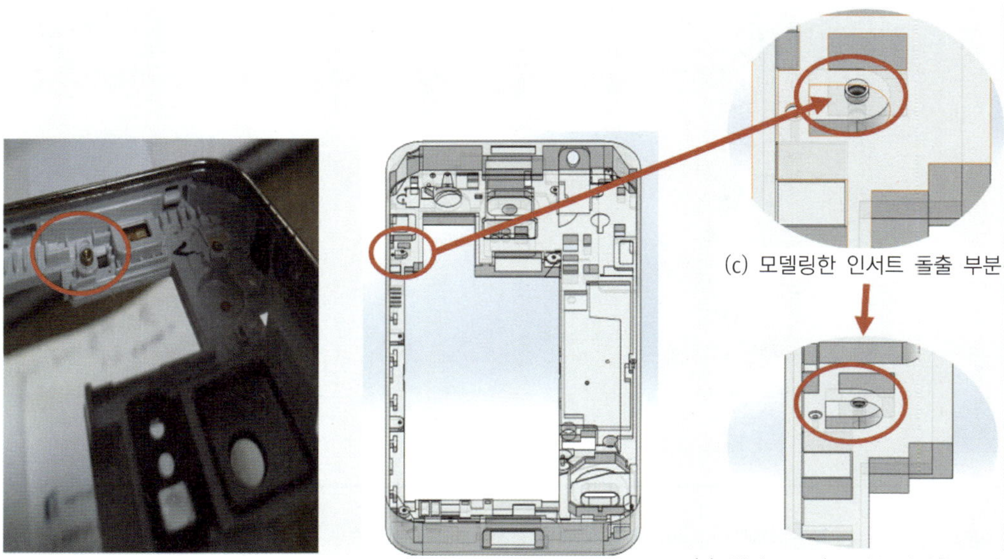

(a) 인서트 돌출 부분 (b) 모델링한 백 케이스(back case) (c) 모델링한 인서트 돌출 부분 (d) 인서트 돌출 부분 제거한 개선설계

그림 1.125 갤럭시 S5의 인서트 돌출부의 개선설계를 한 상세설계 도면(3D 모델링)

제 17 절 이중 사출(Double injection)

01 이중 사출(Double injection)

그림 1.126은 이중 사출성형기의 구조와 원리를 보여주고 있다. 표시된 오른쪽의 1, 2는 2개의 사출 실린더이고, 왼쪽의 A, B는 2가지 색 또는 2가지 재료(소재 또는 재질)를 각각 사출성형하기 위한 금형이다.

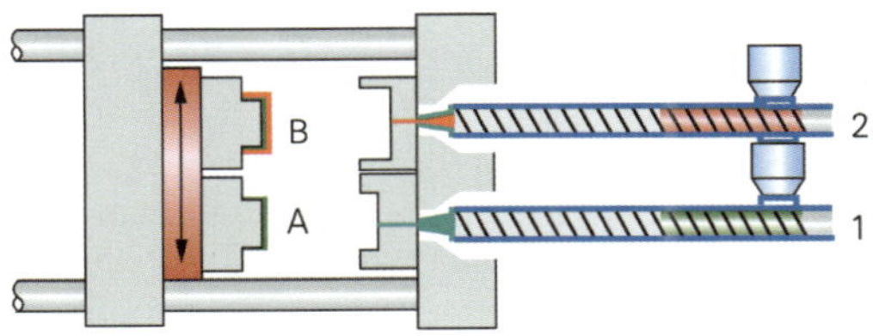

그림 1.126 이중 사출성형기의 구조와 원리

[이중 사출]

- 몸체와 다른 색으로 사출성형시키는 것으로 2개의 사출 실린더(cylinder)를 가진 2색 사출성형기가 사용되고 2종류의 금형이 필요하다. 성형의 공정 중 1공정에서 문자나 기호로 된 부분을 성형하고, 2공정에서는 금형이 반회전하여 몸체 부분이 성형된다.
- 2개의 사출 실린더와 캐비티(cavity) 내에서 전진 후퇴가 가능한 코어(core, 가동측 금형)를 갖춘 금형을 사용하여 2가지 색 또는 2개의 재료를 사출성형하는 방법이다. 코어가 전진된 상태에서 1차 성형이 되고, 코어를 후퇴시켜 여기에 생긴 공간에 2차 재료를 사출하는 방법이다.
- 투명창을 가진 제품에 많이 사용된다.

02 이중 사출의 사례

사진 1.36은 이중 사출에 의한 플라스틱 성형품(성형제품)의 사례를 보여주고 있다.
일상 제품에서 흔히 볼 수 있는 이중 사출의 예이다.
하나의 성형제품에서도 부분적으로 색상이 서로 달라 미려하게 보이며 고급스러운 느낌을 준다.

(a) 이중 사출의 예(키보드, key board)

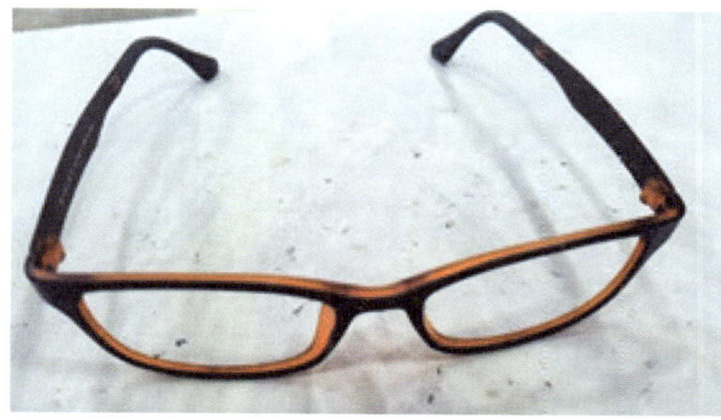

(b) 이중 사출의 예(뿔테 안경)

사진 1.36 이중 사출 제품의 예

그림 1.127에서는 이중 사출의 단계(과정)를 자세히 보여준다.

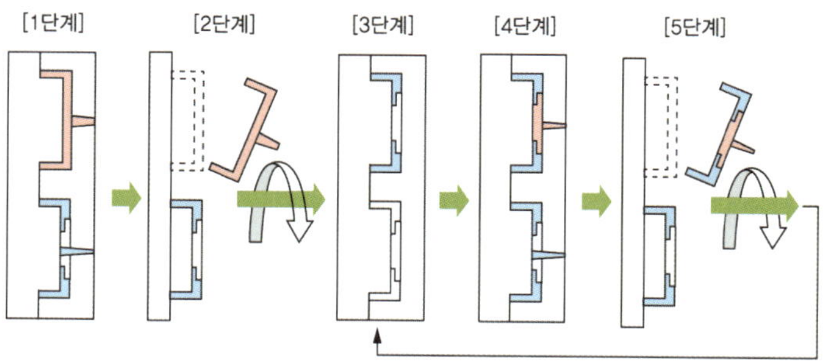

그림 1.127 이중 사출의 단계(process)

제 18 절 금형에서의 제약

성형물(성형품)에서 집중응력을 분산시키고 수지의 흐름을 좋게 하기 위해 샤프 엣지(sharp edge)를 피해야 됨을 이미 설명한 바 있다. 금형에서도 샤프 엣지(sharp edge)를 피해 제작상 불가능한 부분을 없애고 제작의 용이성을 주는 것 등의 주의가 필요하다.

01 금형의 샤프 엣지(Sharp edge)를 피한다.

금형에서 샤프 엣지가 되는 것을 피하기 위해 나사의 선단 및 근원에 평활부를 두어야 한다고 설명한 바 있는데, 그와 같은 예는 그밖에도 많이 있다. 예를 들어, 그림 1.128과 같은 파형의 형상에서 그 골부위가 샤프 엣지(예각부)가 되지 않도록 한다.

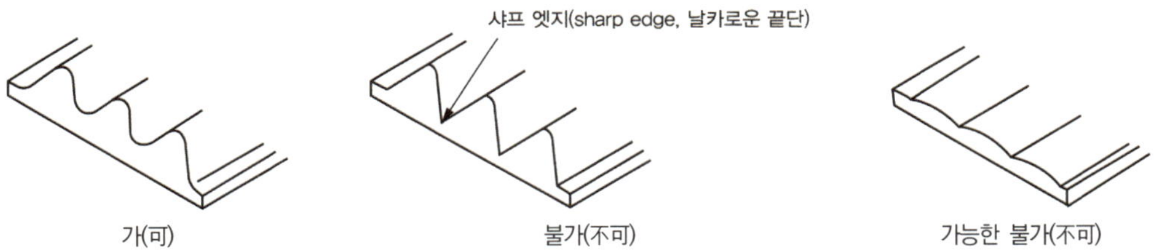

그림 1.128 제품의 골부위의 샤프 엣지(sharp edge)

02 가는 형상을 피한다.

가는 형상의 가공과 공작은 공구가 가늘어야 되므로 공구가 부러지기 쉬우며, 깊은 경우에는 방전가공으로 처리해야 한다. 따라서 별도의 코어를 사용해야 하므로 금형 제작비가 높아진다.

03 좌우 비대칭의 형상은 피한다.

그림 1.129와 같이 좌우 비대칭의 형상은 금형제작 시 조각이 어려워서 수작업으로 한다든가 방전가공 등을 사용하지 않으면 제작이 어렵게 된다. 따라서 가능하면 좌우대칭이 될 수 있도록 한다.

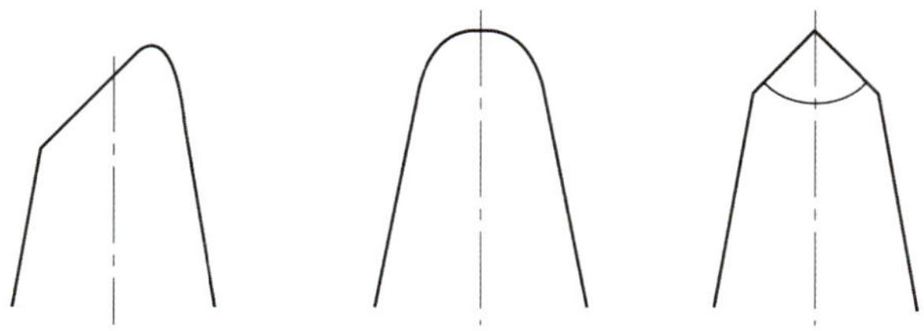

(a) 불가(不可) (b) 가(可) (c) 가(可)

그림 1.129 좌우 형상의 각도

04 경사 보스(Boss) 및 경사 구멍(Hole)은 피한다.

경사 보스(boss) 및 구멍(hole)은 사이드 코어(side core)를 사용하면 성형이 안 되는 것은 아니나 금형에 슬라이드(slide) 기구가 들어가므로 금형 구조가 복잡하게 된다. 따라서 그림 1.130(b)와 같이 파팅라인(P/L)에 직각이 되도록 설계하는 것이 바람직하다. 구멍(hole)이 경사로 되지 않으면 안 될 경우에는 후가공으로 하는 편이 좋을 수도 있다.

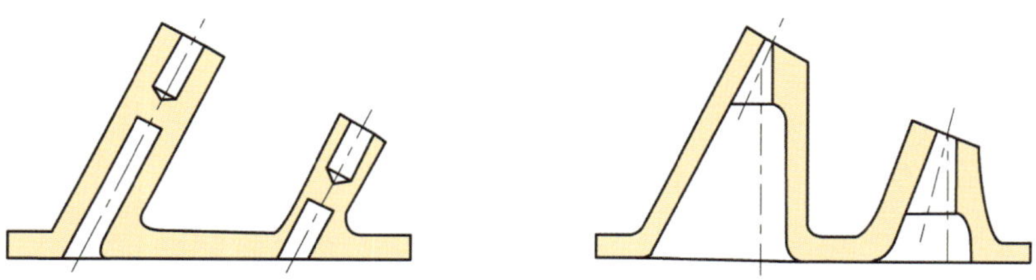

(a) 불가(不可) (b) 가(可)

그림 1.130 경사 보스(boss)와 구멍(hole)

제 19 절 스냅 핏(Snap fit)·후크(Hook)

플라스틱은 탄성을 가지고 있으므로 스냅 핏(snap fit)을 이용하여 조립하는 것이 가능하다. 성형재료로서는 변형된 후 즉시 복구되는 성질(복원력을 갖는 탄성)이 있는 POM과 같은 것이 특히 적합하다. 성형품의 형상은 그림 1.131 ~ 1.133에 표시한 것과 같이 언더컷(undercut)이 있어 슬라이드 코어(slide core)가 필요하다. 그러나 그림 1.131의 구멍(hole)은 강제 돌출시켜 성형이 가능한 것이며, 이를 위해서는 여기에 적합한 형상으로 하지 않으면 안 된다.

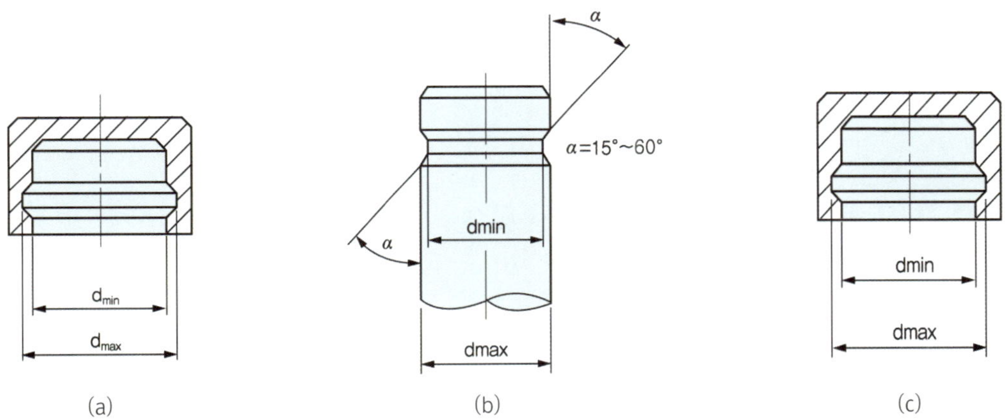

그림 1.131 스냅 핏 (1)

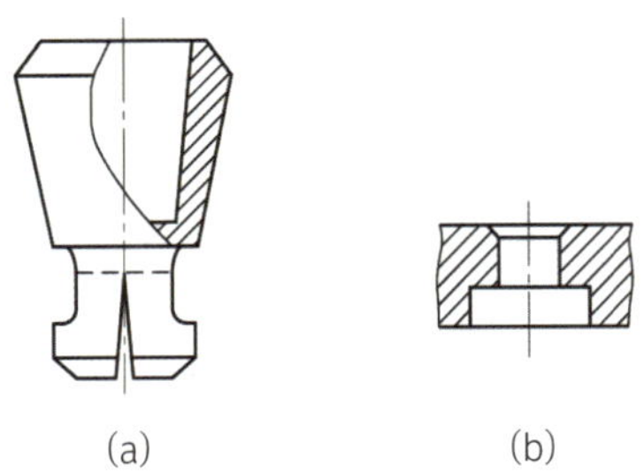

그림 1.132 스냅 핏 (2)

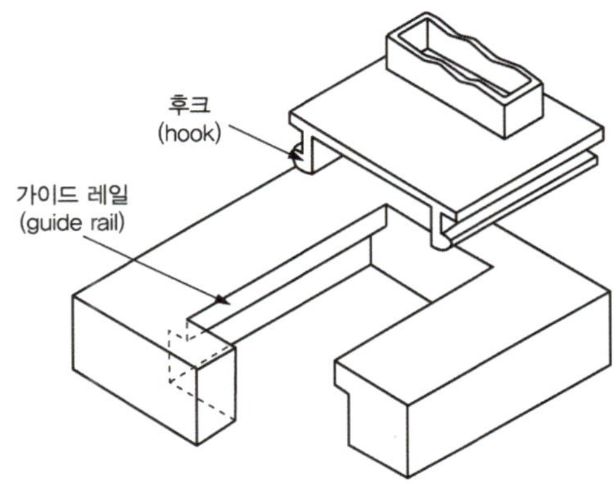

그림 1.133 스냅 핏 (3)

보통 언더컷은 금형의 파팅라인(parting line)과 평행으로 한다. 그림 1.131 경우의 언더컷 양(H)은 다음의 식으로 계산하고, 재료별로는 표 1.8에 따라 그 값 이하로 되도록 해야 강제 돌출이 가능하다.

$$H(\%) = \frac{d_{max} - d_{min}}{d_{max}} \times 100$$

표 1.8 스냅 핏(snap fit)의 언더컷(undercut) 양

성형 재료	최대 언더컷 양 H(%)
PS, SAN, PMMA	1 ~ 1.5
경질 PVC, 내충격 PS, ABS, POM, PC	2 ~ 3
PA	4 ~ 5
PP, HDPE	6 ~ 8
LDPE, 연질 PVC	10 ~ 12

01 스냅 핏(Snap fit)·후크(Hook)의 종류

추가적인 나사(기계나사 또는 셀프태핑나사) 등의 구성부품이나 체결 기구가 필요없이 두 개의 피스(piece)나 부품(part)을 간단히 조립할 수 있는 방식이다.

착탈(조립과 분해)이 가능한 체결 및 조립 방식이다. 비용 절감이 되며 상대적으로 체결시간이 빠르다. 일반적으로 후크(hook)라고도 한다.

스냅 핏·후크를 조립하는 방식에는 그림 1.134와 같은 4가지 방식이 주로 사용된다.

① Cantilever Snap–Fit : 외팔보 형상의 스냅 핏으로 가장 보편적으로 사용되는 방식이다.

② Annular Snap–Fit : 병과 병마개처럼 체결과 분해가 자주 발생되는 제품에 적용되는 환상(고리) 방식이다.

③ Ball and Socket Snap–Fit : 볼(ball)과 소켓(socket)이 체결되는 방식으로 볼 조인트(ball joint) 역할을 하는 부위에 주로 사용되는 방식이다.

④ Torsional Snap–Fit : 결합 시 토션 바(torsion bar)가 비틀림 스프링 효과를 내어 토션 바(torsion bar) 축에 토크가 걸리면서 결합되는 방식이다.

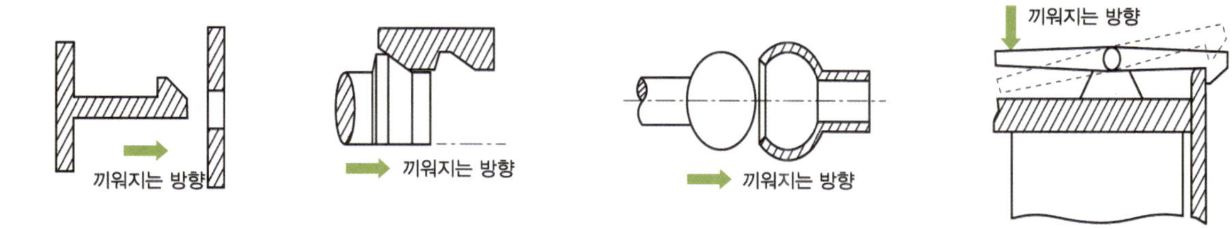

(a) Cantilever Snap-Fit (b) Annular Snap-Fit (c) Ball and Socket Snap-Fit (d) Torsional Snap-Fit

그림 1.134 4가지 방식의 스냅 핏(snap fit)·후크(hook)

스냅 핏(후크) 방식은 스마트폰의 상·하 케이스(보통 top case/bottom case, upper case/lower case 또는 front case/rear case라고 칭한다) 조립 방식 중의 하나이다. 설계상으로 구조물 설치 공간 확보가 용이하고, 조립하기도 분해하기도 아주 간단하고 편리하다. 그러나 스마트폰과 같이 어느 부분을 눌러 텐션(tension)을 주어 스냅 핏을 밀어내야 하는 특정된 부위(스냅 핏의 정확한 설치 위치)를 알지 못하면 분해하기가 쉽지 않다. 잘못 분해하면 스냅 핏(후크)이 파손되거나 심지어는 부러지는 현상이 발생되어 제품 자체를 교환해야 하는 사례도 생긴다.

따라서 이를 방지하기 위해(분해를 용이하게 하기 위해) 특정 제품에서는 스냅 핏이 설치된 특정 위치를 조그만 삼각형(혹은 역삼각형) 또는 조그만 여러 개의 도트(dot, 점) 등으로 인쇄를 하거나 양각 또는 음각문자로 표시해주는 경우도 있다.

그림 1.135는 전자제품 및 IT 기기 등에 가장 널리 사용되는 캔틸레버(cantilever, 외팔보) 형상의 스냅 핏의 조립 단면도를 보여준다. 스냅 핏을 일반적으로 후크(hook)라고도 한다.

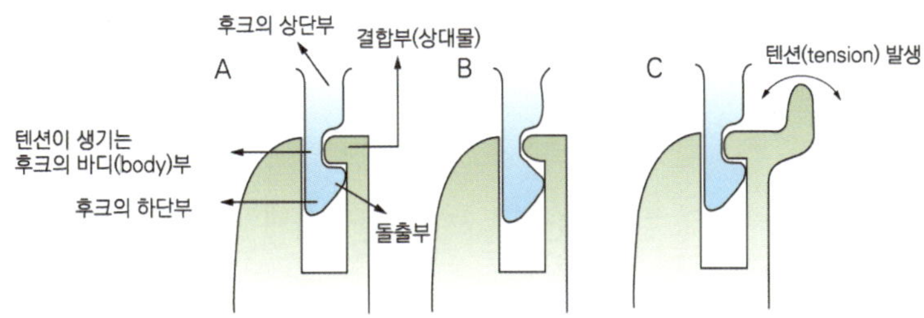

그림 1.135 스냅 핏(후크)의 조립 과정과 원리

후크의 상단에 압력(외부 힘)을 주어 아래 구멍으로 밀어넣어 조립을 시키면 후크 하단부와 연결된 바디(body)부는 살두께가 얇아서 탄성체가 된다. 따라서 텐션(tension)이 걸려 바디(body)부가 벌어지면서 좁은 구멍에 들어가며 완전히 끼워졌을 때는 원위치로 되돌아가는 복원력이 작용하여 빠지지 않도록 고정되는 것이다. 완전 조립 후에는 후크 하단부의 돌출된 부분이 결합부와 맞물려 고정이 되는 것이다.

[설계기술 배경]

플라스틱 제품의 종류와 숫자가 늘어가면서 효율적이며 경제적인 생산 방식을 개발해야 하는데, 이때 개발된 것이 스냅 핏(snap fit)이다.

[설계기술 요약]

스냅 핏(snap fit)은 추가적인 나사 등의 체결 기구가 필요없이 두 개의 부품끼리 조립이 가능한 것이다. 플라스틱(plastic)은 탄성을 가지고 있으므로 스냅 핏을 이용하여 조립하는 것이 가능하다. 체결되는 두 부품의 소재가 서로 다른 플라스틱이나 플라스틱과 금속처럼 완전히 성질이 다른 두 소재간에도 적용이 가능하다. 추가적인 부품이 필요없어 비용이 절감되고, 다른 체결 방식에 비해 상대적으로 체결시간이 빠르나, 성형품의 형상은 언더컷(undercut)이 되어 슬라이드 코어(slide core)가 필요하다. 이 방식은 스마트폰 상·하 케이스(case) 조립 방식 중의 하나이다. 스냅 핏 체결 방식에는 Cantilever Snap-Fit(외팔보 형상의 스냅 핏으로 가장 보편적으로 사용), Annular Snap-Fit(병과 병마개처럼 체결과 분해가 자주 발생되는 제품에 적용되는 방식), Ball and Socket Snap-Fit(ball과 socket이 체결되는 방식으로 ball joint 역할을 하는 부위에 주로 사용), Torsional Snap-Fit(결합 시 torsion bar가 비틀림 스프링 효과를 내어 torsion bar 축에 torque가 걸리면서 결합) 등이 있다.

02 스냅 핏(Snap fit)·후크(Hook)의 적용 사례

1) 노트북 컴퓨터에 적용

사진 1.37은 노트북 컴퓨터의 미들 커버(middle cover)에 스냅 핏이 적용된 사진으로 나사 없이 두 개의 부품을 체결할 수 있는 구조이다.

플라스틱의 탄성을 이용한 방법으로, 눌러 끼워 넣을 때 플라스틱 소재의 탄성에 의해 후크가 밀렸다가 턱을 넘어가면 복원력에 의해 본래 형태로 돌아와 빠지지 않도록 체결된다.

해당 제품에서는 커버끼리의 고정 방식으로 이용되었고, 한쪽에서는 후크로 고정 후에 다른 쪽에서는 나사로 체결하여 체결력을 높인다.

2단 금형으로는 사출할 수 없기 때문에 3단 금형(여기서는 side core)을 이용하여 사출·생산하거나, 수직방향만으로는 성형품을 꺼낼 수 없기 때문에 언더컷(undercut) 개선설계가 필요하다.

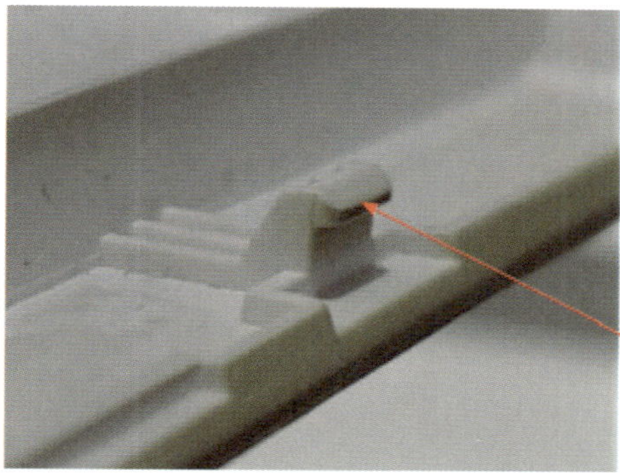

사진 1.37 노트북 컴퓨터의 미들 커버(middle cover)의 스냅 핏

2) 카메라 렌즈 커버의 스냅 핏(후크, Hook)

스냅 핏(후크) 방식은 조립 방식 중의 하나이다. 여기서도 스냅 핏 조립 단면도를 보여준다. 스냅 핏을 후크(hook)라고도 한다.

후크의 상단에 압력을 주어 아래 구멍으로 밀어넣어 조립을 시키면 후크 하단부와 연결된 바디부는 살두께가 얇아서 탄성체가 된다. 따라서 텐션(tension)이 걸려 바디부가 벌어지면서 좁은 구멍에 들어가며 완전히 끼워졌을 때는 원위치로 가는 복원력이 작용하여 빠지지 않도록 고정되는 것이다.

조립후 후크 하단부의 돌출된 부분이 결합부와 맞물려 고정이 된다.

사진 1.38은 스마트폰 후면 카메라 렌즈 케이스(또는 lens cover, 렌즈 덮개)에 적용된 스냅 핏 설계 구조이다. 좌, 우로 2개씩 4개가 형성되어 있다.

사진 1.38 스마트폰 후면 카메라 렌즈 케이스(커버)에 적용된 스냅 핏 설계 구조

사진 1.38에서 나타낸 바와 같은 스마트폰 후면 카메라 케이스에 적용된 스냅 핏 설계 구조도 그림 1.136과 같은 탄성체를 갖는 후크의 원리를 이용한 설계이다.

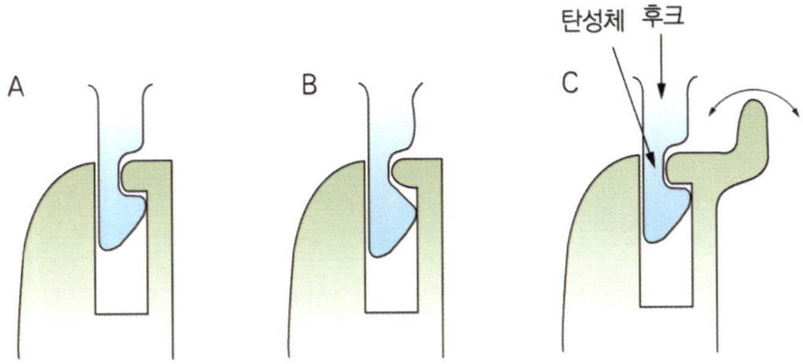

그림 1.136 탄성체를 갖는 후크의 원리

제 20 절 아웃서트(Outsert) 성형

아웃서트(outsert) 성형이라 하는 성형법은 금속 등의 경(硬, 단단한)한 재질의 베이스(base) 상에 부분적인 여러 가지 부품을 플라스틱(plastic)으로 사출성형시키는 방법이다. 그림 1.137은 그 예를 표시한 것이다.

이 방법의 목적은 플라스틱 각 부품을 독립시킴으로써 플라스틱 각 부품의 자체는 성형수축률에 의해 수축되지만 각 부품간에는 성형수축률이 작용하지 않고, 온도변화에 대해서도 베이스(base)의 선팽창계수에만 관련되므로 부품간의 거리를 정확히 유지시킬 수 있게 된다.

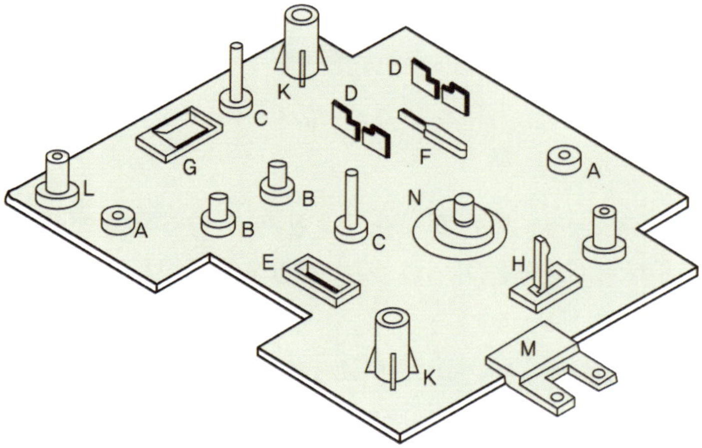

그림 1.137 아웃서트(outsert)된 성형품

각 기능부품의 플라스틱(plastic) 사출은 개별적으로 핀 포인트 게이트(pin point gate)를 사용해도 좋으나 2개 이상의 부품을 2차 런너(runner)로 연결, 이것에 사출하여도 좋다. 그러나 이 경우는 개개의 부품에 응력이 걸리지 않도록 하기 위해 그림 1.138과 같이 2차 런너(runner)는 S자형으로 하면 좋다. 길이가 긴 부품을 아웃서트(outsert)할 경우 성형수축률 때문에 베이스(base)를 휘게 할 우려가 있으므로 베이스(base) 이면에도 성형물을 부착시켜 수축에 의한 힘을 균형되도록 해야 한다.

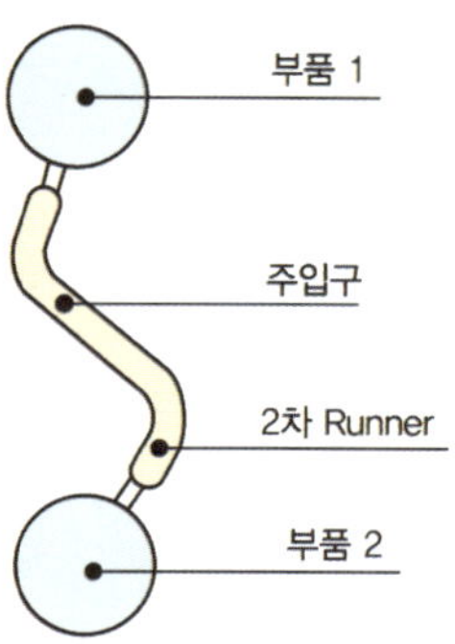

그림 1.138 아웃서트(outsert) 성형의 2차 런너(runner)

제 21 절 강도(Strength)에 대한 설계

플라스틱 제품설계에서 형상에 대한 설계 외에 강도에 대한 설계가 필요한 것은 당연하다. 플라스틱은 탄성물질이므로 그 변형량은 시간에 따라 변화하고 하중을 제거한 후에도 원래의 형상으로 되돌아오지 않는다. 즉, 크리프(creep)가 발생한다.

플라스틱 성형품의 강도계산에 있어서는 금속재료의 강도계산식에 플라스틱의 인장강도, 탄성률 등을 그대로 대입해서는 안 되고, 먼저 제품이 필요로 하는 수명을 정하지 않으면 안 된다. 다음에 그 시간에 있어서 크리프 강도, 크리프 왜곡 및 겉보기 탄성 계수(modulus)를 구하고, 이 값을 금속강도 계산식의 강도, 왜곡 및 탄성 계수값을 대입하여 강도 계산을 한다. 또한 플라스틱은 금속에 비해 강도는 온도 의존성이 크므로 크리프 강도 등의 값은 사용온도일 때의 것을 취하지 않으면 안 된다.

또한 크리프 시험은 간단하지만 제품의 필요수명에서의 값이 필요하기 때문에 많은 경우에 경험 데이터가 필요하게 된다. 그러므로 크리프 강도, 크리프 왜곡 및 겉보기 탄성 계수값은 신뢰도가 낮으므로 금속의 경우에 비해 안전율을 크게 해야 한다.

CHAPTER 02

성형품(제품)의 2차 가공

제 1 절 어닐링(Annealing, 풀림)

사출성형법은 낮은 온도의 금형 중에 높은 온도의 가소화된 플라스틱을 고압으로 밀어 넣어 성형하는 방법이므로, 필연적으로 제품에는 내부응력이 남게 된다. 특히 게이트(gate) 부근에서 응력이 제일 크게 된다. 그 내부응력이 지나치게 크면 방치된 상태에서도 갈라지는 현상이 생기고, 용제 등에 접촉하면 응력 균열(stress cracking)을 일으키기 쉽고, 크레이징(crazing, 성형품 표면에 가는 선 모양의 금이 가거나 균열이 나타나는 것으로 성형품의 잔류응력에 기인한다) 현상도 발생하기 쉽다. 내부응력은 어닐링(annealing)을 함으로써 제거될 수 있다.

어닐링은 공기 중 또는 수중에서 플라스틱 성형물을 가열시키는 방법으로 하고 있다. 어닐링의 온도는 그 성형품이 가열에 의해 연화점(softening point)보다 5 ~ 10℃ 낮은 점에서 하면 좋다. 비결정성 플라스틱은 가열에 의해 연화하는 온도 기준으로 하중변형온도(deflection temperature under load)에 맞추면 좋으나, 결정성 플라스틱에서 하중변형온도는 어닐링하는 온도의 기준이 될 수 없다.

제 2 절 기계가공

금형 내지는 성형법상 제약에서 기계가공을 하지 않으면 안 되는 경우가 있고, 사출성형품상에서의 정밀도보다 그 이상이 요구될 때 기계가공을 하는 경우도 있다. 플라스틱 성형품의 기계가공은 금속 및 목재용 기계에서 가능하나 열가소성 플라스틱에서는 지나치게 빠르게 바이트를 동작시키면 마찰열로 용착하는 점에 주의해야 한다. 따라서 절삭공구 바이트(bite)의 과열을 피하기 위해서는 절삭부를 공냉과 수냉을 병행하면 매우 유효하다.

구멍을 뚫기 위해서는 금속가공 드릴용 날(drill bit)이 사용되나 플라스틱은 탄성이 있으므로 드릴용 날(drill bit) 직경보다 약간 작게 나올 수 있는 것이 금속과의 차이이다. 따라서 드릴용 날(drill bit)의 선택은 시행오차를 거쳐 하는 것이 좋다.

펀칭(punching)에 의한 타발법도 2차 가공법으로 많이 사용되고 있다. 깨지기 쉬운 일반용 PS, PMMA 수지 등은 가열한 후 타발하는 것이 좋으며, 그외 플라스틱은 용이하게 타발된다. 또한 펀칭(punching)에 의한 2차 가공법은 링 게이트(ring gate)라든가 필름 게이트(film gate)의 절단, 구멍을 뚫는 데도 사용되고 있다.

제 3 절 조립(Assembly)

플라스틱 성형품 상호 혹은 다른 부품과의 조립이 있게 마련이다.

01 인서트(Insert)의 압입

인서트(insert)를 삽입하여 성형하면 사출성형기의 무인운전이 곤란하게 되고 성형 사이클(cycle)이 떨어지게 된다. 이 문제점을 해결하는 방법으로는 성형품에 파일럿 구멍(pilot hole)만 성형시키고, 그 구멍(hole)에 금속으로 된 인서트(insert)를 성형물에 압입시키고 기계나사(machine screw) 등을 이용하여 다른 부품을 고정하는 방법이다. 그 압입방법으로는 초음파, 냉간강제압입이 있으며, 접착제에 의한 접착고정방법도 있다. 그림 2.1은 인서트(insert) 형상의 설계 예이다.

(a)

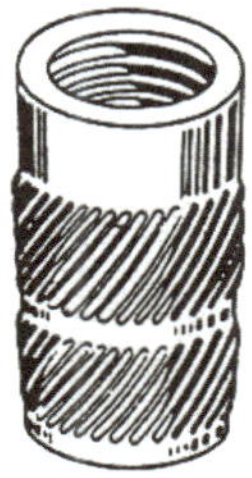

(b)

그림 2.1 압입 인서트(insert)와 설계 예

02 스크류(Screw, 나사)에 의한 조립

플라스틱 성형품 상호 조립 또는 다른 부품의 조립에서 나사(screw)가 가장 많이 사용되고 있다. 보통 작은 나사(screw)에 대해서는 성형품에 나사를 내지 않고 보스(boss)에 파일럿 구멍(pilot hole)을 뚫고 셀프태핑 스크류(self-tapping screw)를 사용하는 경우가 대부분이다.

그러나 셀프태핑 스크류(self-tapping screw)에 의한 고정방법은 인서트(insert)를 삽입하고 기계나사(machine screw)를 사용하는 고정방법보다는 체결강도가 크지 않음에 주의할 필요가 있다.

그림 2.2는 그림 2.1(a)에서 도시한 인서트를 3차원으로 도시한 모델링 도면이다.

인서트 외주(外周, 바깥 둘레)를 60° 크로스 널링(cross knurling, 새김눈)으로 가공·처리하였다.

그림 2.2 3D 모델링에 의한 인서트(insert) 설계 예

03 셀프태핑 스크류(Self-tapping screw)의 신뢰성

앞에서 언급한 바와 같이 플라스틱 조립에서 양산화의 목적으로 인서트(insert) 삽입 대신 셀프태핑 스크류(self-tapping screw)가 많이 사용되므로, 그 신뢰성을 확인하기 위해 신뢰성 시험이 실시되었다.

성형품을 셀프태핑 스크류(self-tapping screw)로 반복하여 죄고 풀 때 성형품의 나사산이 파괴되어 고정불능이 된다고 예상할 수 있다. 따라서 일정 토크(torque)로 죈 후, 그 풀림 토크를 측정했다. 그 결과 통상의 죄고 푸는 반복횟수에는 풀림 토크의 변동은 거의 없었으며, 나사의 파괴 등도 발생되지 않는 것이 확인되었다.

다음에 온·습도 등이 체결력에 미치는 영향을 조사하기 위해 온·습도 사이클(cycle) 시험을 한 후 풀림 토크를 측정했다(온·습도 사이클 시험조건은 제품의 사용환경을 고려하여 결정). 죔 토크(torque)에 대한 풀림 토크(torque)의 비율과 온·습도 사이클 횟수의 관계에서 1사이클 경과 후 풀림 토크는 죔 토크의 약 1/5로 저하하나, 그 이후에서는 급격한 저하는 발생되지 않는다.

온·습도에 의해 풀림 토크는 저하해도 그 후의 진동 등에 의한 풀림 토크는 저하되지 않아 실용상 충분한 체결력을 가지고 있음이 확인되었다.

04 셀프태핑 스크류(Self-tapping screw, Tap tite screw)의 종류와 특징

종래에는 팬 헤드 타입(pan head type) 2종(KS B 1032)이 많이 사용되었으나, 현재에는 탭 타이트 스크류(tap tite screw)라는 상품명으로 명명된 셀프태핑 스크류(self-tapping screw)가 일반적으로 사용되고 있다. 탭 타이트 스크류(tap tite screw)는 미국의 콘티넨탈 스크류(Continental screw)사(社)에서 개발되어 패스너(fastener, 잠금장치) 공업계에 신제품의 하나로 평가되고 있다.

탭 타이트 스크류(tap tite screw)는 일반적으로 볼 때 종래의 것과 유사하나 나사직경 방향으로 단면을 보면 외경을 3개의 원호가 삼각형을 이루고 있으며, 또한 종래의 나사와는 외경(바깥지름), 유효경(유효지름) 및 골경(골지름)이 상이함을 알 수 있다. 따라서 원주상에 3개의 원호로 된 돌기가 있기 때문에 적은 죔 토크(torque)로서 플라스틱에 나사산을 전조성형시킬 수가 있어 가장 이상적인 나사성형(thread forming)을 할 수 있게 된다(그림 2.3 참조).

탭 타이트 스크류(tap tite screw)의 특징은 다음과 같다.

① 나사의 접속률이 높아 큰 체결력을 얻을 수 있다.
② 진동에 대한 풀림방지 효과가 크다.
③ 풀림 토크(torque)가 크고 탭 오버(tap over) 현상이 적다.

탭 타이트 스크류에는 여러 종류가 있으며 용도에 따라 그 종류를 선택하고 있다. 표 2.1은 일반 태핑 스크류(tapping screw) 및 탭 타이트 스크류(tap tite screw)의 형상과 용도를 나타낸 것이다.

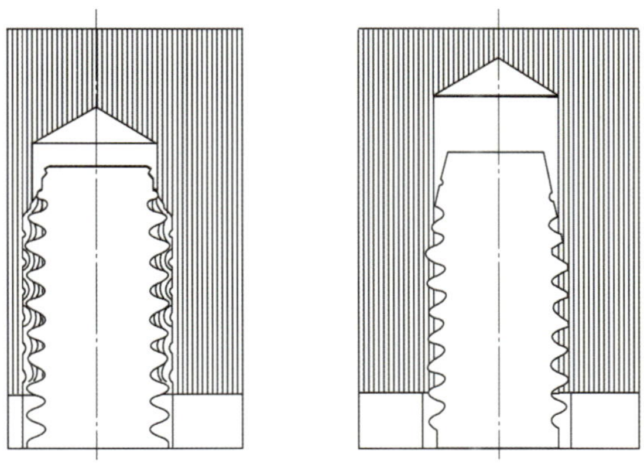

(a) 일반 태핑 스크류　　(b) 탭 타이트 스크류

그림 2.3 일반 태핑 스크류(tapping screw)와 탭 타이트 스크류(tap tite screw)의 나사성형(thread forming)의 비교

▶▶ 표 2.1 탭 타이트 스크류(tap tite screw)의 종류와 용도

형 상	용 도	비 고
일반 tapping screw (KS B 1032 2종) 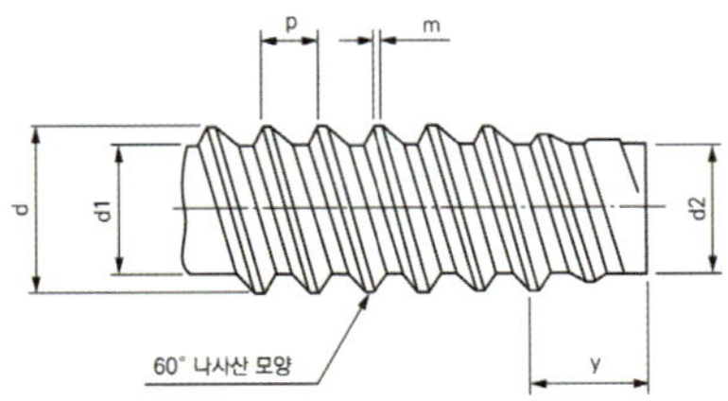	플라스틱, Al, 1.2t 이하의 철판	호칭경 $\phi 3$의 피치 = 1.05
Tap tite screw S-type 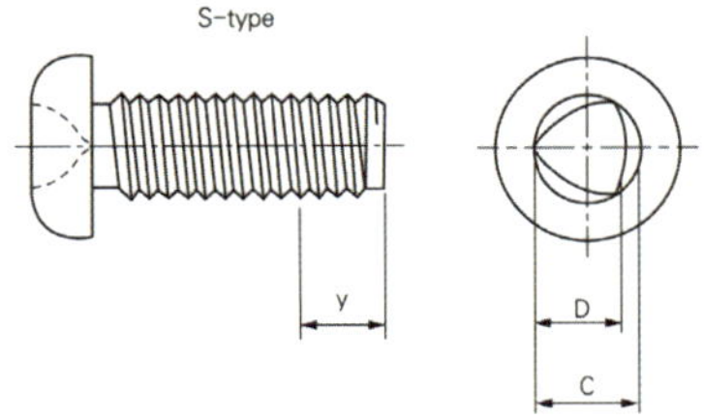	철판, 알루미늄, 아연 다이캐스팅(die casting) 제품에 사용된다.	피치(pitch)는 기계나사(machine screw)와 동일.
C-type 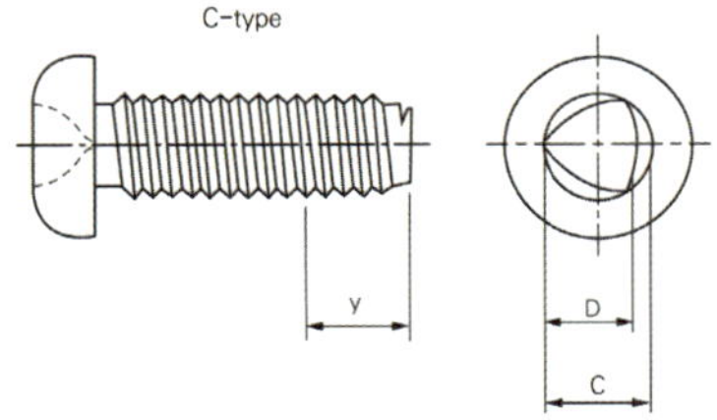	철판, 알루미늄, 아연 다이캐스팅(die casting) 제품에 사용된다.	피치(pitch)는 기계나사(machine screw)와 동일하며 나사 외경은 같은 호칭경에서 S-type보다 작다.
B-type 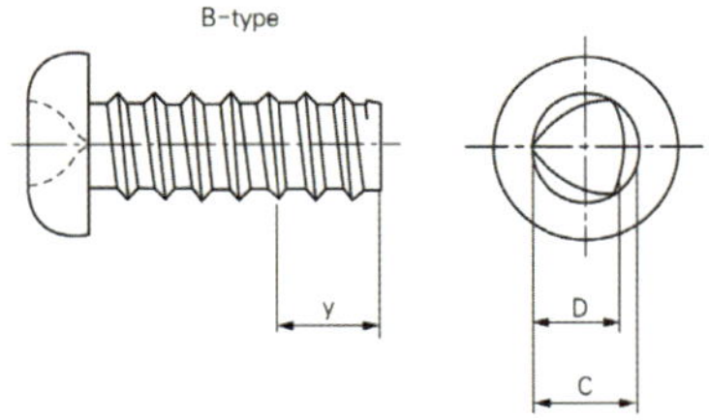	박판, 알루미늄, 아연 다이캐스팅(die casting) 및 일반 가소성 플라스틱에 사용된다.	피치(pitch)는 KS B 1032 2종(예 : 호칭경 $\phi 3$의 경우 1.05)과 동일.
P-type 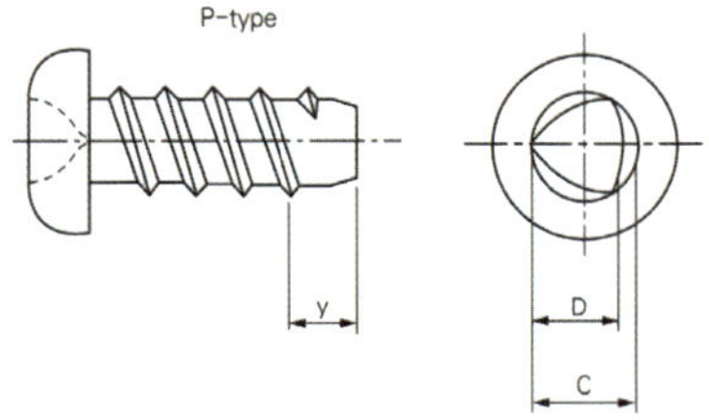	일반 가소성 플라스틱에 전용으로 사용된다.	피치(pitch)는 E-type보다 크며(예 : 호칭경 $\phi 3$의 경우 1.27), 나사 외경은 같은 호칭경에서 B-type보다 크다.

비고 : 플라스틱 재료에서는 P-type을 사용하는 것이 최적이나 알루미늄, 아연 다이캐스팅 등에도 공용으로 사용할 수 있도록 B-type을 널리 사용하고 있다.

제 4 절 초음파 용착(Ultrasonic welding)

01 원리

18k ~ 20kHz 이상의 가청범위를 넘는 주파수음을 초음파라 부른다. 초음파의 응용기기를 크게 나누면, 통신적 이용방법과 동력적 이용방법이 있다. 전자의 응용 예로는 어군탐지기, 균열탐지기 등이 있고, 후자의 응용 예로서는 세정기가 대표적이다. 플라스틱(plastic) 용착은 기계적 에너지를 효과적으로 이용한 후자의 응용 예이다. 그 원리는 전기신호는 기계적 진동으로 변환되고, 그 진동 주파수와 진동 진폭에 압력을 가함으로써 용착부에 분자간 마찰열이 일어나 플라스틱을 용융, 용착(溶着)시키는 것이다.

02 장치

1) Power Supply(파워 서플라이, 전원장치)

전원의 60Hz 전기신호를 20kHz의 전기신호로 변환시킨다.

2) Converter(컨버터)

파워 서플라이(power supply)에서 발진된 20kHz의 전기신호는 본 유닛(unit)에 의해 20kHz의 기계적 진동으로 변환된다.

3) Booster(부스터)

컨버터(converter)와 호른(horn)을 접속시킨다.

4) Horn(호른)

컨버터(converter)에서의 진동은 호른(horn)에 의해 확대되고 용착되는 부품에 초음파 진동을 전달한다.

5) Jig(지그)

지그(jig)는 용착되는 2개의 부품을 적정한 위치에 고정시키고 용착 시에 초음파 진동으로 부품이 이동되는 것을 방지한다.

03 특징

초음파 용착방법은 나사(screw)를 사용하여 조립할 경우 다수 개가 필요하고 작업성이 좋지 않을 때 스크류(screw)용 보스(boss)를 세울 만한 공간(space)이 없을 경우, 다시는 분해할 필요가 없을 때 본 초음파 조립방법을 사용하고 있다.

초음파 용착의 특징은 호른(horn)에서 전달된 초음파 진동이 용착부에만 국부 발열을 일으키므로 사이클(cycle)이 짧고(보통 1초 이하) 버(burr)도 생기기 않는다. 균일하게 작업이 되며, 강도는 모재(母材)에 가깝게 유지되고, 외관이 깨끗하며, 가격도 저렴하고 자동화가 쉽다. 또한 같은 장치에서 호른(horn)을 교환함으로써 용착뿐 아니라 인서팅(inserting) 작업, 스테이킹(staking), 스폿 용접(spot welding) 등도 가능해 그 응용범위가 넓다.

04 적합 재료

초음파 용착은 열가소성 플라스틱에 한하며, 그중에서도 비결정성이 일반적으로 양호하다. 결정성 수지의 용착은 그림 2.4와 같이 강력한 에너지를 필요로 하고 형상, 용착면까지의 거리, 흡수성, 접합설계 등을 충분히 고려하여야 한다.

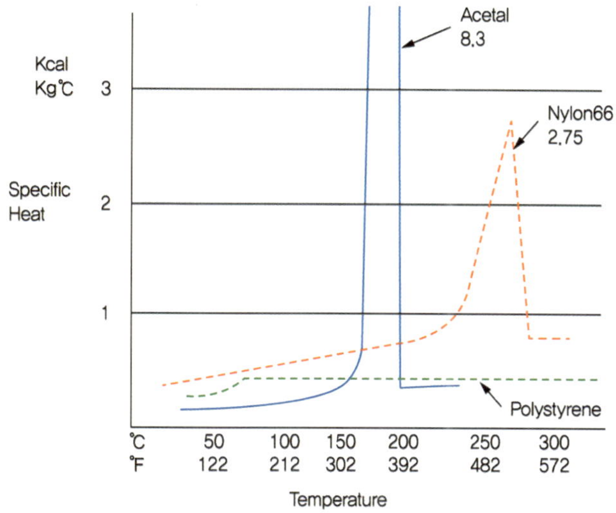

그림 2.4 열 에너지

05 접합부 설계

초음파를 이용한 플라스틱 조립방법에는 용착, 인서팅(inserting), 스테이킹(staking), 스웨이징(swaging), 스폿 용접(spot welding) 등이 있다. 만족한 결과를 얻기 위해서는 접합부의 형상설계가 무엇보다도 중요한 요소가 되므로 다음의 각 방법에 대해 기본설계를 설명한다.

1) 용착(溶着, 녹아서 붙음)

그림 2.5는 용착되는 파트(part, 부품)에 접합설계가 설정되지 않기 전과 설계된 후의 용착면 및 효과를 나타내는 것으로, 접합설계가 되어 있으면 단시간 내에 강력한 용착이 되는 것을 알 수 있다. 그 돌기물을 에너지 디렉터(energy director)라 부르고, 초음파 진동이 그 부분에 집중 전달되어 국부적인 마찰열을 발생시켜 플라스틱을 용융시켜 용착된다.

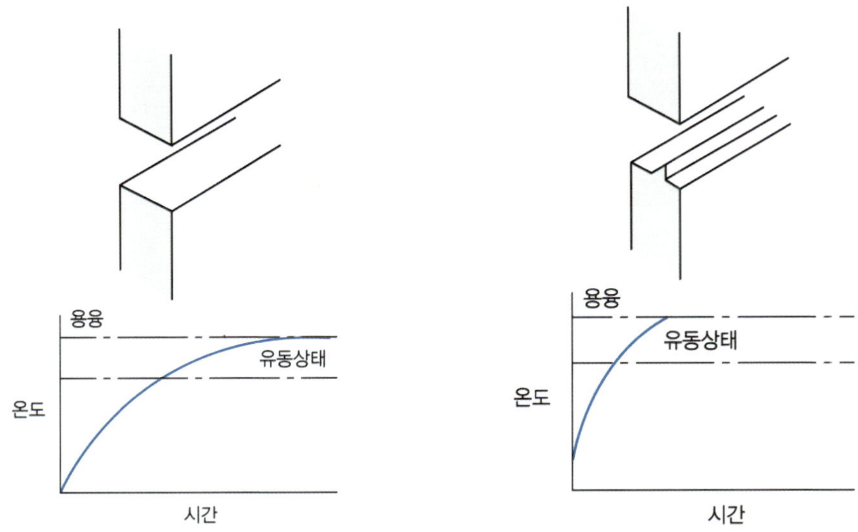

그림 2.5 에너지 디렉터(energy director)

그림 2.6은 버트 조인트(butt joint, 맞대기접합)에 에너지 디렉터(energy director)를 설정한 것으로, 에너지 디렉터(energy director)가 용착폭에 비해 작으면 용착폭의 양단까지 충분히 용착되지 않고 강도도 약하게 된다. 반대로 지나치게 크면 버(burr)가 발생하고 수지의 열화(degration, 제품이 열 또는 광에 의해 그 화학적 구조에 유해한 변화를 일으키는 것으로, 특히 물리적 성질에 영구변형이 일어나 성질이 저하되는 현상)의 원인으로 된다.

일반적으로 용착폭 W에 대하여 높이는 W/4, 폭은 W/2로 설정한다. 예를 들어, 용착물의 폭이 1mm일 때 높이는 0.25mm, 폭은 0.5mm가 된다. 보통 에너지 디렉터(energy director)의 높이는 특별한 경우를 제외하고는 1mm 이하이다.

그림 2.7은 용착되는 2개의 파트(part)의 위치 결정이 되면 바깥 측면으로 과도한 용착 버(burr)를 없애기 위해 사용되며, 스텝 조인트(step joint, 계단형접합)라 한다. 이 설계가 일반적으로 많이 사용된다.

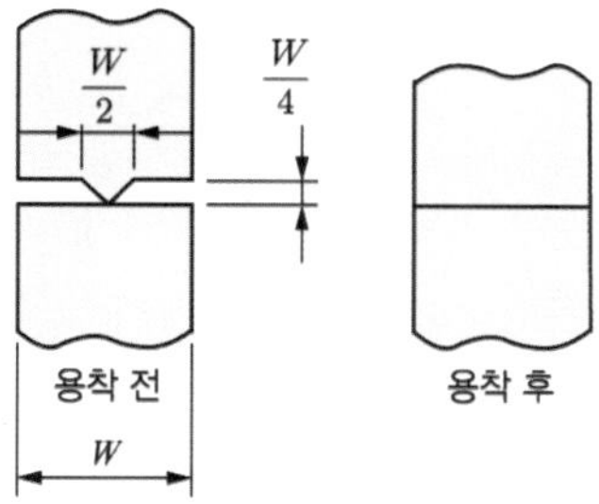

그림 2.6 버트 조인트(butt joint, 맞대기접합)

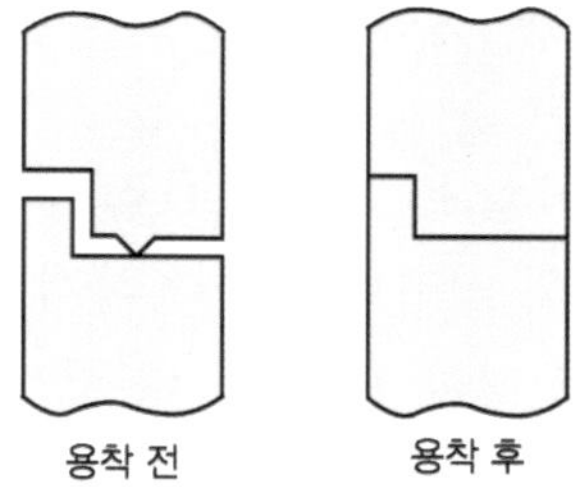

그림 2.7 스텝 조인트(step joint, 계단형접합)

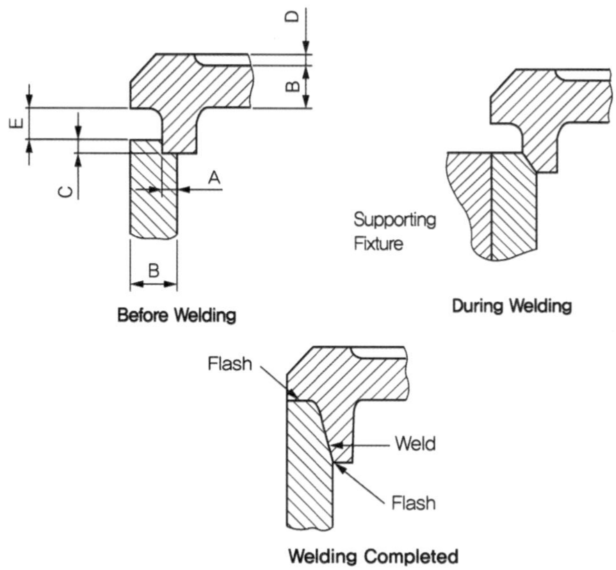

Dimension A : .016 inches.
Suggested for most applications.
Dimension B : This is the general wall thickness.
Dimension C : .016 ~ .024 inches. This recess is to ensure precise location of the lid.
Dimension D : This recess is optional and is generally recommended for ensuring good contact with the welding horn.
Dimension E : Equal to or greater than dimension B.

그림 2.8 쉬어 조인트(shear joint, 전단접합)

그림 2.8은 결정성 플라스틱용으로 개발된 설계 방식으로 쉬어 조인트(shear joint, 전단접합)라 부르며, Nylon, POM, PBT, PPS, PE, PP 등의 용착에 효과적이다. 일반적으로 결정성 수지는 좁은 온도범위에서 급격히 고체에서 용융상태로 변화하므로 에너지 디렉터(energy director)에는 용융된 수지가 인접 접합면으로 융합되기 전에 급속히 고체화하기 때문에 양호한 결과를 얻을 수 없는 경우가 많다.

쉬어 조인트(shear joint, 전단접합)에서 용착부는 작은 접촉면으로 되는 것이 발열효과가 양호해져 충분한 용융상태로 된다.

2) 인서팅(Inserting)

인서팅(inserting)은 가소성 플라스틱에 인서트(insert)를 삽입시키는 기술로 제품설계 시 구멍(hole)의 직경을 인서트의 직경보다 약간 작게 설정한다. 인서트는 통상 널링(knurling), 홈 등이 실시되고 인서팅(inserting) 후 인장과 토크(torque)에 대해 강력한 고정이 되도록 한다. 인서트 표면에 호른(horn)에서의 초음파 진동과 압력이 가해지면 인서트 외경면과 플라스틱 부품 내경에 있어서 통상 0.2 ~ 0.4mm(평균 0.3mm로 설계한다)의 간섭(interference)되는 면에서 국부적인 마찰열이 발생되고 수지를 용융시킨다(그림 2.9 참조).

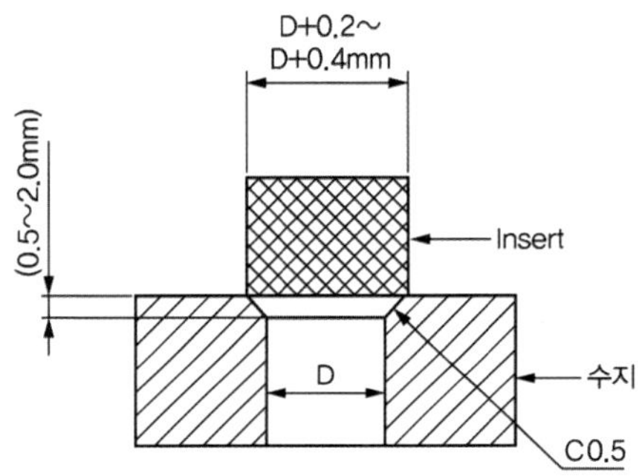

그림 2.9 인서팅(inserting)설계

3) 스테이킹(Staking)

초음파 스테이킹(staking)은 제품설계 시 미리 stud(스터드, 기둥)를 설치하고 조립될 부품을 스터드(stud, 기둥)에 리벳팅(rivetting)식으로 2개의 파트(part)를 고정하는 조립방법으로서, 리벳팅(rivetting)되어 조립되는 부품에서는 구멍을 뚫어 스터드(stud)가 그 구멍을 통과해 돌출되도록 하여야 한다.

그림 2.10에 표시한 것은 표준형 스테이킹(staking)으로서 스터드(stud)의 머리형상이 평평한 것이며 스터드(stud) 높이는 스터드(stud) 직경 D에 대해 0.8D ~ 1.0D 정도 돌출시키도록 한다. 그림 2.11은 돔(dome)형이라 부르며 작은 스터드(stud) 직경이라든가 충전 혼입수지의 스테이킹(staking)에서 유리하며, 호른(horn)과 스터드(stud)와의 위치를 잡는데 있어서도 표준형에 비교하면 용이하다. 그림 2.12는 널드 스테이킹(knurled staking, 나사산과 같이 요철(산과 골)을 만든 스테이킹)이다. 그림 2.13은 플러시 스테이킹(flush staking, 수평면을 맞춘 스테이킹)으로 리벳팅(rivetting)되어야 할 부품에 카운터싱크 구멍(countersink hole, 계단식 2단 구멍)을 뚫은 후 스테이킹(staking)하는 것으로 리벳팅(rivetting) 후 평면이

되지 않으면 안 되는 부품에 유리하다. 그림 2.14는 홀로우 스테이킹(hollow staking, 속이 움푹 들어간 스테이킹)이라 부르며 스터드(stud) 직경이 큰 경우에 사용된다. 다량의 용융이 필요하지 않으며 짧은 사이클(cycle)로 강력한 리벳팅(rivetting)이 가능하다.

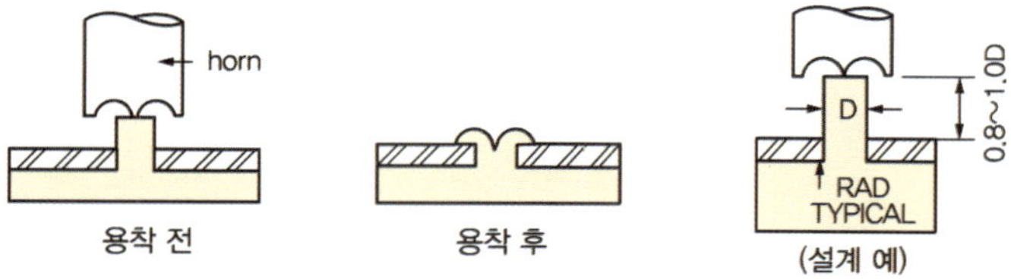

그림 2.10 표준형 스테이킹(staking)의 설계

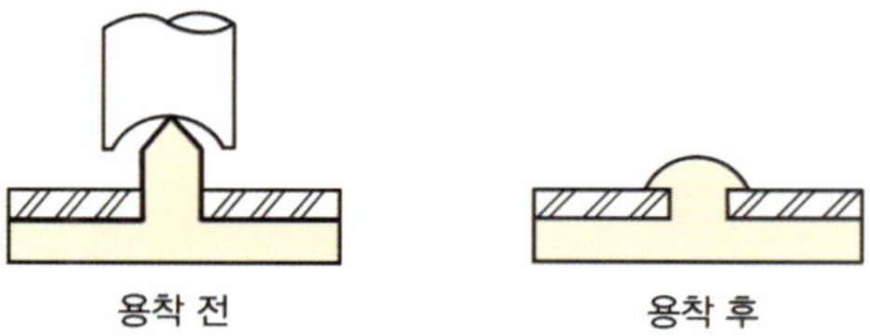

그림 2.11 돔(dome)형 스테이킹(staking)

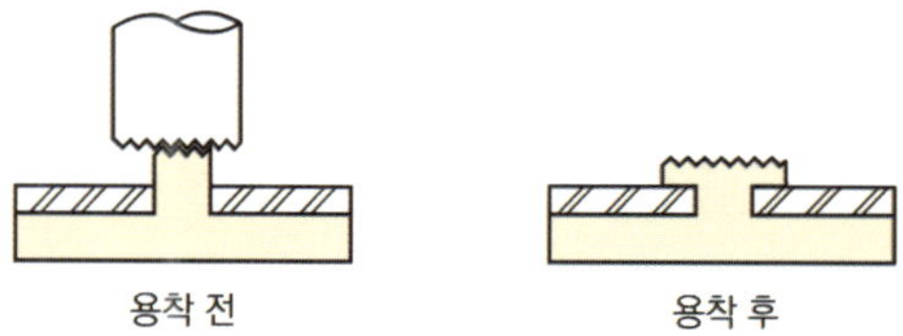

그림 2.12 널드 스테이킹(knurled staking)

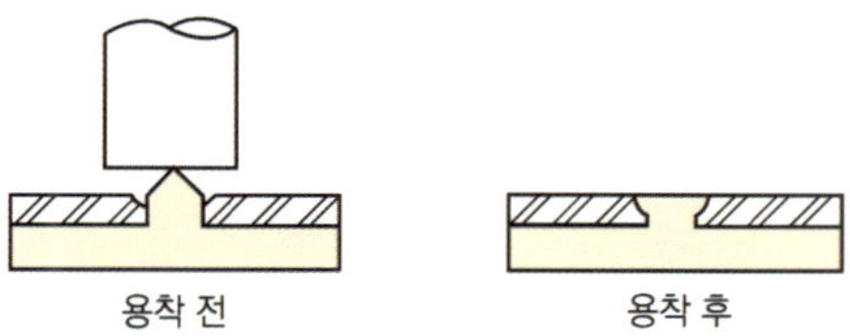

그림 2.13 플러시 스테이킹(flush staking)

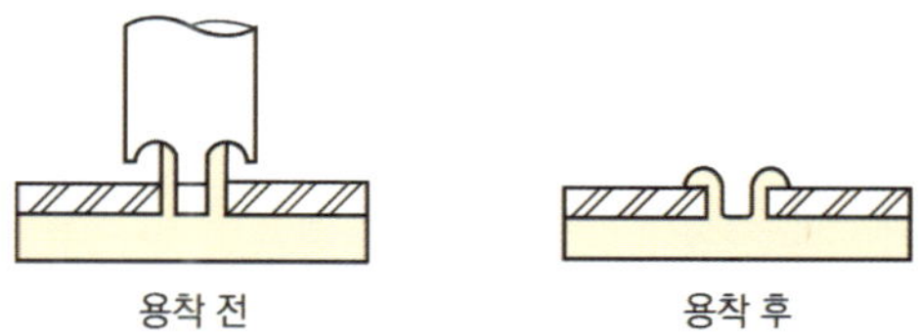

그림 2.14 홀로우 스테이킹(hollow staking)

초음파 스테이킹(staking)방법 외에 냉간 리벳팅(cold rivetting, 냉간에서 리벳팅을 하는 것으로, 예를 들면 리벳 지름이 8mm 이하는 냉간 리벳팅을, 리벳 지름 10mm 이상일 경우는 열간 리벳팅을 한다) 방법으로도 고정이 가능하나 결합력은 초음파방법보다 약하다. 냉간 리벳팅방법에서는 모든 플라스틱이 되는 것이 아니고 PC, POM, ABS 등의 수지가 적당하다.

표준형과 돔형 스테이킹(staking)의 설계와 고정원리를 설명하면 그림 2.15와 같다.

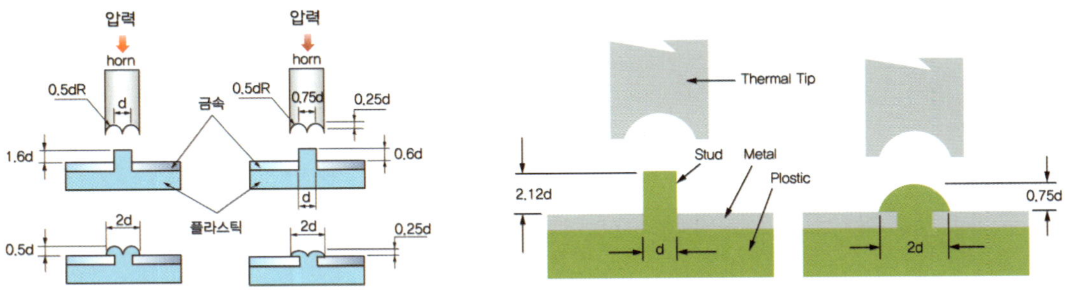

(a) 표준형 스테이킹(staking)　　(b) 돔형 스테이킹(staking)

그림 2.15 표준형 스테이킹과 돔형 스테이킹(staking)의 설계와 고정원리

(1) 스테이킹(Staking)의 목적

제품설계 시 열가소성 플라스틱에 부품을 고정시키기 위해 사용한다.

미리 스터드(stud, 기둥 또는 지주)를 설치하고 조립될 부품을 스터드에 열을 가해 리벳팅(rivetting) 방식으로 파트(part, 부품)를 고정하는 조립방법이며, 재료가 열가소성 플라스틱일 대 많이 사용한다.

(2) 유의점

- 스터드가 구멍을 통과해 돌출되도록 설계해야 한다.
- 표준형 스테이킹에서 스터드의 높이는 직경 D에 대해 약 0.8 ~ 1.0D가 되도록 돌출시킨다.

[초음파 용착(ultrasonic welding)]

- 전기 신호 → 기계적 진동 → 플라스틱 분자간 마찰열 발생 → 접합부 용착
- 조립품을 다시 분해할 필요가 없는 경우에 사용한다(영구적인 조립·고정방법이다).
- 공정 사이클이 1초 이하로 짧고 버(burr)가 생기지 않는다.

그림 2.16은 초음파 용착(溶着)의 다양한 사례를 보여준다.

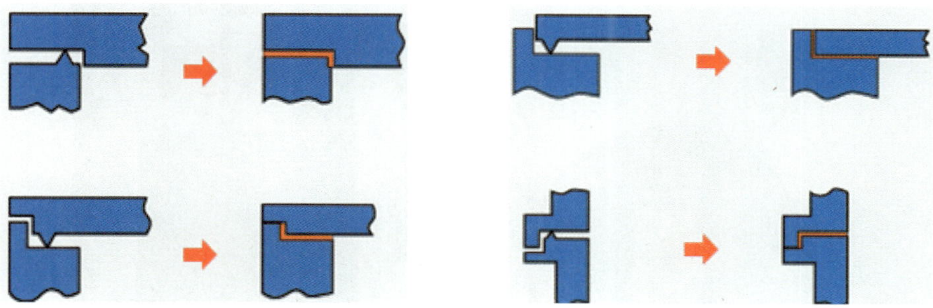

(a) (b)

그림 2.16 초음파 용착의 사례

초음파 용착(ultrasonic welding)은 전기 신호를 기계적 진동으로 변환시키고, 그 진동 주파수와 진동 진폭에 압력을 가함으로써 용착부에 분자간 마찰열을 발생시켜 플라스틱을 녹여 달라붙게 하여 영구 조립하는 고정방법이다.

사용환경은 다음과 같다.

① 나사(screw)를 사용하여 조립할 경우 다수 개 필요한 경우

② 보스(boss)를 세울 만한 공간적 여유(space)가 없을 경우

③ 다시 분해할 필요가 없을 경우

(3) 초음파 용착(Staking) 적용 사례

사진 2.1은 LG G3 스마트폰 여러 부품 중의 한 개로 초음파 용착으로 형성된 구조이다.

톱 하우징(top housing)에서 원형 돌출 보스(boss) 형상인 스터드(stud, 기둥)를 용착시켜 흰색 커버(cover)를 고정시켰다. 이런 영구적 고정방법을 스테이킹(staking)이라고 한다. 여기서는 돔(dome)형 스테이킹을 적용하였다.

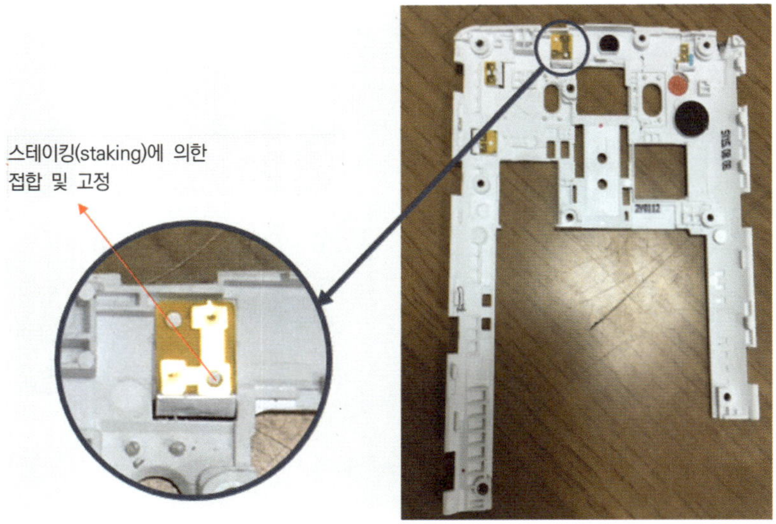

사진 2.1 LG G3 스마트폰의 톱 하우징(top housing) 내부의 초음파 용착(스테이킹, staking) 사례

사진 2.2는 스마트폰 부품 중 미들 커버(middle cover)에서 스터드(stud, 기둥)를 홀로우 스테이킹(hollow staking)으로 용착(녹여 달라붙은 상태)하여 부품을 접합해 고정을 시킨 예이다.

고정 방식은 분해를 할 수 없도록 한 영구적인 결합 방식이다.

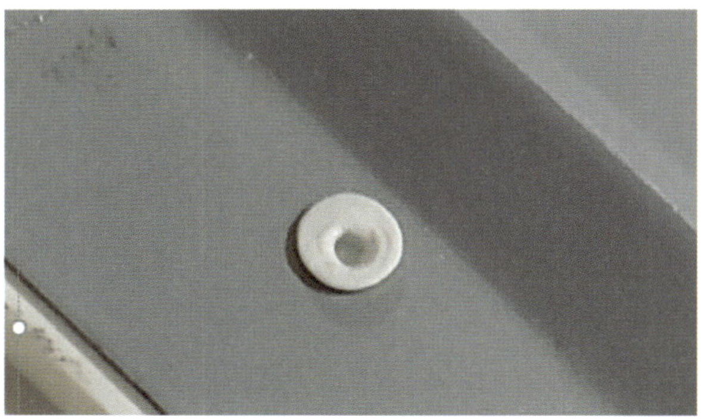

사진 2.2 스마트폰 부품 중 미들 커버(middle cover)에서의 홀로우 스테이킹(hollow staking) 용착

[스테이킹(staking) 용착]

- 제품설계 시 미리 스터드(stud, 기둥·돌출부)를 설치하고 조립될 부품에 스터드가 들어갈 구멍을 뚫어 두 파트(부품)를 고정하는 조립방법이다.
- 스터드(stud)가 그 구멍을 통과해 돌출되도록 하여야 한다. 스터드의 지름, 돌출높이 등 관련 설계치수는 앞에서 설명한 그림 2.10의 설계 예를 참조한다.
- 사진 2.2에서 보여준 제품의 용착은 홀로우 스테이킹(hollow staking)으로 초음파 또는 가열 용착 후 스터드 부위에 중공(中空, 가운데 생긴 구멍)이 있다.
- 스터드의 직경이 작은 경우에 사용되는 방법으로, 가운데 구멍이 생기므로 그만큼의 부피가 넓게 퍼져 용착 접착면을 넓힐 수 있으며, 다량의 용융이 필요하지 않고 짧은 스터드 길이로도 강력한 고정이 가능하다.

4) 스웨이징(Swaging)

그림 2.17은 일반적으로 사용되는 스웨이징(swaging)의 설계 예로서, 벽두께 T에 대해 높이는 1.5~2T 정도로 한다. 선단부는 호른(horn)이 삽입하기 쉽게 하고 외측의 벽두께 T는 보통 1mm 전후가 사용된다.

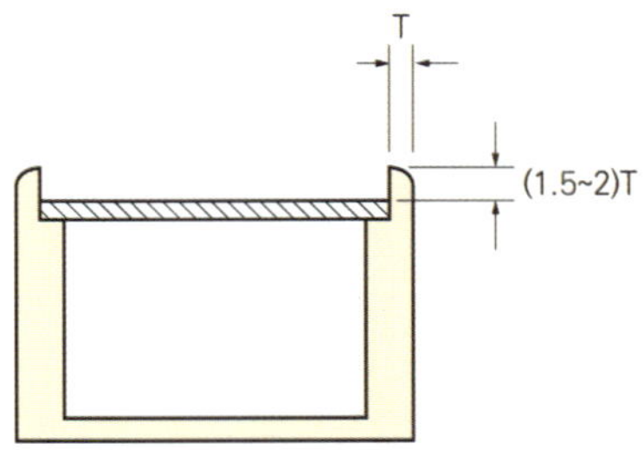

그림 2.17 스웨이징(swaging) 용착

5) 스폿 용접(Spot welding)

그림 2.18에 표시하는 것과 같이 2매의 부품을 중첩시켜 점용착(spot welding)을 하여 조립하는 방식이다. 호른(horn) 선단의 형상을 용융시키기 쉬운 형상으로 하기 위해 플라스틱 측에는 특별한 접합설계는 하지 않는다. 2매의 용착된 플레이트(plate)에 초음파 진동은 팁(tip)의 선단에서 상판을 용융시키고 하판의 판두

께의 약 1/2까지 삽입되면 용융된 플라스틱은 팁(tip)에 미리 형성된 캐비티(cavity)에 흘러들어 상판의 표면은 링 형상으로 리포밍(reforming, 재성형)된다. 판두께는 통산 1 ~ 3mm 정도가 많이 사용된다.

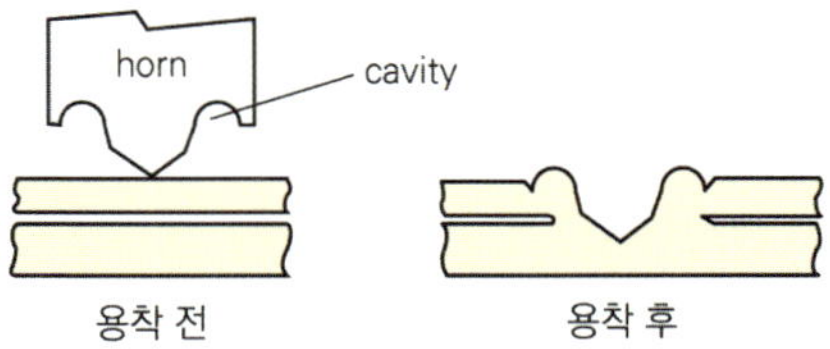

그림 2.18 스폿 용접(spot welding)

06 용제 및 접착제에 의한 접착

열가소성 수지(플라스틱)에서 PE, PP, POM 등을 제외하고는 거의 모든 수지가 용제에 녹는다. 그 용제에 녹는 것을 이용하여 접착하는 방법이 용제접착이다. 용제접착에는 용제를 그대로 이용하여 접착하는 방법과 용제에 플라스틱을 녹인 도프 시멘트(dope cement, 액형 접착제)를 이용하는 방법도 있다.

용제접착의 결점으로는 용제접착부는 용제가 휘발한 후 수축하여 접착부에 응력이 남기 때문에 크레이징(crazing)이 발생되기 쉽다. 그런 이유로 저비점용제와 고비점용제를 혼합한 것을 사용하는 방법이 좋다.

접착제로서는 합성고무계, 에폭시(epoxy)계, 우레탄(urethane)계, 시아노아크릴레이트(cyanoacrylate, 대표적인 것이 순간 접착제이다)계 등의 접착제가 사용되고 있으며, 일반적인 접착에는 합성고무계 접착제가 사용되고, 강력한 접착이 필요할 때는 에폭시(epoxy)계 접착제가 사용되고 있다. 에폭시(epoxy)계 접착제는 이액성이므로 사용 직전에 혼합시켜야 되며 고화하는데 시간이 걸리나 고화 전후에서 용적이 변화하지 않기 때문에 기밀성을 유지할 수 있고 접착강도가 높다. 시아노아크릴레이트(cyanoacrylate)계 접착제는 고화하는데 시간이 걸리지 않고 투명하나 결정성 플라스틱에는 접착강도가 강하지 못하다.

제 5 절 플라스틱에서의 인쇄(Printing) 및 도금(Plating)

01 플라스틱(Plastic)에서의 인쇄

플라스틱 제품에 상표, 로고(logo), 문구 등을 인쇄하기 위해 실크 스크린(silk screen)인쇄법, 핫 스탬프(hot stamp)법이 많이 사용된다.

1) 실크 스크린(Silk screen)인쇄법

본 방법은 견망(絹網 : 가는 명주실로 짠 천)에 중크롬산 백색 감광유제(感光乳劑, 감광성을 지닌 액체 상태의 물질)를 바르고 사진법의 원리로 사진 필름을 사용해서 자외선을 조사(照射)하여 감광시킨다. 빛을 받은 부분은 불용성이 되어 현상하면 감광하지 않은 부분만 녹고 필요한 인쇄될 부분만 스크린(screen) 원래의 망으로 남게 된다. 이와 같이 만든 실크 스크린(silk screen) 원판을 플라스틱(plastic) 제품 위에 놓고 잉크를 바른 롤러(roller)로 스크린(screen)면을 굴리면 잉크가 인쇄될 부분만 통과하여 제품면에 인쇄된다(그림 2.19 참조).

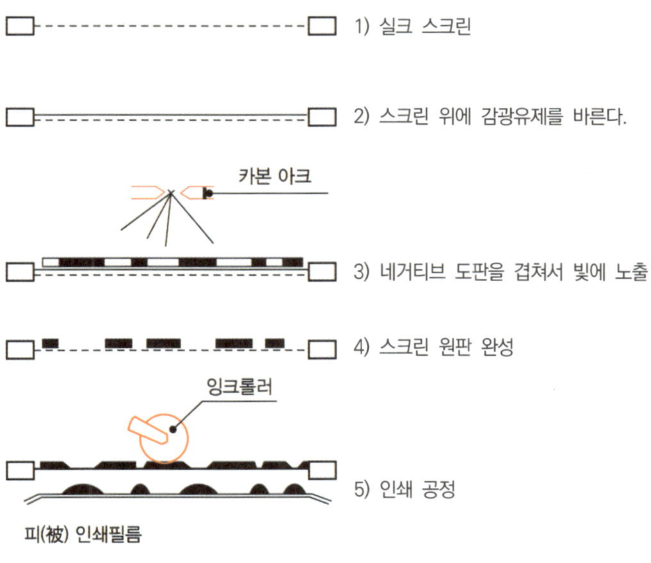

그림 2.19 실크 스크린(silk screen)인쇄공정

2) 핫 스탬프(Hot Stamp)

핫 스탬프(hot stamp)는 플라스틱(plastic) 제품에 문자, 눈금, 상표 등이 금속광택을 가지고 인쇄할 목적이나 제품 전체 표면에 나무무늬(나무결, wood grain) 등을 주기 위해 사용되는 인쇄법이다. 인쇄방법으로는 금속박 또는 착색박에 열용융접착제를 바른 것(그림 2.20 참조)을 플라스틱 제품에 겹쳐놓고 열반(가열된 형판)으로 누르면 플라스틱 제품면에 금속무늬, 착색무늬가 나타난다(그림 2.21 참조).

작업방법으로는 실리콘 고무(silicon rubber)를 이용하여 전사하는 방법(플라스틱 제품의 돌출 부위에 적용), 황동 등에 각인한 것을 압착하여 전사하는 방법(평면 부위에 적용) 및 실리콘 고무(silicon rubber)로 된 롤러를 회전압착하여 전사하는 방법(넓은 평면부에 적용)이 있다.

이와 같이 핫 스탬프(hot stamp)는 열접착에 의한 전사방법이므로, PE나 PP의 경우 금속(황동) 각인을 이용한 전사방법 이외는 부착강도가 약해 사용하기 어렵다.

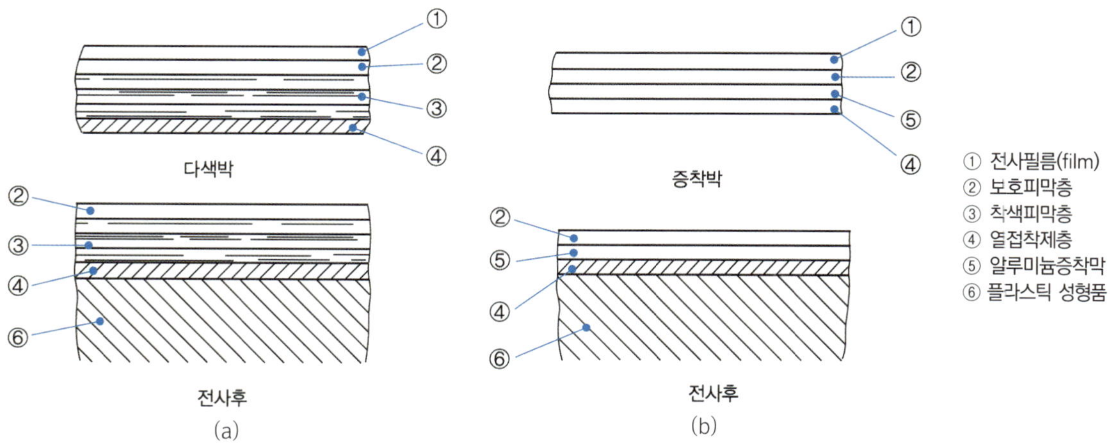

그림 2.20 핫 스탬프(hot stamp) 박(箔, 얇은 조각)의 구조

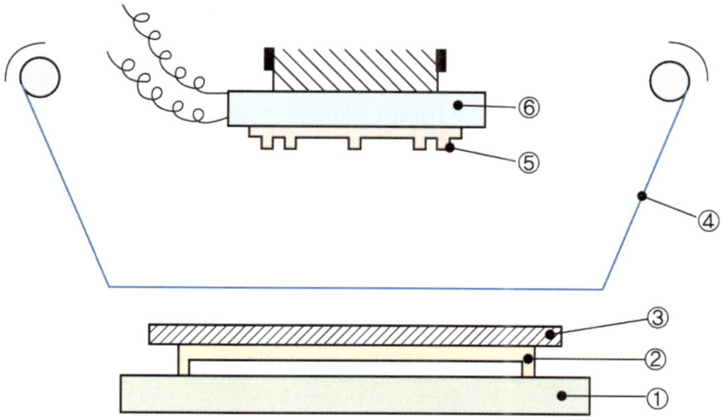

그림 2.21 핫 스탬프(hot stamp)인쇄방법

02 플라스틱(Plastic)에서의 도금

플라스틱 제품표면에 금속도금을 하여 여러 가지 플라스틱 성질 개선과 장식 목적으로 IT제품, 가전제품, 자동차부품, 생활용품 등에 널리 사용되고 있다. 도금을 함으로써 개선되는 성질은 다음과 같다.

① 금속적인 느낌을 준다.
플라스틱 제품에 금속도금을 주면 금속제품과 같은 효과와 표면경도도 개선되므로 상품가치를 높일 수 있게 된다.

② 기계적 강도가 증가한다.
플라스틱 재료는 일반적으로 기계적 강도가 약하나 금속도금을 하면 기계적 강도가 증가된다.

③ 내열성이 개선된다.

④ 내약품성, 내수성이 개선된다.

⑤ 전도성을 부여할 수 있다.

플라스틱의 금속도금방법으로는 다음과 같은 것이 사용된다.

1) 전기도금

플라스틱은 전기불량도체이고 표면이 거친 면이 아니므로 그대로는 전기도금이 되지 않는다. 따라서 앞선 공정(전공정)으로 표면에 요철을 주는 화학 에칭(etching, 부식)과 화학도금(일반적으로 동도금을 한다)을 실시한 후 전기도금을 하게 된다. 플라스틱도금의 소재로는 ABS, PC, PP, POM 등이 사용되나 ABS가 도금으로서 가장 좋은 수지이다. 전기도금의 상세공정은 그림 2.22와 같다.

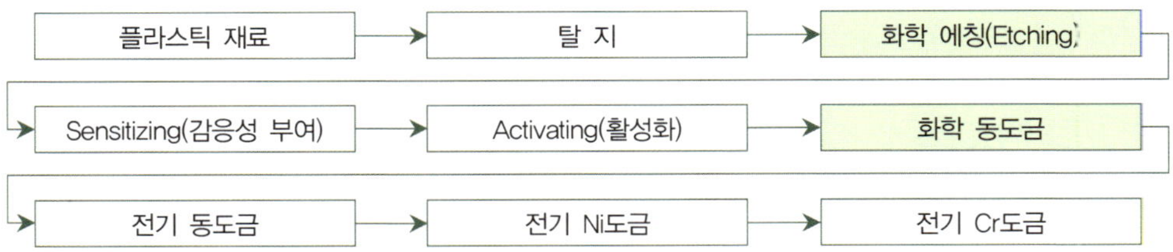

그림 2.22 플라스틱의 전기도금 공정

2) 진공증착(Vacuum deposition, 眞空蒸着)

아연, 알루미늄과 같은 저비점(저비등점)의 금속을 10^{-6}mmHg 정도의 진공 속에서 가열, 증발시켜 플라스틱 표면에 부착시키는 방법이다. 이 방법은 단순히 부착으로만 되는 것이므로 금속층이 얇아 플라스틱과의 밀착이 양호하지 못하므로 증착도금 전에 언더 코팅(under coating)을 요하고, 또한 얇은 증착막을 보호하기 위해 톱 코팅(top coating)이 필요하다. 착색된 톱 코팅(top coating)을 함으로써 금속색상의 효과를 얻을 수 있으나 부착강도는 전기도금에 미치지 못한다(그림 2.23 참조).

대표적인 적용 사례는 스마트폰 케이스 내부(이면)에 EMI(Electro Magnetic Interference, 전자파간섭) 차폐(shielding)를 위하여 알루미늄 증착을 적용하고 있다.

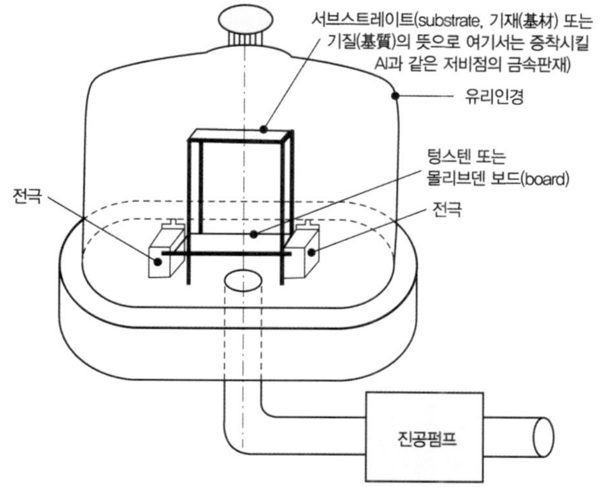

그림 2.23 진공증착의 원리

3) 침투인쇄

승화인쇄(sublimation printing)라고도 부르며, 가열에 의해 승화된 염료를 플라스틱 중에 침투시키는 인쇄법이다. 플라스틱 표면에서 10μm 정도의 깊이로 착색시키는 방법으로 플라스틱 표면이 어느 정도 마멸되어도 침투된 염료가 남아 있어 인쇄는 소멸되지 않게 된다. 침투인쇄에 사용되는 잉크는 승화성 염료로서, 특히 내마멸성, 내용제성이 우수해 3,000만회의 마멸시험에서도 견딘다. 이 인쇄법의 적합한 수지로서는 내열성이 있는 PBT가 최적이며 PET가 그 다음이다.

주로 응용되는 분야는 컴퓨터 키보드(computer keyboard) 등이다.

일반적으로 키톱(keytop)의 경우 보통의 플라스틱 인쇄법(실크인쇄)으로는 사용 중 마멸되어 지워지는 문제가 있어 2색 성형법이 사용되고 있다. 그러나 2색 성형법은 바탕재료의 색과 다른 한 가지 색밖에는 더할 수 없어 경우에 따라 한 키톱(keytop)에 문자와 기호가 있어 단색만으로 표현되지 못할 때는 다색 성형으로 해야 하나, 이때의 금형제작은 고도의 기술을 요하게 되고 생산성도 좋지 않게 되어 비용면에서 매우 불리하게 된다.

침투인쇄의 적용으로 마멸에 대해 염려가 없는 다색인쇄가 가능해지고 단시간 납기가 가능해 각 분야에 널리 응용할 수 있게 되었다. 그러나 단점으로는 키톱(keytop)의 재료가 PBT나 PET로 한정되고, 2색 성형법과 가격적인 면을 비교하면, 2색 성형법이 금형제작 관계로 초기 투자는 많이 드나 컴퓨터 키보드와 같이 문자의 종류가 많지 않고, 제작수량이 많을 때의 제품가는 침투인쇄법이 2색 성형법보다 비싸 불리하게 된다.

03 플라스틱(Plastic)에서의 니켈도금(Ni plating) 및 금도금(Au plating)

사진 2.3과 같이 스마트폰 홈 버튼(home button)으로 사용되는 플라스틱 재질인 PC(Polycarbonate, 폴리카보네이트)에 금속과 같이 미려하고 광택이 나는 느낌이 나도록 보통 니켈도금(Ni plating)을 한다.

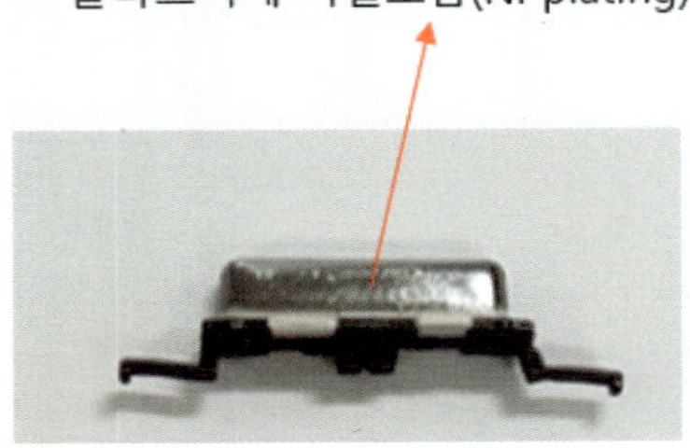

사진 2.3 스마트폰 홈 버튼(home button) 표면에 니켈도금

그리고 그림 2.24는 최종으로 금도금을 하기 위한 1차 니켈도금(Ni plating) 및 2차 금도금(Au plating)의 원리를 보여준다. 니켈도금은 우수한 전기전도성을 요구하는 데이터 및 신호 전송, 충전, 전원 접속용도로 사용되는 커넥터(connector)와 단자(terminal), 와이어(wire, 도선) 등에 금도금을 하는 데 있어 1차 도금으로 많이 활용된다.

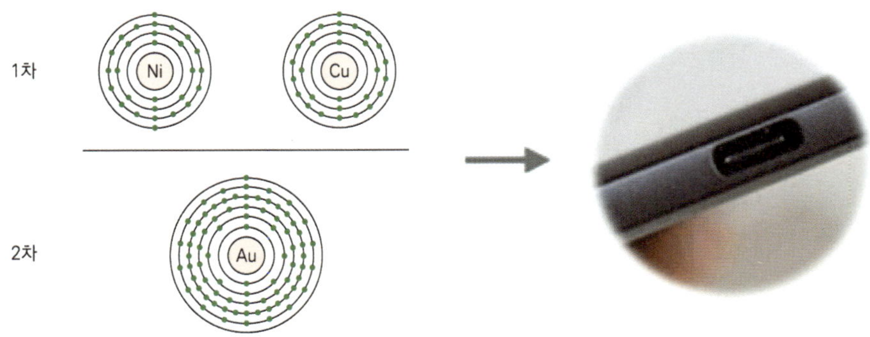

그림 2.24 1차 니켈도금(Ni plating) 및 2차 금도금(Au plating)의 원리

그림 2.25에서 도시하는 도면은 스위치 PCB 어셈블리(assembly, 조립모듈)이다. 여기에 실장된 스위치(switch)는 보통 복원력를 갖는 판스프링 형상으로 된 단자(터미널, terminal)로 전원을 켜고 끄는(ON/OFF) 역할만 한다. 또한 배터리 충전용 단자로도 많이 쓰이고 있다. 따라서 전기신호를 잘 통하게 하기 위해 표면은 금도금을 한다.

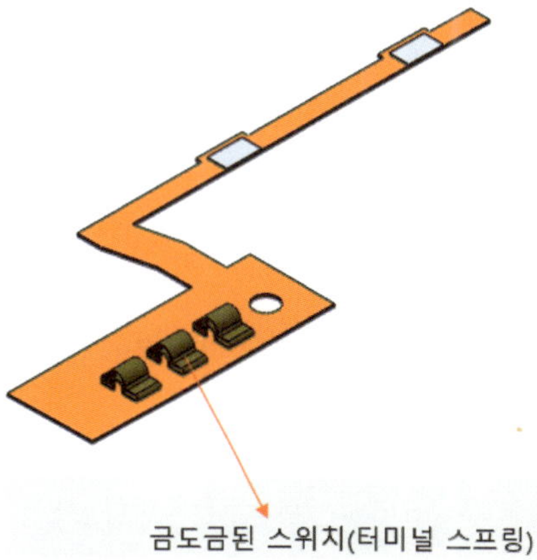

그림 2.25 금도금(Au plating)된 터미널 스프링

[1차 및 2차 도금(plating)]

- 1차 도금은 인청동판(PBS, Phosphor Bronze Sheet)에 Ni도금을 한다(금을 잘 붙이기 위해).
  전도성(도전성)과 접착성이 좋은 니켈로 1차와 2차 도금 사이를 매개한다.
- 2차 도금은 금(Au)도금을 한다.
  플래시(flash)도금으로 도금 두께는 품질(성능)과 가격(경제성)을 고려하여 8~10μm 정도로 한다.

CHAPTER 03

사출성형품의 허용공차

제 1 절 개요

플라스틱 사출성형품 치수의 공차는 불가피하다. 한 제품의 총공차를 정하는 데는 제품 제작상의 치수 공차(제작공차) 외에도 관리 및 환경(온도 및 습도)에 따른 치수의 변경을 고려해야 한다. 이 장에서는 제작상의 치수편차만을 취급하기로 하며, 치수편차를 일으키는 원인은 여러 가지가 있다.

1) 사출성형 시

- 성형재료의 불균일
- 성형기의 조정 및 금형온도

2) 금형 상태

- 금형치수의 제작공차
- 금형의 마멸
- 가동되는 금형(코어, core)의 위치편차에 의한 성형품의 치수편차

이러한 요인과 실제 작업상의 수많은 측정결과를 고려하여 허용공차를 정하고 있다.

제 2 절 허용공차의 규격

현재 세계에서 사용되는 치수의 허용공차 규격으로는 미국의 SPI, 독일의 DIN16901, 스위스의 VSM77012로서 각종 플라스틱에 대해 그 공차를 정하고 있다. 이들 규격 중 정평있는 것이 독일 DIN16901 이며, 널리 채택하고 있다. 표 3.1과 표 3.2는 본 규격을 나타낸 것이다.

▶▶ 표 3.1 독일 DIN16901 성형재료의 공차등급 그룹 표

1	2		4	5	6
원재료의 약호	성형재료		공차등급 Group		
			일반 공차	수치를 직접 기입할 때 1종	수치를 직접 기입할 때 2종
EP	Epoxy 수지성형재료		130	120	110
EVA	Ethylene 초산 Vinyl 수지성형재료		140	130	120
PF	Phenol 수지성형재료	무기물 충전	130	120	110
		유기물 충전	140	130	120
UF MF	Amino 수지성형재료 및 Amino 수지 Phenol 수지성형재료	유기물 충전	140	130	120
		무기물 충전	130	120	110
		유기물 및 무기물 충전	140	130	120
UP	Polyester 수지성형재료		130	120	110
	Polyester 수지 mat		140	130	120
	냉성형재료		140	130	120
ASA	Acrylonitrile · styrene · acrylester 수지성형재료		130	120	110
ABS	Acrylonitrile · styrene · butadiene 수지성형재료		130	120	110
CA	Cellulose · acetate 성형재료		140	130	120
CAB	Cellulose · acetate · butylate 성형재료		140	130	120
CAP	Cellulose · acetate · propynate 성형재료		140	130	120
CP	Cellulose · propynate 성형재료		140	130	120
PA	Polyamide 성형재료(비결정, 비충전, 충전)		130	120	110
PA 6	Nylon 6 성형재료[1] (비충전)		140	130	120
PA 66	Nylon 66 성형재료[1] (비충전)		140	130	120
PA 610	Nylon 610 성형재료[1] (비충전)		140	130	120
PA 11	Nylon 11 성형재료[1] (비충전)		140	130	120
PA 12	Nylon 12 성형재료[1] (비충전)		140	130	120
	Glass 섬유강화 Nylon 6, Nylon 66, Nylon 610, Nylon 11, Nylon 12 성형재료		130	120	110
PB	Polybutylene 성형재료		160	150	140
PBTP	Polybutylene · terephthalate 성형재료	(비충전)	140	130	120
		(충전)	130	120	110

<table>
<tr><th>1</th><th colspan="2">2</th><th>4</th><th>5</th><th>6</th></tr>
<tr><th rowspan="3">원재료의 약호</th><th rowspan="3" colspan="2">성형재료</th><th colspan="3">공차등급 Group</th></tr>
<tr><th rowspan="2">일반 공차</th><th colspan="2">수치를 직접 기입할 때</th></tr>
<tr><th>1종</th><th>2종</th></tr>
<tr><td>PC</td><td colspan="2">Polycarbonate 성형재료(비충전, 충전)</td><td>130</td><td>120</td><td>110</td></tr>
<tr><td>PDAP</td><td colspan="2">Diarylphthalate 수지성형재료(무기물 충전)</td><td>130</td><td>120</td><td>110</td></tr>
<tr><td>PE</td><td colspan="2">Polyethylene 성형수지[1)] (비충전)</td><td>150</td><td>140</td><td>130</td></tr>
<tr><td>PESU</td><td colspan="2">Polyether · sulphone 성형재료(비충전)</td><td>130</td><td>120</td><td>110</td></tr>
<tr><td>PSU</td><td colspan="2">Polysulphone 성형재료(비충전, 충전)</td><td>130</td><td>120</td><td>110</td></tr>
<tr><td rowspan="3">PETP</td><td colspan="2">Polyethylene · terephthalate 성형재료(비결정성)</td><td>130</td><td>120</td><td>110</td></tr>
<tr><td colspan="2">Polyethylene · terephthalate 성형재료(결정성)</td><td>140</td><td>130</td><td>120</td></tr>
<tr><td colspan="2">Polyethylene · terephthalate 성형재료(충전)</td><td>130</td><td>120</td><td>110</td></tr>
<tr><td>PMMA</td><td colspan="2">Polymethyl · methacrylate</td><td>130</td><td>120</td><td>110</td></tr>
<tr><td rowspan="3">POM</td><td colspan="2">Polyacetal 성형재료[1)] (비충전) 성형품의 길이 <150mm</td><td>140</td><td>130</td><td>120</td></tr>
<tr><td colspan="2">Polyacetal 성형재료[1)] (비충전) 성형품의 길이 ≧150mm</td><td>150</td><td>140</td><td>130</td></tr>
<tr><td colspan="2">Polyacetal 성형재료[1)] (Glass 섬유 충전)</td><td>130</td><td>120</td><td>110</td></tr>
<tr><td rowspan="2">PP</td><td colspan="2">Polypropylene 성형재료[1)] (비충전)</td><td>150</td><td>140</td><td>130</td></tr>
<tr><td colspan="2">Polypropylene 성형재료[1)] (Glass 섬유 충전, Talc 또는 석면충전)</td><td>140</td><td>130</td><td>120</td></tr>
<tr><td>PP/EPDM</td><td colspan="2">Polypropylene rubber 혼합물(비충전)</td><td>140</td><td>130</td><td>120</td></tr>
<tr><td>PPO</td><td colspan="2">Polyphenylene · oxide 성형재료</td><td>130</td><td>120</td><td>110</td></tr>
<tr><td>PPS</td><td colspan="2">Polyphenylene · sulphide(충전)</td><td>130</td><td>120</td><td>110</td></tr>
<tr><td>PS</td><td colspan="2">Polystyrene 성형재료</td><td>130</td><td>120</td><td>110</td></tr>
<tr><td>PVC · U</td><td colspan="2">무가소제염화 Vinyl 수지성형재료</td><td>130</td><td>120</td><td>110</td></tr>
<tr><td>PVC · P</td><td colspan="2">가소제를 함유한 염화 Vinyl 수지성형재료</td><td colspan="3">현재 미결정</td></tr>
<tr><td>SAN</td><td colspan="2">Styreneacrylonitrile 수지성형재료(비충전, 충전)</td><td>130</td><td>120</td><td>110</td></tr>
<tr><td rowspan="5">SB</td><td colspan="2">Styrene · butadiene 수지성형재료</td><td>130</td><td>120</td><td>110</td></tr>
<tr><td colspan="2">Polyphenylene · oxide와 Polystyrene의 혼합물(비충전, 충전)</td><td>130</td><td>120</td><td>110</td></tr>
<tr><td colspan="2">불화 Polyethylene–Polypropylene 성형재료</td><td>150</td><td>140</td><td>130</td></tr>
<tr><td rowspan="2">열가소성 Polyurethane</td><td>Shore A경도 70 내지 90의 제품</td><td>150</td><td>140</td><td>130</td></tr>
<tr><td>Shore D경도 50 이상의 제품</td><td>140</td><td>130</td><td>120</td></tr>
</table>

▶▶ 표 3.2 일반공차 외 수치를 직접 기입할 때의 공차(DIN16901)

제1표의 공차등급 그룹	판별 기호[1]	호칭 치수 범위																				
		이상 0	1	3	6	10	15	22	30	40	53	70	90	120	160	200	250	315	400	500	630	800
		미만 1	3	6	10	15	22	30	40	53	70	90	120	160	200	250	315	400	500	630	800	1000
일 반 공 차																						
160	A	±0.28	±0.30	±0.33	±0.37	±0.42	±0.49	±0.57	±0.66	±0.78	±0.94	±1.15	±1.40	±1.80	±2.20	±2.70	±3.30	±4.10	±5.10	±6.30	±7.90	±10.20
	B	±0.18	±0.20	±0.23	±0.27	±0.32	±0.39	±0.47	±0.56	±0.68	±0.84	±1.05	±1.30	±1.70	±2.10	±2.60	±3.20	±4.00	±5.00	±6.20	±7.80	±9.90
150	A	±0.23	±0.25	±0.27	±0.30	±0.34	±0.38	±0.43	±0.49	±0.57	±0.68	±0.81	±0.97	±1.20	±1.50	±1.80	±2.20	±2.80	±3.40	±4.30	±5.30	±6.60
	B	±0.13	±0.15	±0.17	±0.20	±0.24	±0.28	±0.33	±0.39	±0.47	±0.58	±0.71	±0.87	±1.10	±1.40	±1.70	±2.10	±2.70	±3.30	±4.20	±5.20	±6.50
140	A	±0.20	±0.21	±0.22	±0.24	±0.27	±0.30	±0.34	±0.38	±0.43	±0.50	±0.60	±0.70	±0.85	±1.05	±1.25	±1.55	±1.90	±2.30	±2.90	±3.60	±4.50
	B	±0.10	±0.11	±0.12	±0.14	±0.17	±0.20	±0.24	±0.28	±0.33	±0.40	±0.50	±0.60	±0.75	±0.95	±1.15	±1.45	±1.80	±2.20	±2.80	±3.50	±4.40
130	A	±0.18	±0.19	±0.20	±0.21	±0.23	±0.25	±0.27	±0.30	±0.34	±0.38	±0.44	±0.51	±0.60	±0.70	±0.90	±1.10	±1.30	±1.60	±2.00	±2.50	±3.00
	B	±0.08	±0.09	±0.10	±0.11	±0.13	±0.15	±0.17	±0.20	±0.24	±0.28	±0.34	±0.41	±0.50	±0.60	±0.80	±1.00	±1.20	±1.50	±1.90	±2.40	±2.90
수치를 직접 기입할 때의 공차 범위																						
160	A	0.56	0.60	0.66	0.74	0.84	0.98	1.14	1.32	1.56	1.88	2.30	2.80	3.60	4.40	5.40	6.60	8.20	10.20	12.50	15.80	20.00
	B	0.36	0.40	0.46	0.54	0.64	0.78	0.94	1.12	1.36	1.68	2.10	2.60	3.40	4.20	5.20	6.40	8.00	10.00	12.30	15.60	19.80
150	A	0.46	0.50	0.54	0.60	0.68	0.76	0.86	0.98	1.14	1.36	1.62	1.94	2.40	3.00	3.60	4.40	5.60	6.80	8.60	10.60	13.20
	B	0.26	0.30	0.34	0.40	0.48	0.56	0.66	0.78	0.94	1.16	1.42	1.74	2.20	2.80	3.40	4.20	5.40	6.60	8.40	10.40	13.00
140	A	0.40	0.42	0.44	0.48	0.54	0.60	0.68	0.76	0.86	1.00	1.20	1.40	1.70	2.10	2.50	3.10	3.80	4.60	5.80	7.20	9.00
	B	0.20	0.22	0.24	0.28	0.34	0.40	0.48	0.56	0.66	0.80	1.00	1.20	1.50	1.90	2.30	2.90	3.60	4.40	5.60	7.00	8.80
130	A	0.36	0.38	0.40	0.42	0.46	0.50	0.54	0.60	0.68	0.76	0.88	1.02	1.20	1.50	1.80	2.20	2.60	3.20	3.90	4.90	6.00
	B	0.16	0.18	0.20	0.22	0.26	0.30	0.34	0.40	0.48	0.56	0.68	0.82	1.00	1.30	1.60	2.00	2.40	3.00	3.70	4.70	5.80
120	A	0.32	0.34	0.36	0.38	0.40	0.42	0.46	0.50	0.54	0.60	0.68	0.78	0.90	1.06	1.24	1.50	1.80	2.20	2.60	3.20	4.00
	B	0.12	0.14	0.16	0.18	0.20	0.22	0.26	0.30	0.34	0.40	0.48	0.58	0..70	0.86	1.04	1.30	1.60	2.00	2.40	3.00	3.80
110	A	0.18	0.20	0.22	0.24	0.26	0.28	0.30	0.32	0.36	0.40	0.44	0.50	0.58	0.68	0.80	0.96	1.16	1.40	1.70	2.10	2.60
	B	0.08	0.10	0.12	0.14	0.16	0.18	0.20	0.22	0.26	0.30	0.34	0.40	0.48	0.58	0.70	0.86	1.06	1.30	1.60	2.00	2.50
정밀가공 기술	A	0.10	0.12	0.14	0.16	0.20	0.22	0.24	0.26	0.28	0.31	0.35	0.40	0.50								
	B	0.05	0.06	0.07	0.08	0.10	0.12	0.14	0.16	0.18	0.21	0.25	0.30	0.40								

비고 : 1) A – 금형에 의해 직접 정해지지 않은 치수, B – 금형에 의해 직접 정해지는 치수

본 규격의 적용범위는 열경화성 및 열가소성 수지를 사출성형, 압축성형하여 제작한 성형품의 허용치수공차에 관해 적용하고, 압출제품, 블로우(blow) 성형품, 소결부품 및 절삭 수지물에 대해서는 규정하지 않는다. 본 규격에서는 금형에 의해 직접 정해지는 치수와 금형에 의해 직접 정해지지 않는 치수로 나누어 정하고 있다(그림 3.1 참조).

또한 본 규격에서는 일반공차와 수치(등급)를 직접 기입할 때의 공차범위로 나누어져 있으며, 이 중 수치(등급)를 직접 기입할 때의 공차범위에는 다시 1종과 2종으로 나누어져 있다. 1종은 그다지 지키기 어렵지 않으나 2종은 제작상 큰 비용을 필요로 하므로 중요한 조립 및 접속치수 등 특수한 경우에만 적용한다. 그밖에 정밀가공등급의 공차가 있으며, 이것은 160mm까지 한정하고 있다. 표시방법으로는 단순히 “DIN16901”이라 하면 일반공차를 의미하며, 수치(등급)를 직접 기입하고자 할 때, 예를 들어 140이라 하면 “140 DIN16901”이라 표시한다. 그리고 수치(등급)를 직접 기입할 때의 공차범위에서 무기호공차는 +공차나 −공차 또는 ±공차를 나타낸다.

예를 들어, 공차범위 0.8일 때는 $^{+0.8}_{\ \ 0}$ 또는 $^{\ \ 0}_{-0.8}$ 또는 ±0.4 또는 $^{+0.6}_{-0.2}$ 또는 $^{+0.3}_{-0.5}$ 등이다. 그러나 일반적으로 허용공차범위$=\pm\dfrac{\text{공차}}{2}$로 통용되고 있다.

금형에 의해 직접 정해지는 치수	금형에 의해 직접 정해지지 않는 치수
이것은 성형품의 그 부분이 금형 하나의 부분 중에 포함되는 치수이고, 아래 그림의 각부 치수가 이에 해당되고, 금형의 웅(雄, 수)형 또는 자(雌, 암)형이 어느 한쪽만에 의해 정해지는 치수이고 싱크 마크가 생기는 방향이나 그 두께에 영향을 받지 않는 치수이다.	이것은 치수가 금형 2개 이상 부분에서 만들어지는 것이고, 아래 그림의 각부 치수가 이에 해당한다. 상자류의 외측높이, 밑두께 등 파팅라인에 걸친 치수 측벽두께 등의 자웅(雌雄, 암수)형 상호관계로 정해지는 치수, 그밖에 사이드 코어 등에 걸치는 치수이다.

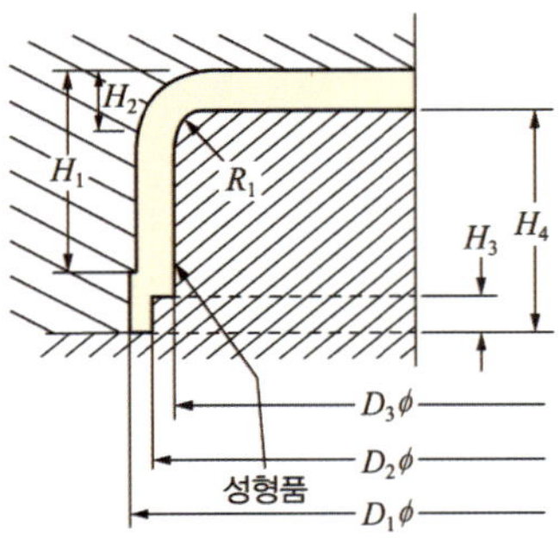

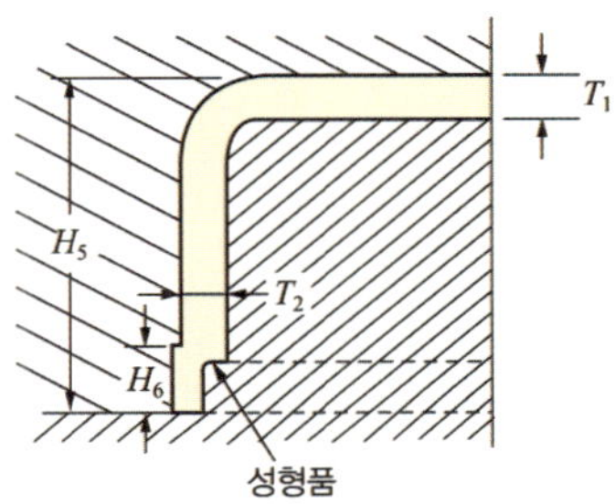

그림 3.1 금형에 의해 직접 정해지는 치수와 정해지지 않는 치수

CHAPTER 04

플라스틱 제품의 시제품 (Prototype, 프로토타입)의 제작

플라스틱 제품의 설계 도면이 완성되면 금형제작을 위해서는 비용과 시간이 많이 걸리므로 제작 착수 이전에 설계 도면의 오류 유무 점검, 회로부품을 실장해 기능점검, 최종 외관검토 및 조립성 문제 검토 목적 등으로 반드시 시제품을 제작하여 문제점을 사전에 예방한다. 이 시제품을 프로토타입(prototype, 시제품·시작품) 또는 워킹 목업(working mock-up)이라 하며, 일반적으로 목업(mock-up)이라 부른다. 제작방법은 다음과 같다.

제 1 절 목업(Mock-up, 모형제품)의 제작

목업(mock-up)의 제작은 자체에서 시행하지 않고 외부 목업(mock-up) 전문 제작업체에 맡기게 된다. 제작업체는 설계자가 제공한 설계 도면을 가지고 제작한다. 사용재료는 ABS판, PMMA판, PC판, PVC봉 등이며 곡면부는 목형(木型)을 만들어 열을 가해 성형하고, 드릴, 선반, 밀링 M/C(machine) 등을 이용하여 구멍(hole), 보스(boss), 평면부의 필요형상을 제작한다. 그 외는 수공으로 제작하며 접착제 등을 이용·조합하여 한 개의 부분을 완성한다. 이후 외관에 도장을 실시하고, 필요한 곳에 실크 스크린(silk screen) 인쇄도 한다. 한 모델 스마트폰(smart phone)의 목업(mock-up) 제작소요기간은 10 ~ 12일 정도이며, 비용은 약 800만 ~ 1,000만 원 정도이다. 그리고 피처폰(feature phone)이라고도 불리던 기존의 휴대폰(cellular phone, 셀폰)의 경우 목업(mock-up) 제작기간은 7 ~ 10일 정도이며(충전기 포함) 비용은 약 500 ~ 550만 원

정도이다.

최근에는 급속조형기(rapid prototyping machine : RP)가 개발되어 3차원의 CAD로 모델링만 되어 있으면 어떠한 형태의 것이라도 1~2일 정도면 제작할 수 있다.

3D(3차원) CAD로 모델링한 설계도면의 데이터를 확장자 .step 파일이나 확장자 .stl 파일로 변환시켜 3D프린터(printer) 혹은 CAM(Computer Aided Manufacturing, 컴퓨터 응용 가공·컴퓨터 지원 제작)으로 가공하여 제작한다.

제 2 절 소프트 몰드(Soft-mold)의 제작

프로토타입(prototype)의 제작은 기술검토 및 외관 디자인 검토용으로 제작되는 것이나, 흔히 수출품의 경우는 고객 제출용 또는 시험 검증용으로 10여 대에서 수십 대가 필요할 때가 있다. 만약 이들을 목업(mock-up)으로 모두 제작한다면 그 비용이 엄청나게 들게 된다. 이 비용을 절감하기 위해 수량이 많을 때에는 소프트 몰드(soft-mold)방법으로 프로토타입(prototype)을 제작하게 된다. 제작방법은 원형(master)을 그대로 복사(copy)하는 방식을 취하므로 반드시 원형으로 쓰일 목업(mock-up)이 필요하다.

성형사출에서 금형에 해당하는 형(型)은 대개 실리콘 고무(silicon rubber)로 제작되며, 형의 제작과정은 그림 4.1과 같다.

① 목업(mock-up) 크기에 맞춰 적당한 크기의 상자를 만든 후, 그 안에 목업(mock-up)을 넣고 고정시킨다.

② 젤(gel, 콜로이드 용액이 응고한 상태) 상태의 실리콘 고무(silicon rubber)와 경화를 촉진하는 경화제를 50 : 50 비율로 혼합한다.

③ 혼합과정에서 기포제거를 위해 진공펌프와 연결하여 혼합, 교반한다.

④ 혼합, 교반된 실리콘 고무(silicon rubber)를 목업(mock-up)이 들어있는 상자에 주입한다.

⑤ 실리콘 고무(silicon rubber)가 경화된 후 상자를 제거하고, 실리콘 고무(silicon rubber)의 중간 부분을 잘라 목업(mock-up)을 빼냄으로써 실리콘 고무(silicon rubber)형이 완성된다.

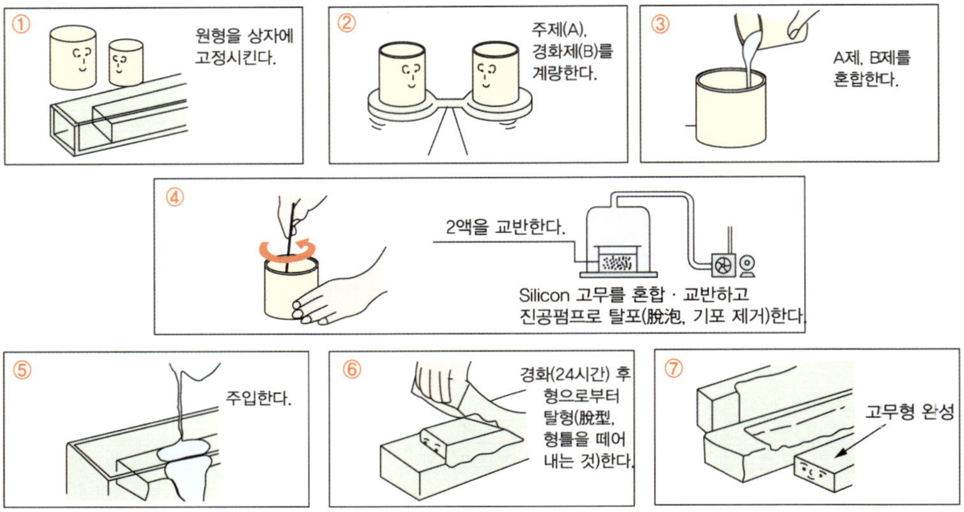

그림 4.1 실리콘 고무(silicon rubber)형의 제작과정

다음에 형(型)이 완성된 후 목적하는 제품의 재료는 폴리우레탄(polyurethane)이며, 이의 제작과정은 다음과 같다(소프트 몰드(soft-mold) 제품의 제작과정).

① 젤 상태의 폴리우레탄(주제)과 경화를 촉진하는 경화제를 50 : 50 비율로 혼합한다(계량화 및 혼합).
② 실리콘 고무(silicon rubber)형에 혼합제를 주입할 때 기포발생을 제거하기 위해 진공주형기 내에서 혼합재료를 주입한다(혼합·교반 후 형에 주입).
③ 혼합재료가 경화된 후 형을 진공주형기에서 꺼내 형을 분해하여 제품을 꺼낸다(30 ~ 90분 경화 후 탈형).
④ 형에서 나온 제품은 미성형 부위도 있고 표면에 기포도 발생된 것도 있으며, 게이트 제거작업도 필요하므로, 많은 후가공을 가해야 한다(후가공 공정).
⑤ 후가공이 완료된 제품은 외관 표면에 도장 및 필요 부위에 실크 스크린함으로써 제품이 완성된다(완성품).

한 개의 실리콘 고무(silicon rubber)형에서 20 ~ 25개 정도의 제품을 제작할 수 있으며, 그 이상의 제품이 필요할 경우에는 형을 더 제작해야 한다.

제작비용은 제품의 크기에 영향을 받아 큰 것이 가격이 높으며, 실리콘 고무(silicon rubber)형 가격과 제품가를 구분하여 계산한다. 제작비용을 목업(mock-up) 제작비와 비교하면 목업(mock-up)의 비용을 100이라 할 때, 형 가격은 95 ~ 115 수준이고, 제품가는 20 정도이다. 예를 들어, 20개의 소프트 몰드

(soft-mold)를 만든다면 (95 ~ 115) + (20 × 20) = 490 ~ 515이며, 이때 목업(mock-up) 비용은 20 × 100 = 2,000이 된다.

소프트 몰드(soft-mold)는 제작비용을 대폭 절감할 수 있는 것이 최대 장점이고, 이음부가 없어 강도도 높다. 그러나 치수정밀도에 있어서는 주형시(注型時) 수축 등이 발생하여 목업(mock-up)에 비해 떨어지며 제작시간도 목업(mock-up)에 비해 2배 정도 소요된다.

제 3 절 로스트 왁스법(Lost wax process)

제5대 국새는 어떤 기술로 만들어질까?

로스트 왁스법(lost wax process)은 납형주조법에서 발전한 공법으로 주로 귀걸이나 반지 같은 귀금속을 만들 때 사용한다.

그림 4.2에서와 같이 인베스트먼트법(investment casting)이라고 불리는 정밀주조법의 일종으로서, 목형을 밀랍(wax)이나 연납 같이 비교적 낮은 온도에서 녹아내리는 고체를 사용하여 형상을 만든다. 그리고 만든 형상 전체를 주물사로 덮고, 그 상태로 가열하면 주물사는 그대로 있고 밀랍이나 연납이 녹아서 빈 공간을 만들게 된다. 그 빈 공간에 쇳물을 부어 주조하는 방법을 로스트 왁스법이라고 한다.

납형주조법은 벌집에서 나오는 밀랍으로 형상을 뜨고 흙으로 만든 거푸집을 사용하지만 로스트 왁스법은 인공 왁스와 석고를 쓴다. 제품 형상을 왁스로 만들어 석고로 감싸고 구우면 석고는 단단해지고 왁스는 녹아 빠져나온다. 제품 형상이 그대로 남아 있는 석고에 쇳물을 넣어 굳힌 뒤 석고를 깨뜨려 제품을 얻는 방식이다.

일반적인 주형(mold, 용해된 금속을 주입하여 주물을 만드는데 사용하는 틀)을 만드는 주조 방식은 붕어빵을 만들 때처럼 금형을 반복해서 사용해 대량생산할 수 있는 장점이 있지만, 미세하고 복잡한 제품은 만들기 어렵다.

로스트 왁스법은 일반 주조와 달리 단 한 개의 제품을 위한 맞춤형 금형으로 섬세한 조각을 표현할 수 있다. 국새가 갖고 있는 예술성에 어울리는 방법이다.

이런 주조는 쇳물이 고체로 굳으면서 부피가 변하는 문제가 있다. 이때 발생하는 부피 차이가 제품 내부에 빈 공간을 만들고 강도가 떨어지기 때문에 쇳물이 모두 굳을 때까지 일정한 압력을 주는 기술이 필요하다.

그림 4.2 로스트 왁스법(lost wax process)의 제작과정

제 4 절 3D 프린터에 의한 시제품 제작 – 삼성 갤럭시 스마트폰

01 렌더링 및 시제품 제작(Rendering & 3D Printing)

1) 3D 프린팅을 통해 실제 제품의 형상 확인

사진 4.1과 같이 신도리코(Sindoh)사(社)의 3D 프린터(printer)를 사용하여 모델링 파일을 gcode로 변환 후 출력한다(PLA 재질).

사진 4.1 신도리코(Sindoh)사(社) 3D 프린터에 의한 시제품 제작

2) 렌더링을 통한 최종 형상 예측

3D 프린팅 후 실제 금형제품처럼 보이기 위해 후가공을 해야만 한다. 키샷 프로그램을 통해 렌더링 후 실제로 제품의 재질에 따라 조명에 따른 형상과 느낌을 예측해볼 수 있다(사진 4.2 참조).

사진 4.2 렌더링(rendering)을 통한 최종 형상 예측

3) 3D 프린터 사양

신도리코(Sindoh)사(社)의 3D 프린터(printer)의 외형은 사진 4.3이며, 사양은 표 4.1과 같다.

표 4.1 프린터 제품 사양

Model		DP200
출 력	조형크기(W×D×H)	210×200×195mm
	적층 두께	0.05 ~ 0.4mm
	프린터젯	Single Nozzle
	노즐 직경	∅0.4mm
필라멘트	직 경	∅1.75mm
	재 질	PLA, ABS 각 7컬러
	공 급	자동공급

사진 4.3 신도리코(Sindoh)사(社)의 3D 프린터 외형 및 제품사양(스펙, spec.)

4) 3D 프린터 작동원리 및 제작단계(사진 4.4 참조)

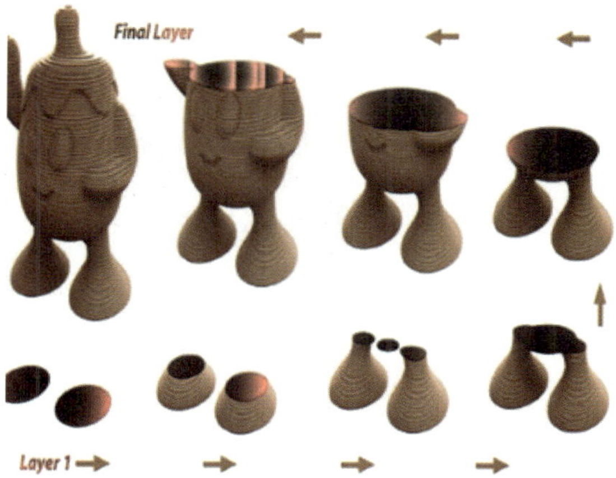

사진 4.4 3D 프린터에 의한 시제품 제작단계

- 작동 원리 - 적층형(layer type)
- 플라스틱 액체 또는 플라스틱 실을 종이보다 얇은 0.01 ~ 0.08mm의 층(layer)으로 겹겹이 쌓아 입체 형상을 만들어낸다. 레이어(layer)가 얇을수록 정밀한 형상을 얻을 수 있고, 채색을 동시에 진행할 수 있다.
- 제작 단계는 모델링(modeling), 프린팅(printing), 피니싱(finishing)으로 이루어진다. 모델링은 3D 도면을 제작하는 단계로, 3D CAD(Computer Aided Design)나 3D 모델링 프로그램 또는 3D 스캐너 등을 이용하여 제작하는 것이다. 프린팅은 모델링 과정에서 제작된 3D 도면을 이용하여 물체를 만드는 단계로, 적층형 또는 절삭형 등으로 작업을 진행하는 것이다. 이때 소요시간은 제작물의 크기와 복잡도에 따라 다르다. 피니싱은 산출된 제작물에 대해 보완 작업을 하는 단계로, 색을 칠하거나 표면을 연마하거나 부분 제작물을 조립하는 등의 작업을 진행하는 것이다.

5) PLA(PolyLactic Acid) 소재의 장점과 단점

사진 4.5는 PLA로 성형한 섬유 실 제품을 보여주고 있으며, 친환경 제품이다.

사진 4.5 PLA로 성형한 친환경 섬유 실

- PLA(PolyLactic Acid) - 옥수수의 전분에서 추출한 원료로 만든 친환경 수지이다.
- 3D 프린터에 사용되는 재료는 ABS와 달리 수축성이 덜한 편이며, 옥수수 전분을 주 성분으로 만들기 때문에 석유 계열의 ABS보다는 친환경적인 편이다. PLA는 생분해성인 옥수수와 사탕수수로 만들어지는 친환경 수지로, 냄새가 나지 않으며 인체에 유해한 요소가 거의 발생하지 않는다. 또한 균열이나 수축 현상 등이 좋다는 장점을 가지고 있다. 하지만 ABS에 비해 상대적으로 비싼 편이며, 후가공이 ABS 소재보다는 어렵다.

[PolyLactic Acid Fiber(PLA 섬유)]

- 사람의 몸속에서 서서히 용해되는 특성이 있어서 외과수술용 및 의약용으로 사용되어온 화학물. 생분해성 섬유로 용도를 전개하기 위하여 옥수수의 65%를 차지하는 전분(starch, 녹말) 성분을 추출한 다음, 글루코스(glucose, 포도당·물엿)를 분리하고 젖산균 발효기법으로 랙틱산(Lactic Acid, 젖산·유산)을 만든다(분류상 지방족 폴리에스테르에 속함).
- 지방족 : 화학물질을 포함하지 않기 때문에 완전히 분해될 때 자연계로 돌아간다.
- 생분해성 섬유 : 자연계에 존재하는 미생물이 분비하는 효소에 의하여 분해되는 섬유이다.
- PLA 섬유의 장점 : 재사용이 가능할 뿐 아니라 토양에서 30일 이상 방치 시 90% 이상의 분해도를 나타내며 소각 처리할 경우에도 소각 잔사가 거의 발생하지 않는다. 면섬유보다 먼지나 털의 발생이 적다. 천연섬유 고유의 쾌적함, 부드러운 촉감, 드레이프(drape, 예쁜 주름이 잡히는) 성질이 우수하다.

6) 3D 프린팅을 위한 파일 변환 : 확장자 .sldprt → .stl 파일로 변환

그림 4.3은 3D CAD SolidWorks(솔리드웍스)에서 모델링한 (a)에서 도시하는 스마트폰 프런트 케이스(front case)의 모델링 도면의 확장자 .sldprt를 3D 프린터 작업을 위해 .stl 파일로 변환하는 화면이다.

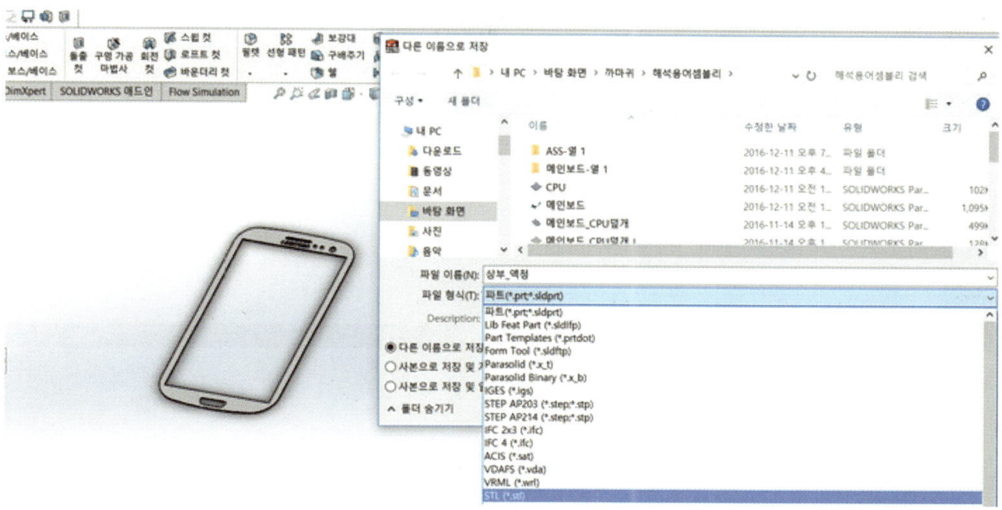

(a) 3D 모델링 도면(프런트 케이스)　　　(b) 파일 변환 작업 화면

그림 4.3 3D CAD SolidWorks로 모델링한 도면의 확장자 .sldprt의 .stl 파일로의 변환 작업

7) .stl → gcode 변환을 위한 불러오기

그림 4.4는 변환된 확장자 .stl 파일을 gcode 변환을 위해 불러오기 작업을 하는 화면이다.

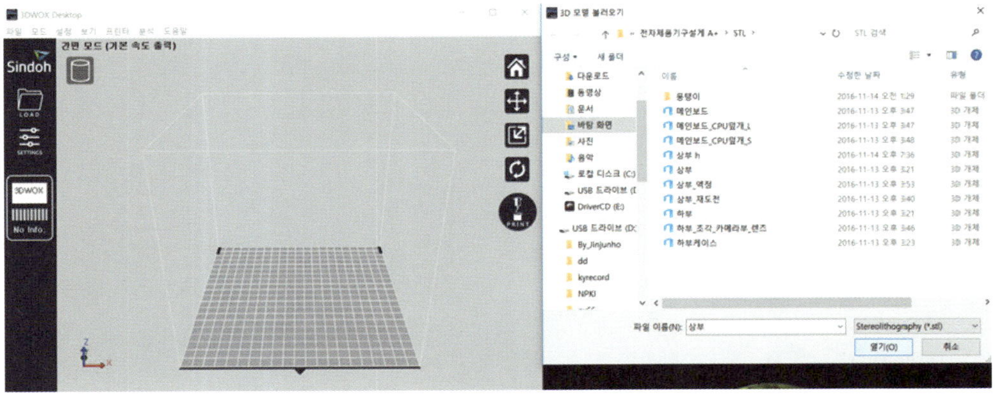

그림 4.4 .stl 파일을 gcode 변환을 위해 불러오기 실행 작업

8) 3DWOX Desktop 프로그램을 이용한 gcode 변환

사진 4.6에서는 3DWOX Desktop 프로그램을 이용한 gcode로의 변환 작업을 보여준다.

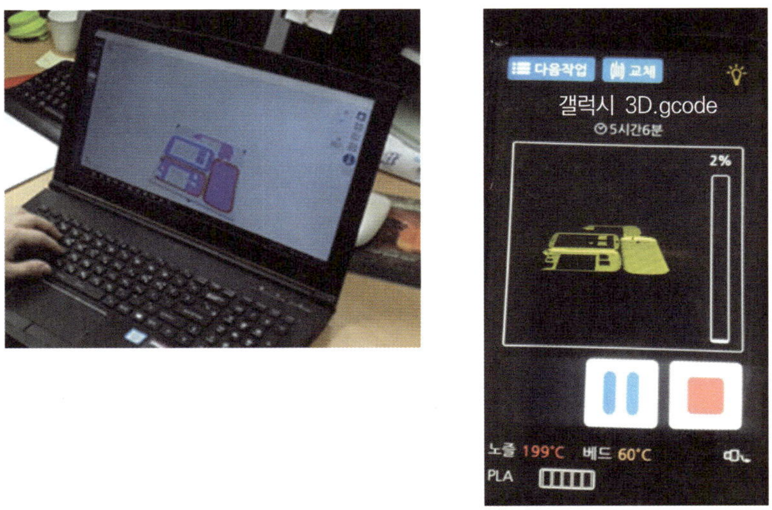

사진 4.6 3DWOX Desktop 프로그램을 이용한 gcode로의 변환 작업

9) 프린팅 시뮬레이션 기능으로 레이어 순서 확인 및 수정

그림 4.5는 프린팅 시뮬레이션(simulation) 기능으로 레이어(layer, 층) 순서 확인 및 수정을 실행하는 도면이다.

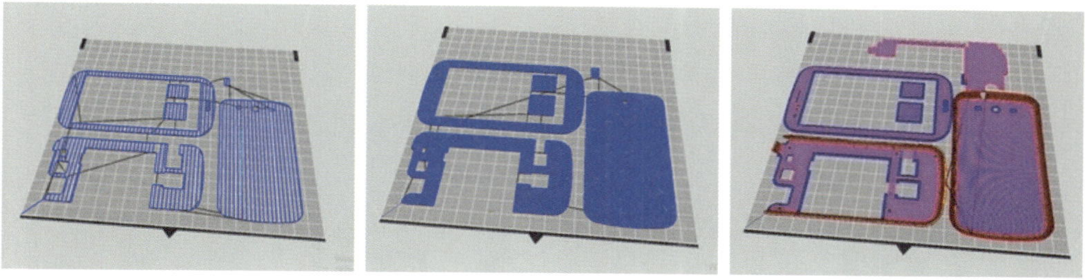

그림 4.5 프린팅 시뮬레이션(simulation) 기능으로 레이어(layer, 층) 순서 확인 및 수정

- 프린터가 물리적으로 최적 출력 방향으로 움직일 수 있게 짜며 3D 프린터의 사양도 고려하여야 한다(두께).
- 서포트(메인 출력물을 받쳐주는 보조 출력물)의 형성 여부도 중요하다(제품 두께를 고려해 외형을 확인할 수 있는 필수 파트만 프린트).

10) 출력 및 확인 과정

사진 4.7은 3D 프린터에 의한 시제품을 출력하는 모습을 보여준다.

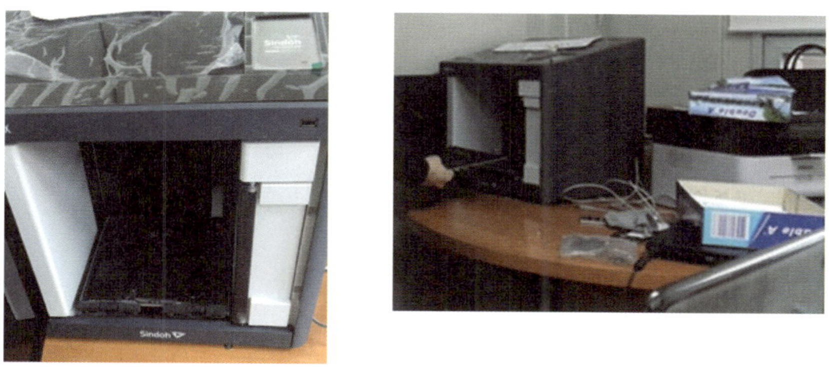

사진 4.7 3D 프린터에 의한 시제품의 출력

11) 출력물 비교 과정

시제품의 비교결과 PLA 재질에서는 어느 정도의 수축이 발생하여 실제 스마트폰 제품과 1~3mm 정도 차이가 나타났다. 따라서 정밀제품의 제작에는 부적합하지만, 제품의 최종 형상을 실제 제품의 형상과 비교하는 수준의 단계에서는 활용이 가능하다. 이를 활용하여 개선설계 방향을 사전에 예측해 볼 수도 있다(주요 부품의 형합, 레이아웃, 동작성 등).

사진 4.8은 삼성 갤럭시 스마트폰 실제 제품(현품)의 부품과 3D CAD SolidWorks에서 모델링한 여러 부품들(parts)을 3D 프린터로 출력한 시제품과의 형상과 치수를 비교한 사진이다.

사진 4.8 스마트폰 현품 파트(parts)와 3D 프린터 출력물과의 비교

12) 제품 출력 후 실제 형상과 비교(버니어 캘리퍼스로 측정)

사진 4.9는 3D 프린터에 의한 제품 출력 후 실제 형상과 비교를 위하여 버니어 캘리퍼스(vernier calipers)로 측정하는 모습이다.

사진 4.9 제품 출력 후 실제 형상과 비교(버니어 캘리퍼스로 측정)

13) 제품 조립 및 확인

사진 4.10은 최종적으로 3D 프린터로 출력된 시제품을 조립하여 형합(fitting) 상태와 조립성, 간섭 여부 등을 체크하고 검토하는 모습이다.

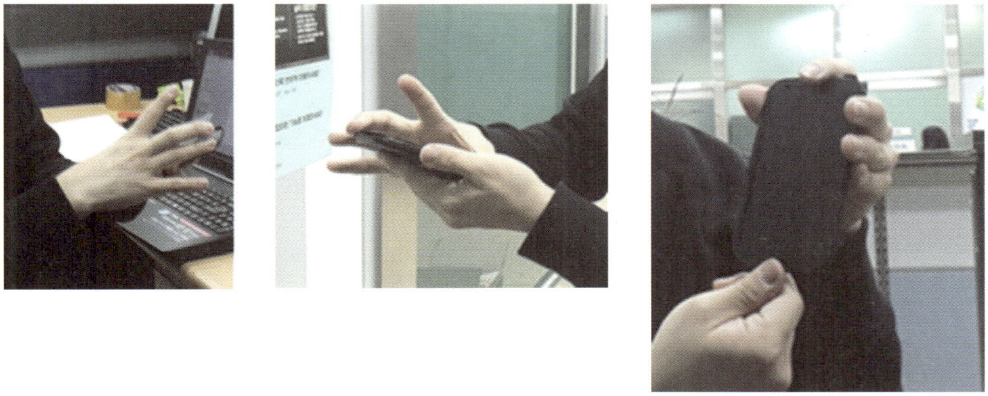

사진 4.10 3D 프린터로 출력된 시제품의 조립성 검토

02 프로토타입(Prototype) 제작의 사례연구(LG 스마트폰 V40 ThinQ)

1) 3D 프린터를 이용해 LG V40 ThinQ 프로토타입 제작

기존 LG 스마트폰 V40 ThinQ 제품과 이를 개선하고 보완한, 즉 개선 및 보완설계를 적용한 제품으로 프로토타입(prototype, 시제품 또는 시작품)을 각각 제작하여 비교하였다.

3D 프린터는 큐비콘 싱글플러스 4EA(3DP-310F)을 이용한 ABS 재질로 출력하였다.

큐비크리에이터4(Cubicreator4) 프로그램에 3D CAD 솔리드웍스(SolidWorks)에서 STL로 변환 파일들의 재질을 ABS-A100으로 설정하고 Gcode로 변환 후 3D 프린터로 출력했다.

사진 4.11은 큐비콘(CUBICON) 회사의 3D 프린터 소프트웨어인 큐비크리에이터4(Cubicreator4)의 사용자 프로그램 화면이다.

사진 4.11 CUBICON사의 Cubicreator(3D Printer Software)

사진 4.12는 사용한 3D 프린터 모델 싱글플러스(Single Plus) 스펙(spec.)이다.

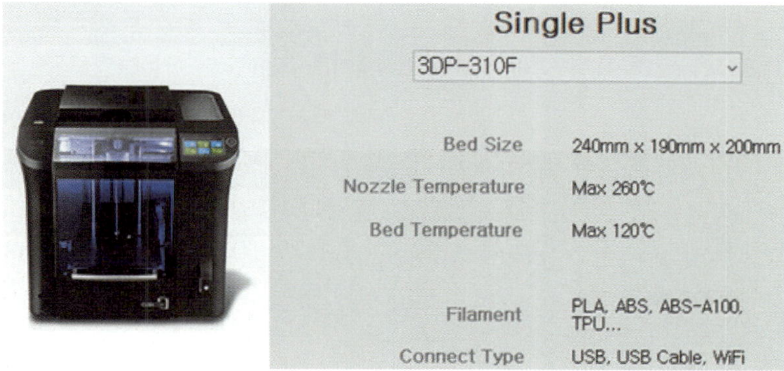

사진 4.12 3D 프린터 싱글플러스(Single Plus) 모델 스펙(사양)

3D 프린터 모델 싱글플러스(Single Plus) 사출기의 정확한 스펙(spec., 사양)은 표 4.2와 같다.

표 4.2 3D 프린터 사출기의 사양

Cubicon Single Plus	사양
조형(베드, bed) 크기	240mm×190mm×200mm
노즐 직경	0.4mm
노즐 최대온도	Max. 260℃
히팅베드 최대온도	Max. 120℃
필라멘트	PLA, ABS, ABS-A100, TPU, NYLON …
필라멘트 직경	1.75mm
메모리 및 통신환경	USB, USB cable, WiFi

2) 큐비크리에이터(Cubicreator)를 통한 Gcode 변환 과정

그림 4.6은 큐비크리에이터(Cubicreator)를 통한 Gcode 변환 과정을 보여준다.
LG 스마트폰 V40 ThinQ의 여러 부품 중에서 프런트 케이스(front case)의 변환 과정을 보여주는 화면이다.

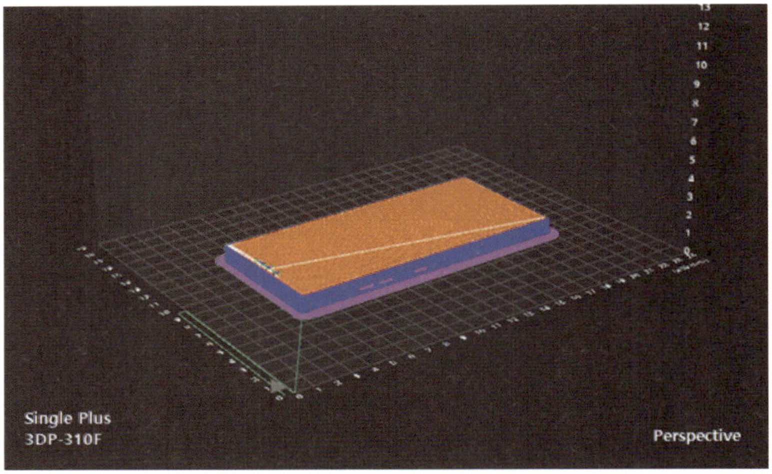

그림 4.6 스마트폰 프런트 케이스(front case)의 Gcode 변환 과정

그림 4.7은 백 커버(back cover)의 변환 과정을 보여주는 화면이다.

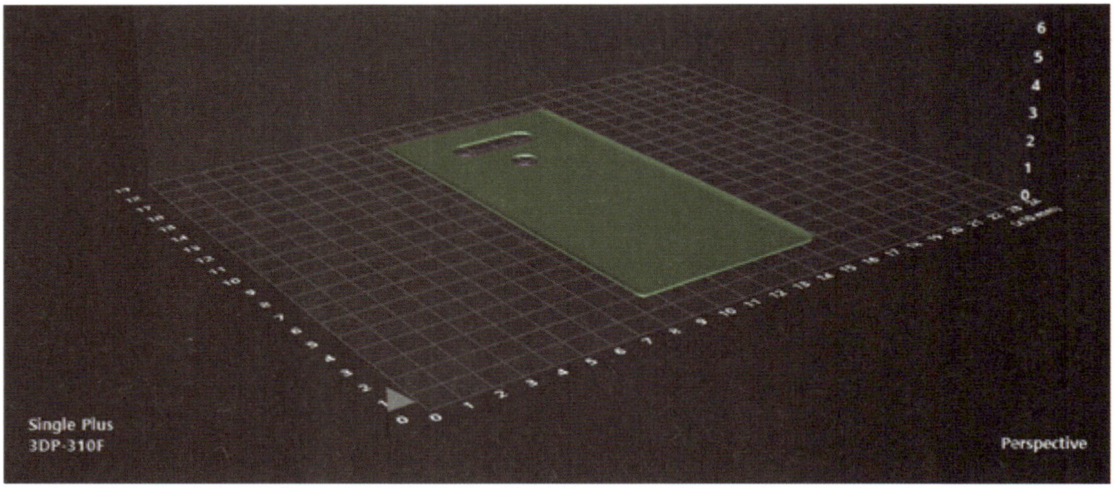

그림 4.7 백 커버(back cover)의 Gcode 변환 과정

3) 큐비크리에이터(Cubicreator)를 통한 재질 설정 및 예상 출력시간 확인(출력 정보)

그림 4.8은 프런트 케이스(front case)의 출력 재질로 ABS-A100 등급을 선정하였다. 예상 출력시간이 04 : 48(4시간 48분)임을 보여준다.

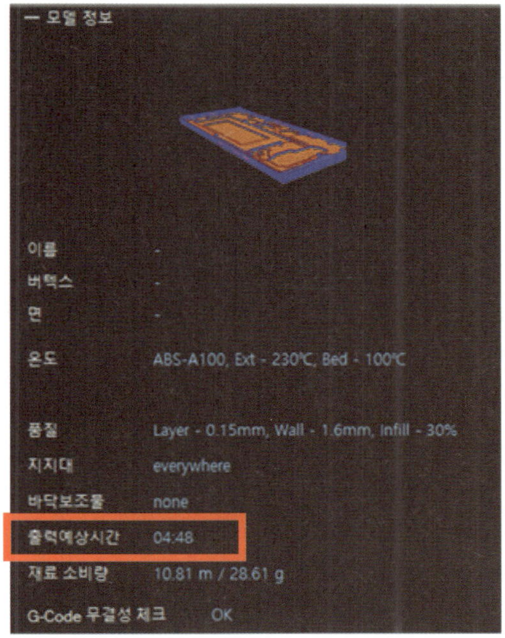

그림 4.8 프런트 케이스(front case) 출력 정보(재질 ABS-A100, 예상 출력시간 04 : 48)

그림 4.9는 백 커버(back cover)의 출력 재질로 ABS-A100 등급을 선정하였다. 예상 출력시간이 01 : 07 (1시간 7분)임을 보여준다.

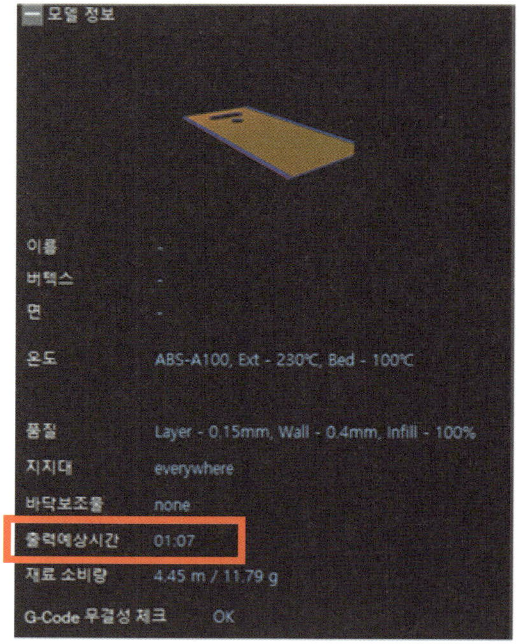

그림 4.9 백 커버(back cover) 출력 정보(재질 ABS-A100, 예상 출력시간 01 : 07)

4) 3D 프린터를 통해 출력된 프로토타입의 실물

사진 4.13은 3D 프린터(printer)를 통해 출력된 ABS 재질의 프로토타입 실물(실제 제품)이다.

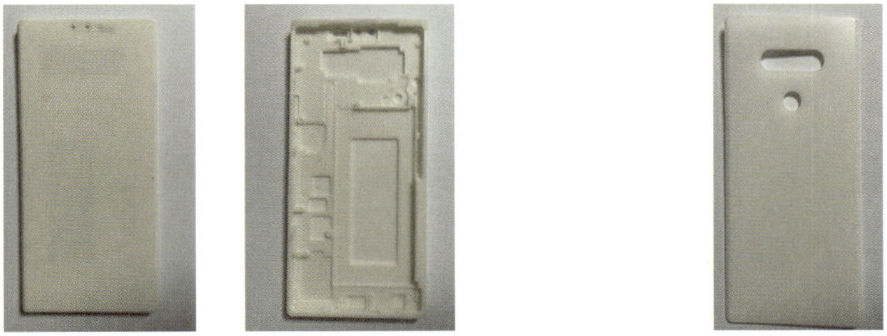

(a) 프런트 케이스(front case)의 실제 출력물(앞면·뒷면) (b) 백 커버(back cover)의 실제 출력물

사진 4.13 3D 프린터(printer)를 통해 출력된 프로토타입 실물

5) 큐비크리에이터(Cubicreator)를 통한 재질 설정 및 예상 출력시간 확인(히트 파이프 개선설계)

그림 4.10은 스마트폰에서 발생되는 발열을 개선하기 위하여 방열용 냉각장치인 히트 파이프(heat pipe)보다 개량된 얇은 판재로 된 히트 스프레더(heat spreader), 즉 베이퍼 체임버(vapor chamber)를 설계하고, 설계물인 3D 모델링 도면을 3D 프린터에 의해 출력하는 출력 정보를 보여주는 화면이다. 재질은 ABS-A100이며 예상 출력시간은 19 : 52(19시간 52분)임을 보여준다.

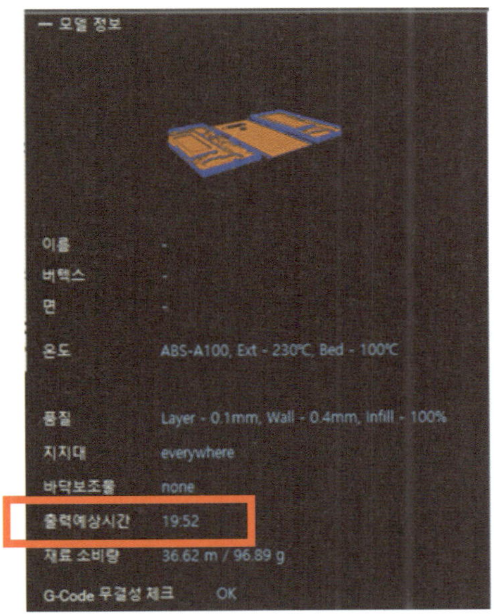

그림 4.10 히트 파이프 개선설계 제품(부품)과 언더컷 회피설계 부품의 프로토타입 제작 (재질 ABS-A100, 예상 출력시간 19 : 52)

6) 히트 스프레더(베이퍼 체임버) 개선설계의 3D 프린터 출력 실물

사진 4.14는 기존 제품(부품)보다 방열을 막기 위해 개선설계된 냉각장치인 히트 스프레더(베이퍼 체임버) 프로토타입 실물을 보여준다.

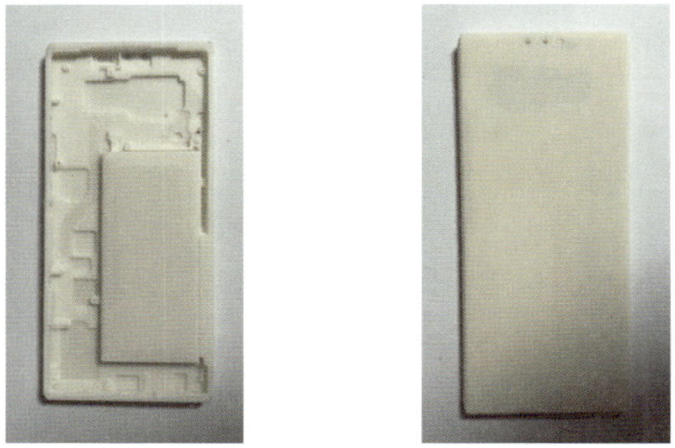

(a) 뒷면 (b) 앞면

사진 4.14 히트 스프레더(베이퍼 체임버) 개선설계 3D 프린터 출력 실물(프로토타입)

7) 언더컷 회피 개선설계를 적용한 모델의 3D 프린터 출력물

사진 4.15에서 보여주는 시제품은 프런트 케이스(front case)와 백 커버(back cover)에서 언더컷(undercut)을 없앤 언더컷 회피설계(제거설계)로 개선설계를 한 3D 모델링을 3D 프린터에서 출력하여 제작한 시제품 실물(부품)이다.

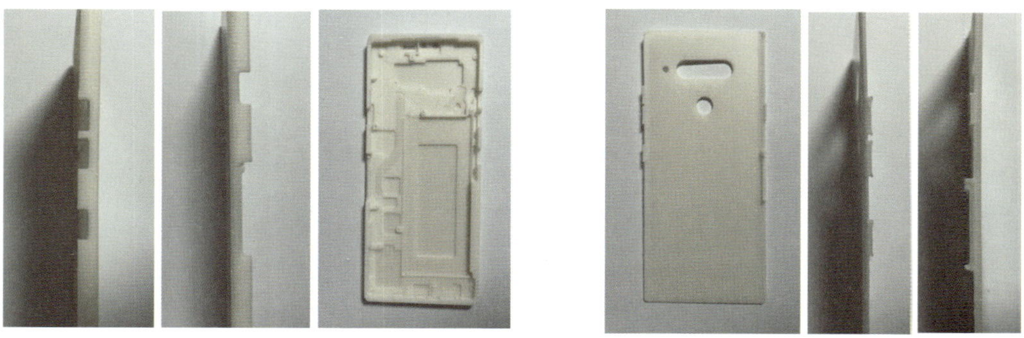

(a) 개선된 프런트 케이스(front case)의 실제 출력물 (b) 개선된 백 커버(back cover)의 실제 출력물

사진 4.15 3D 프린터에서 출력하여 제작한 스마트폰 시제품 부품 실물

8) 3D 프린터의 정밀도

- PLA 또는 ABS 재질로 출력된 프로토타입(시제품)은 실제 양산 플라스틱 제품보다 최대 1.02 ~ 1.04 mm 정도 차이가 난다. 왜냐하면 3D 프린터에 의한 출력은 적층 방식이므로 정밀도가 떨어지며, 제작(가공) 시간도 오래 걸린다.
- 정밀제품 및 정밀부품의 제작에는 부적합하며, 재질 특정상 부러짐 및 깨짐으로 안정성이 좋지 않다. 그리고 취약하다.
- 실제 제품의 형상과 비교하는 수준 및 예시 등의 여러 가지 견본 샘플로는 활용이 가능하다. 그러나 양산 제품으로는 일반적으로 부적합하다.

03 다양한 색상의 프로토타입

사진 4.16과 같이 다양한 색상으로 프로토타입의 출력, 즉 제작이 가능하다.

특히 (c)는 충격 완화를 위해 후가공(후공정)으로 실리콘 러버(silicon rubber) 코팅(coating) 표면처리를 한 것이다. 이를 러버 톤 코팅(rubber tone coating, 러버 느낌과 같은 감촉을 갖는 코팅)이라 한다. 부드러우며 충격에 강하고 방수효과도 좋다.

(a) 프런트 커버(front cover)와 백 커버(back cover)

(b) 메인 PCB(회로 기판)

(c) 백 커버(back cover)의 러버 코팅

사진 4.16 3D 프린터를 활용하여 다양한 색상으로 출력한 스마트폰 부품 실물의 예시

CHAPTER 05

제품설계(Product Design) 및 개발(Development)

제 1 절 플라스틱(합성수지) 특성을 고려한 제품설계

01 성형품의 조립(Assembly)과 형합(Fitting)

제품의 형합 지정은 일반적으로 끼워맞춤측은 (－)공차, 반대측은 (＋)공차를 지정하는 경우가 많다. 그 경우 틈새(clearance(C), 틈)를 정하는 데 있어 제품의 기능, 외관이 중요시되기 때문에 실제의 금형제작정도(精度, 정밀도), 성형조건 등의 산포폭(散布幅)은 대단히 작은 것이 요구된다. 그러나 성형품의 치수는 가능한 여유를 부여해야만 하므로 수지 특성의 수축성형조건 등에 의해 형합(fitting)이 너무 헐겁다든지 꽉 끼어서 들어가지 않는 경우도 생긴다.

그림 5.1에 텔레비전 캐비닛(cabinet)의 정면 캐비닛(front cabinet)과 후면 커버(back cover)의 형합 상태를 나타냈다.

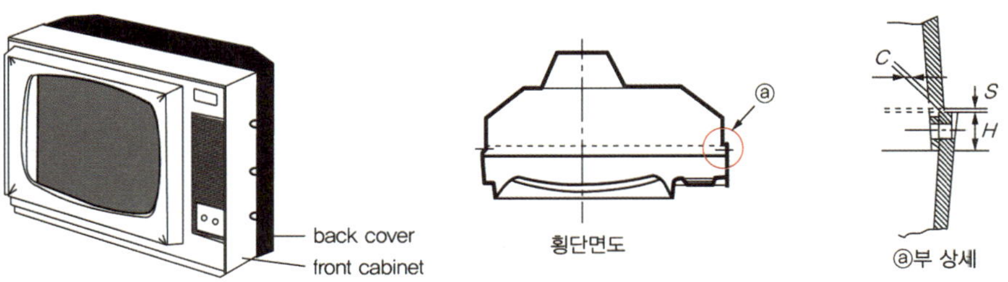

그림 5.1 텔레비전 캐비닛(cabinet)의 형합(fitting)

가정용 전자제품에 있어 외장관계에서는 외관도 중요한 포인트(point, 제품설계 시 고려해야 할 사항·요점)가 되기 때문에 형합틈(clearance, 틈새)은 크게 잡을 수가 없다(생산성을 고려하면 큰 편이 좋지만). 그림 5.1의 경우 정면 캐비닛(front cabinet)은 고내충격 Polystyrene(HIPS, High Impacted Polystyrene, 하이 임팩티드 폴리스티렌)이나 ABS 수지를 사용하고 후면 커버(back cover)는 내열성의 ABS수지나 Polypropylene(PP, 폴리프로필렌)을 재질로 사용하고 있다. 양쪽 모두 ABS 수지라면 성형수축이 작고 성형품의 치수정도의 산포가 적기 때문에 틈새(clearance)도 비교적 작게 할 수가 있다. 그러나 후면 커버(back cover)가 Polypropylene(PP)인 경우에는 성형수축이 다르기 때문에 설계에 있어서는 전자보다 크게 할 필요가 있다. 전자의 틈새(clearance(C))를 0.5 ~ 0.8로 한다면, 후자에서는 1.0 ~ 1.5 정도의 틈새(clearance(C))가 필요하다. 실제에는 성형 시작 후 양쪽의 치수정도를 고려해서 한쪽의 금형을 수정하면 틈새(clearance)를 작게 할 수가 있다. 캐비닛(cabinet)의 외형치수가 작다면 틈새(clearance)는 작게 해도 좋지만, 외형치수가 500 ~ 700mm 정도가 되면, 수축률이 $\frac{1}{1,000}$ 틀려도 그 차이는 0.5 ~ 0.7mm가 생긴다.

따라서 양쪽 성형품의 산포를 맞추면 1.0 ~ 1.4mm나 된다. 그러므로 최초의 설계 시점에서는 상당한 안전을 고려한 치수를 잡아야만 한다.

그림 5.2는 각형용기(vessel)의 형합 상태를 나타낸다. 용기 등의 본체와 뚜껑의 형합상태가 딱 맞는 것이 필요한 경우에는 처음부터 그 상태의 형합공차를 지시해도 위험성이 있으므로 다소의 여유를 준 틈새(clearance)로 잡고, 시작 후 금형을 수정해서 소정의 형합상태로 하는 것이 바람직하다.

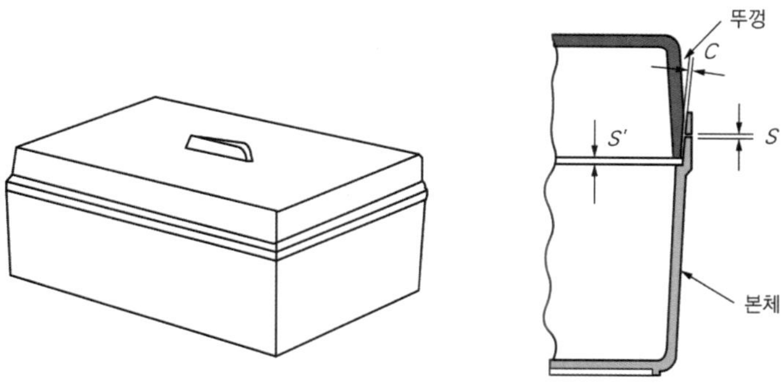

그림 5.2 용기본체와 뚜껑의 형합

그림 5.3은 컨테이너(container)에 있어서 겹쳐 쌓을 때의 형합을 나타냈다. $L \times W$의 크기에 의해 다소의 차이가 있지만 일반적으로 틈새 C값은 5 ~ 8mm 정도 필요하다. 이것은 차량 등에서의 쌓기를 용이하도록 한 것이며, 너무 적으면 작업성이 나빠진다. 단, 운반 중의 횡요동 등에 의해 하물(荷物)의 찌그러짐이 일어나지 않도록 치수 H는 6 ~ 10mm 정도 필요하다. 또한 각도 α를 주므로 미끄러져 들어가기 쉽도록 하기도 한다.

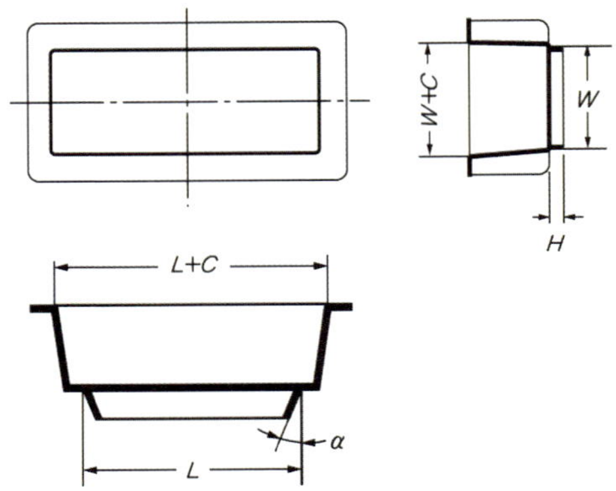

그림 5.3 컨테이너의 겹쳐쌓기 형합

02 힌지(Hinge)의 설계

플라스틱(plastic)이 갖는 특성을 충분히 살린 설계로서 Polypropylene(PP, 폴리프로필렌)에 의한 일체 힌지(hinge)가 있다. 이 일체 힌지(hinge)는 조립작업을 생략하고 금속부품의 녹을 방지하는데 중요하다. 힌지의 두께와 형상은 그림 5.4 및 그림 5.5에 나타냈다. 매우 얇은 막에 의해서 2개의 제품이 연결되어 있다. 힌지설계에 있어 기본적인 사항은 다음과 같다.

① 힌지 두께는 소형 힌지에서는 얇게 하는 편이, 대형 힌지에서는 두껍게 하는 편이 좋으나, 0.5mm 이상에서는 힌지 효과가 나오기 힘들다.

② 힌지 두께에 절대로 살두께의 불균일이 있어서는 안 된다.

③ 성형 시에는 수지를 힌지의 한 방향으로 흘리고 또한 금형 취출 직후에 수 회 힌지를 굽힌다.

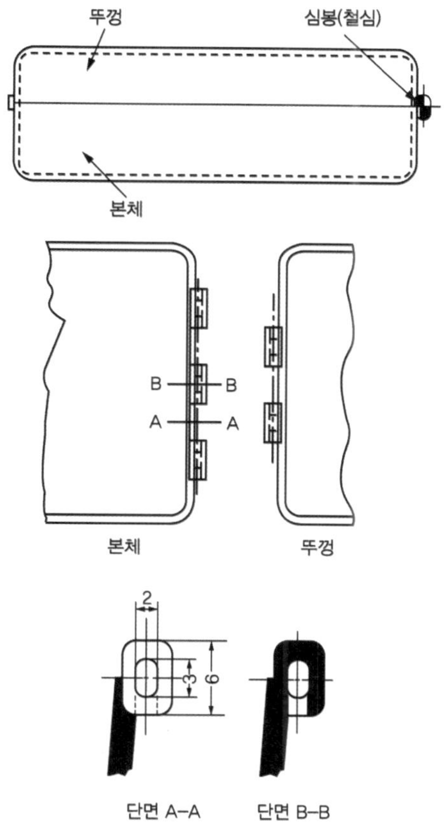

➔ 그림 5.4 상자형(箱型) 제품의 힌지(hinge)

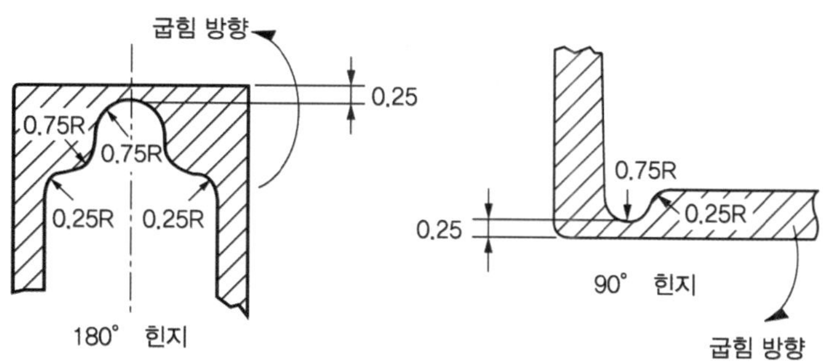

➔ 그림 5.5 Polypropylene(PP) 힌지(hinge)의 치수기입 도면(단면도)

이들 조건에 의해서 성형된 힌지는 수백만 회에 이르는 굴곡에 견디는 우수한 성능을 나타낸다. 이것을 응용해서 예를 들면 자동차의 가속 페달이나 피아노의 키 등에서도 사용된다.

03 제품설계 사례

그림 5.6에 전자 테스터(tester)를 내장한 Polysulphone(PSU, 폴리설폰) 재질을 갖는 제품의 케이스(case)를 나타냈다. 각각의 치수는 그림 5.7에 표시하였다.

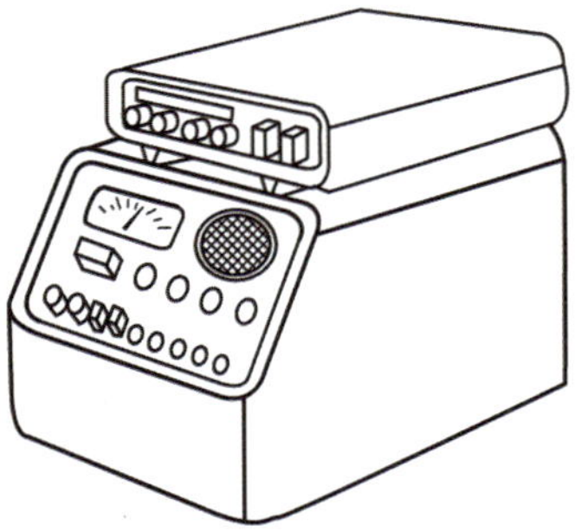

그림 5.6 전자 테스터(tester)의 개략형상

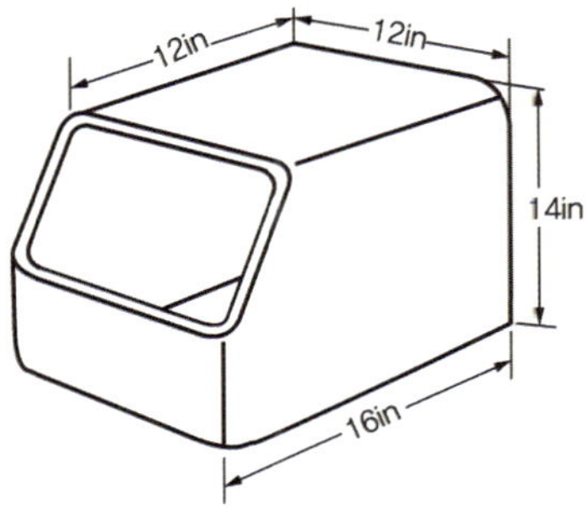

그림 5.7 Polysulphone(PSU) 재질의 케이스(case)

이 케이스(case) 위에서는 약 2.7kgf의 무게를 갖는 별도의 캐비닛(cabinet)을 지탱하지 않으면 안된다. 문제는 다음 3가지로 나눌 수 있다.

1) 단시간의 하중

만약 극히 짧은 단시간, 캐비닛이 케이스(case) 위에 놓이게 된 경우 어느 정도의 살두께로 하면 최대 처짐이 1.25mm 이내로 보장이 되는가?

2) 리브(Rib)의 사용

리브(rib)를 보강하는 것에 의해 밑의 평탄면이 어느 정도 가능하게 될 것인가?

3) 장시간의 하중

살두께를 계산할 때 테스터(tester)의 내부온도가 만약 60℃에서 10,000시간의 장기간 동안 캐비닛(cabinet)이 위에 위치했다고 하면 어떠한 변형이 생기는 것일까?

이것은 자유로이 움직이는 케이스(case) 끝단에 올려놓음으로써 견뎌내고 있다. 그래서 어떤 폭으로 구분한 소위 단순자리수의 처짐으로 분석해서 고려하는 것이 가능하다. 하중과 처짐의 관계를 도시하면 그림 5.8과 같다.

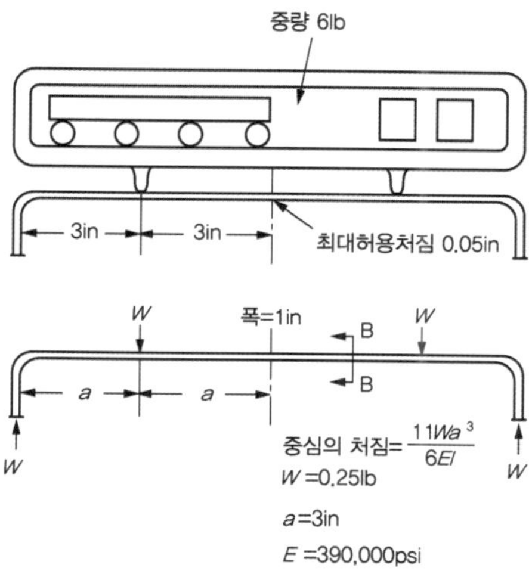

그림 5.8 하중과 처짐관계

적용하는 설계 공식은

$$Y=\frac{11\,Wa^3}{6EI} \quad \text{①}$$

Y : 처짐량 = 0.05in

W : 하중 = 0.25lb

a : 3in

E : 굽힘 탄성계수 = 390,000psi

I : 관성모멘트

라고 하면 그림 5.9의 장방형(직사각형) 단면형상에 있어서

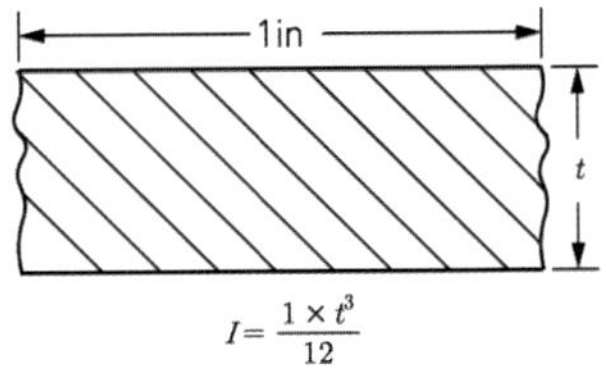

그림 5.9 장방형의 횡단면

$$I = \frac{bt^3}{12} \quad \cdots\cdots ②$$

b : 폭 = 1in

t : 두께

라 하고 ①식을 대입하면

$$t = 0.197\text{in}$$

가 된다. 최대 변형률 S는

$$S_{max} = \frac{MC}{I} \quad \cdots\cdots ③$$

가 된다. 여기서

M : 최대 모멘트$= \frac{WL}{4} = \frac{3}{4} lb\text{-in}$

$C = \frac{t}{2} = 0.0985\,\text{in}$에서

$I = \frac{1 \times t^3}{12} = 6.38 \times 10^{-4}\,\text{in}^4$

$\therefore\ S_{max} = 120\,\text{psi}$

이 값은 작아서 문제가 되지 않는다.

그림 5.10에 살두께와 리브(rib)의 비율을 나타냈다.

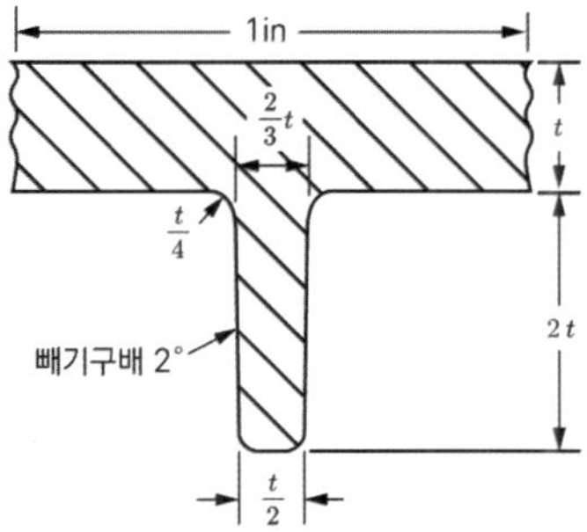

그림 5.10 살두께 t와 리브(rib)의 형성

이것을 T형자리의 식으로 끼워맞출 수가 있다.

A : 횡(横, 가로) 단면적

I : 관성모멘트

C : 횡목(横木)의 길이

라고 하면

$$A = t + \frac{7t^2}{6} \quad \text{④}$$

$$C = \frac{45t + 22t^2}{18 + 21t} \quad \text{⑤}$$

$$I = \left(\frac{3t^3 + 13t^4}{9}\right) - A(2t - C)^2 \quad \text{⑥}$$

여기서 0.05in 이내의 처짐을 갖는 살두께 t를 구해 보면 시작수정에 의한 것이 가장 좋다. 그 결과는 $t = 0.118\,\text{in}$가 되었다. 이것을 위 식에 대입하면 다음과 같다.

$A = 0.134\,\text{in}^2$

$C = 0.275\,\text{in}$

$I = 6.33 \times 10^{-4}\,\text{in}^4$

따라서 ③식에서 최대 변형률은 약 300psi가 된다.

보강 리브(rib)에 의한 이점은 살두께를 얇게 하기가 가능하며(40% 절약) 중량을 작게 할 수가 있다(31% 절약). 따라서 케이스(case) 상면 살두께의 수지중량은 580g에서 390g이 되어 그 차이는 약 190g이 절약된다.

그림 5.11은 Polysulphone(PSU, 폴리설폰) 재질로 된 케이스(case)의 실제 충격강도가 설계의 양부(良否)에 의해 영향을 받는 것을 나타냈다. 그래서 충격치에 의해 다양한 크랙(crack, 균열) 현상이 생긴다. 그림의 측면 살두께는 약 3.2mm이며 충격강도는 우측 모서리에서는 5.5kgf-m임에도 크랙(crack)이 생기지 않는 것을 나타낸다.

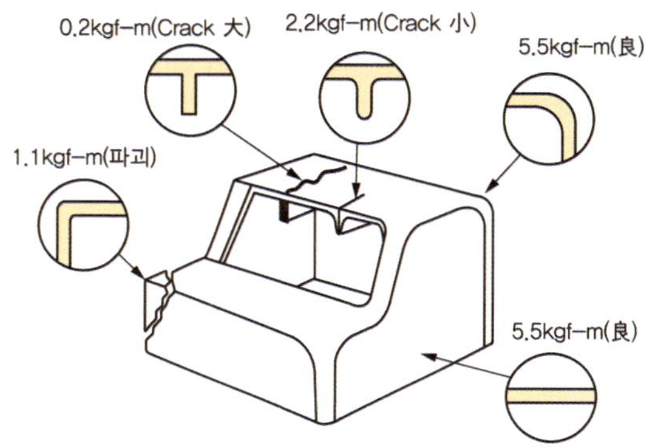

그림 5.11 충격에 의한 제품의 영향

모서리의 설계요소에 의해 우측 모서리에 라운드(round)를 준 경우와 좌측 모서리의 예리한 코너와 비교가 되고 있다. 예리한 코너에서는 겨우 1.1kgf-m의 하중에서도 균열(crack)이 생기지만 이것에 반해서 올바른 설계라면 5.5kgf-m에서도 균열은 생기지 않는다. 또 그림 5.11에서 좌측의 리브(rib)설계는 예리한 모서리와 과도한 살두께가 되어 겨우 0.2kgf-m의 낙하충격 테스트(test)에서도 균열이 발생한다.

올바른 리브(rib)설계에서 우측은 2.2kgf-m의 충격에 견디고 10수 회의 결과 약간의 균열이 생겼다. 한편 이것도 측면의 벽에 비교하면 충격저항은 감소하고 있다. 그밖의 일반적인 살두께에 있어서 말할 수 있는 것은 사용상 문제가 없다면 가능한 얇은 살두께로 해야 한다. 그 결과 성형속도는 빨라지고 사용수지도 적게 되어 경제적이다.

그러나 Polysulphone(PSU, 폴리설폰)은 비교적 점성(粘性)이 있기에 금형에서의 충전을 용이하도록 하는 것을 고려하지 않으면 안 된다. 일반적으로 흐르는 거리가 긴 제품에서는 최소한 2.3mm의 살두께가 필요하다. 작은 제품에서는 0.8mm로 얇게 할 수 있지만 흐름거리는 75mm를 넘을 수 없다.

제 2 절 금형제작에서 본 제품설계

제품설계, 디자인에 있어서 제품의 사용목적, 조건에 적합한 재료를 선정하는 것 또는 그 재료의 특성에 부합한 설계를 하는 것은 금형제작을 고려한 설계를 하는데 있어 중요하다. 아무리 이상적인 재료를 사용하여도 금형제작에 무리가 발생한다든지 성형품에 좋지 않는 영향을 끼치는 설계가 되어서는 안 된다. 성형품을 저가(low cost)로 하기 위해서는 여러 가지의 조건을 가능한 만족하도록 금형제작에 적합한 디자인 작업을 할 필요가 있다. 그것을 위해서는 제품설계의 단계에서 디자이너, 설계자, 성형·사출업체, 금형제작업체(maker)가 충분히 검토하고 종합된 제품개발 및 제품설계를 하는 것이 바람직하다.

01 파팅라인(Parting line)과 금형분할

파팅라인(parting line)은 제품형상에 의해서 필연적으로 결정되는 경우와 금형제작(金型製作), 성형상의 문제에서 결정되는 경우가 있다. 전자에 의해 필연적으로 파팅(parting, 이형(離型))이 결정되는 경우에 대해서도 형제작의 곤란, 성형에 대한 이형(離型), 돌출 등을 고려해서 변경하지 않으면 안 되는 경우도 생긴다.

그림 5.12에 나타낸 바와 같이 파팅(parting)면을 동일의 수평면으로 하지 않고 제품의 앞뒤(表裏)에 나눠서 만든다. 그림에서와 같이 A와 B의 범위를 상호간에 분할시켜 주면 제품이면에 상당하는 부분을 두꺼운 밀핀으로 이젝션(ejection)시키는 것이 가능하게 된다.

이 경우 리브(rib)의 두께가 빼기구배(勾配, draft angle)만큼 외견상 달라지나 그 차이는 극히 작으므로 앞에서 언급한 바와 같이 밀핀(ejector pin) 자국이 남는 경우와 비교하면 허용될 수 있을 것이다. 이와 같은 단순한 제품형상이라도 파팅(parting)을 결정하는 경우에는 이상의 것을 고려할 필요가 있다.

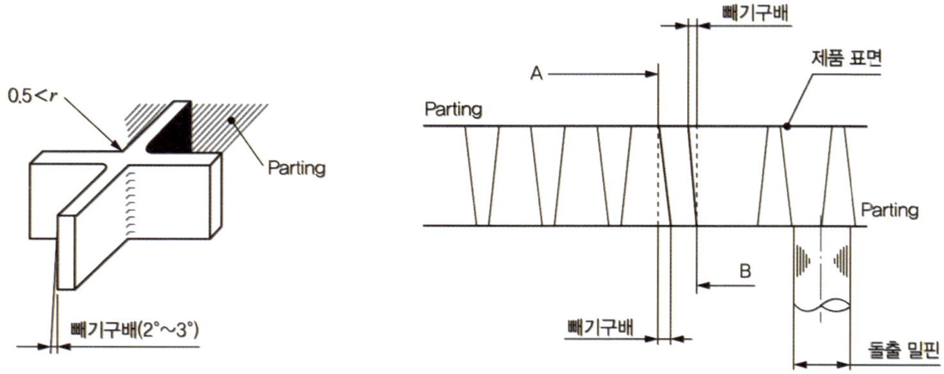

(a) (b)

그림 5.12 격자상 제품의 빼기구배

그림 5.13에 표시한 부분단면도는 잘 볼 수 있는 형상으로 (a)와 (b)를 비교하면 제품높이 H는 양쪽과 같은 것이지만 상부의 폭이 $A < B$로 되어 있다. 형제작상부터도, 제품의 성형상부터도 (a)의 경우는 부적당하다. 형제작에서는 폭 A의 가는 부분을 파팅(parting)면에서 직접 깎아들어감으로써 가공성이 극도로 저하된다. 또 그 부분만큼 제품의 살두께가 두껍게 되기 때문에 측면에 싱크(sink, 수축) 등이 발생되기 쉽다. (b)는 이것을 개량해서 우선 금형제작상에서도 (a)와 비교하면 좋게 되지만 역시 직접 파팅(parting)면으로부터 깎아들어가는 높이가 큰 경우에는 문제가 남는다.

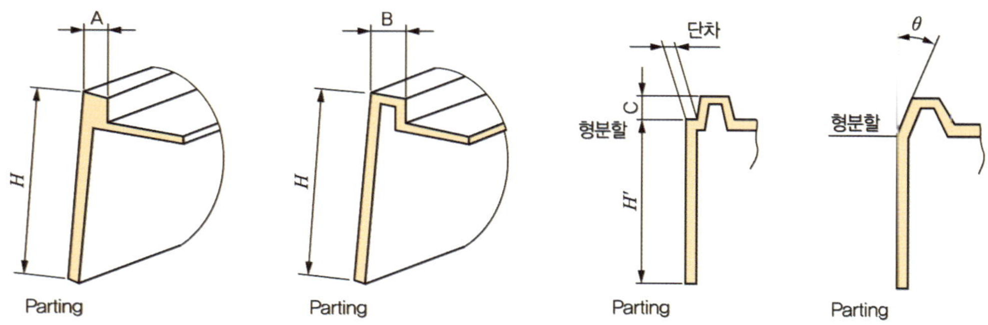

(a) (b) (c) (d)

그림 5.13 모서리의 형상과 형(금형)분할

그래서 금형제작을 고려한 형상에서는 (c) 또는 (d)의 형상으로 하는 것이 이상적이다. 어떤 경우에도 파팅(parting)면은 같지만, 금형제작상 H'의 위치에서 형을 분할하면 실제로 깎아들어가는 양은 C높이 만큼 되어 절삭가공이 용이하게 된다. 그때 분할면에 대해 단차(段差)를 만들어 줌으로써 금형분할선의 효율성으로서도 유효하게 되고, (d)와 같이 측면의 각도를 θ로 해서 변화시킬 수도 있다. 이와 같은 형상으로 제품설계를 하면 금형제작은 전자의 (a), (b)에 비교해서 상당히 용이하게 된다.

한 예로 자동차의 라디에이터(radiator, 냉각장치)를 살펴보자. 차량 관련 플라스틱(plastic) 제품 중에서도 대형이며 복잡한 제품이다. 그래서 금형제작상부터도 여러 가지 문제가 많으나, 특히 파팅라인(parting line)이 곡면의 연속이며, 상·하의 요철(凹凸)이 크고 매끄러운 곡면의 변화가 있는 파팅면이라면 금형의 제작도 문제없지만, 파팅면이 단차가 되어 그 높이차를 형과 맞추는 경우에는 금형의 제작과 함께 금형의 수명에도 관계된다.

그림 5.14에 라디에이터 그릴(radiator grille, 방열기 격자구멍) 등에 대한 제품의 취부(取付, 부착하거나 붙여 다는 것)자리의 부분을 나타냈다. 앞서의 설명대로 일반적인 파팅면에서 취부자리의 면을 변화시킬 때 최소한 5° 이상의 각도를 주어 파팅면을 요철(凹凸)로 한다. 그렇게 하면 금형의 맞춤도 확실하게 되어 성형 중에 버(burr)의 발생이나 갉아먹는 현상 등이 생기지 않게 되며 형의 보수 측면에서도 양호하게 된다.

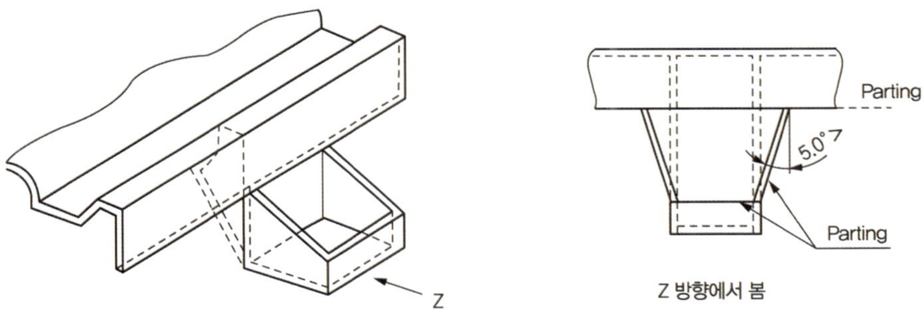

그림 5.14 요철(凹凸)의 파팅(parting)을 잡는 방법

02 리브(Rib) 형상의 설계

앞에서 설명한 라디에이터 그릴(radiator grille), 가정용 전자제품인 텔레비전이나 라디오의 캐비닛(cabinet), 에어컨 그릴 등 리브(rib)를 취급한 제품이 많다. 그러므로 의미상 중요할 뿐만 아니라 그 형상은 여러 종류로서 다양하다.

여기서는 일반적인 리브가 그 형상에 의해 금형제작상 어떤 문제가 있는지를 기술한다.

그림 5.15의 (a)에 표시한 리브(rib) 단면형상은 잘 볼 수 있는 것이지만, 리브 선단면이 수평면이라면 절삭가공에 의해 형은 제작된다. 물론 세로방향에서 본 형상이 직선이나 일정한 경사면의 경우에서 혹시 곡면이 있다거나 높이 변화가 있을 때에는 절삭가공은 곤란하게 된다. 이것이 (b)의 형상으로 되면 리브 선단이 수평으로 되지 않아 절삭가공이 꽤 곤란해진다. 그래서 방전가공, 전주(電鑄), Be-Cu 합금 등의 방법으로 제작하도록 한다. 단, 금형의 제작은 위의 방법으로 가능하지만 성형상 파팅(parting)면의 반대측에, 캐비티(cavity)에서 이형(離型)시키기 위한 인장용 리브를 설계하지 않으면 리브가 취출(取出)될 수 없다. 그 관계치수는 (b)에 나타냈다.

또 그림 5.16에 표시한 리브 단면형상은 금형에 직접 절삭가공하는 것이 불가능하다. 이 경우에는 방전가공이나 Be-Cu 합금으로 제작하더라도, 전극 또는 마스터(master)를 별도로 제작하게 되는데 리브 선단은 전술(前述)의 절삭가공과 다르며 경사면(또는 곡면) 쪽의 제작이 쉬운 경우가 있다.

이것은 금형의 깎아내는 것과는 반대로 제품과 동일 형상의 것을 만드는 것이 되기 때문에 만일 Be-Cu 합금으로 금형제작을 하는 경우에는 마스터(master) 형상은 제품의 형상과 같게 되기 때문에 (a), (b)에 표시한 형상 쪽이 좋다. 또 이들 리브 선단의 모서리에는 반드시 0.3 ~ 0.5mm 이상의 라운드(round)를 부여하고 날카로운 모서리(sharp edge)는 가능한 피해야 한다.

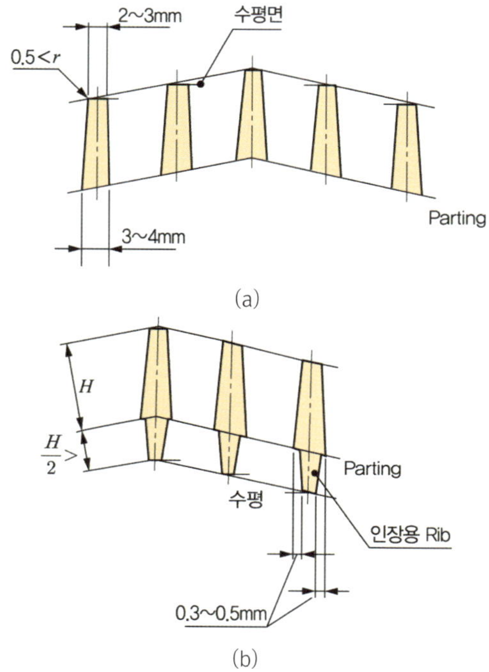

그림 5.15 리브(rib) 단면형상 (1)

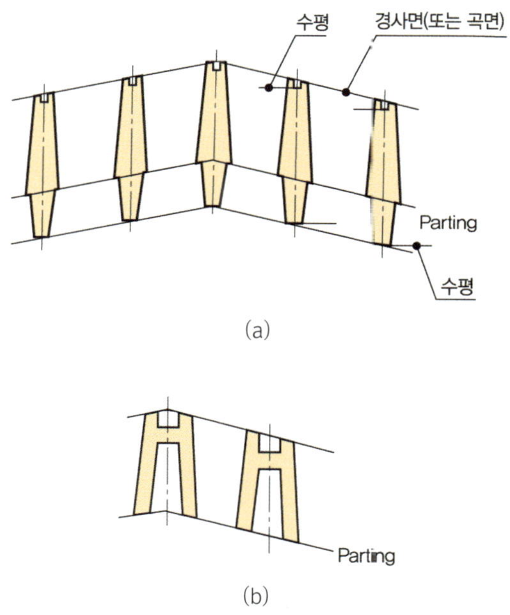

그림 5.16 리브(rib) 단면형상 (2)

03 이젝트(Eject) 방법과 외관

제품의 형상, 외관에 있어 금형에서 이젝트(eject) 방법이 결정되는 경우가 많지만, 특히 제품표면이 되는 부분에 이젝트(eject, 밀어내기)의 자국이 남아서는 곤란하므로 이것을 커버하기 위해서는 앞서 설명한 그림 5.12를 참조해야 한다.

그림 5.17은 자동차의 계기 판넬(meter panel) 뒷면의 일부를 나타낸 것이다. 그림에서와 같이 깊은 보스(boss)나 리브(rib)가 많이 있는 제품에서는 상당수의 밀핀(ejector pin)을 금형에 설계하지 않으면 이형시(離型時)에 백화현상(白化現象, 성형품 표면에 가는 선 모양의 금이 가는 현상)이나 균열(crack)이 생기기 쉽다. 그러나 적당한 이젝트(eject) 장소가 제한되어 있기에 이젝트 밸런스(eject balance)는 상당히 잡기가 어렵다. 여기서는 깊은 보스(boss)의 가까이에 이젝트(eject)용 보스(boss)를 설계했다. 이것은 제품의 기능, 외관상으로는 꼭 필요한 것은 아니지만 이젝트하는 목적 때문에 설계한 것이다. 그래서 그 위치는 제품의 조립용 보스보다 낮게 하여 다른 곳에 영향(간섭이나 조립상에 있어)이 없도록 고려해야 한다.

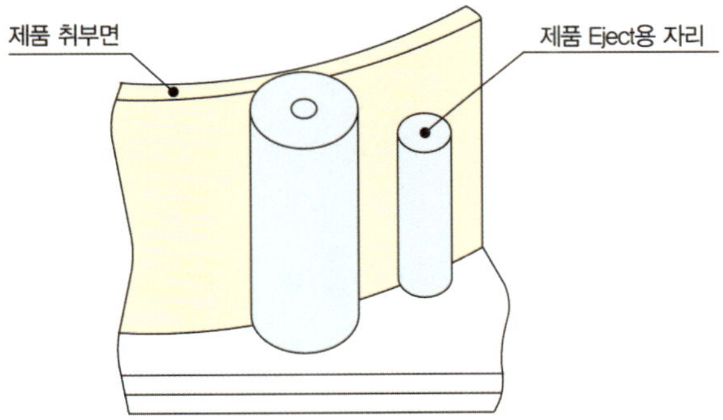

그림 5.17 제품을 이젝트(eject)하기 위한 보스(boss)

그림 5.18은 깊은 보스의 형상을 표시하였다. 깊은 보스의 가장 좋은 이젝트 방법은 그 면을 직접 이젝트하는 슬리브 이젝트(sleeve eject)이다. (a), (b)에 표시한 보스(boss)는 금형의 코어(core)가 구석이며 제작상에도 별로 좋지 않고 또한 성형상 큰 싱크(sink, 수축)가 발생하는 모양이 되고 있다. 이것을 (c), (d)와 같은 형상으로 하면 이젝트 슬리브(eject sleeve)에 의해서 제품을 이젝트시키는 것이 용이하다. 또 측면에 생길 수 있는 싱크(sink)의 방지에도 좋다.

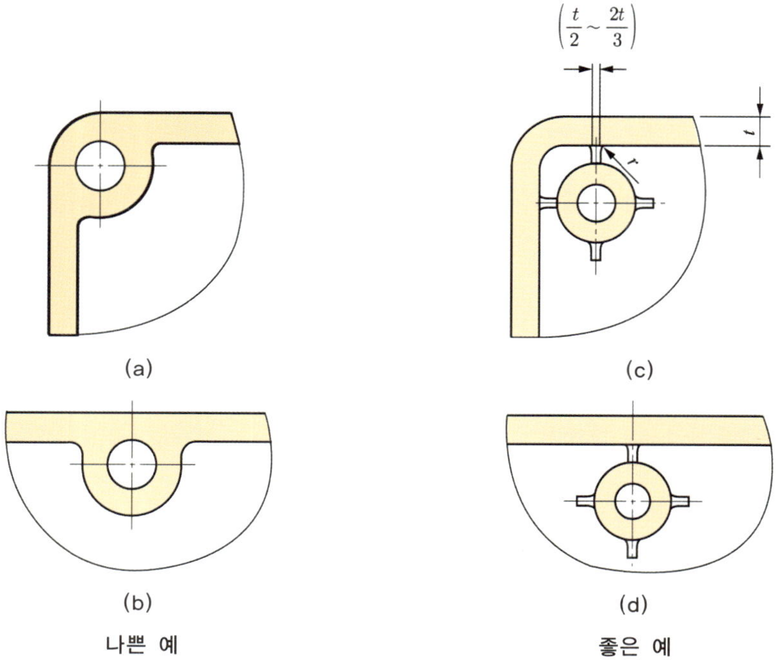

그림 5.18 보스(boss) 형상의 설계(좋은 예, 나쁜 예)

04 언더컷(Undercut)

그림 5.19에 언더컷(undercut)의 한 예를 나타냈다. (a)의 경우는 파팅(parting)면에 대해 각도 θ를 가진 세로구멍이다. 만약 이와 같이 금형에서 구멍을 처리하는 경우에는 금형의 외측면에서 θ의 각도로 구멍 가공을 해서 슬라이드 핀(slide pin)을 동작케 하는 설계가 되는데, 치수정도(精度, 정밀도)와 공작측면에서 대단히 곤란하다. (b)는 이것을 개선해서 파팅면에 평행한 세로구멍으로 하고 도피자리도 파팅면까지 빼기구배(draft angle)를 만들어 주어 형(금형(金型))이 빠지도록 했다. 이 언더컷(undercut)이라면 금형제작의 정도(정밀도), 공작(가공 및 제작)도 용이해진다.

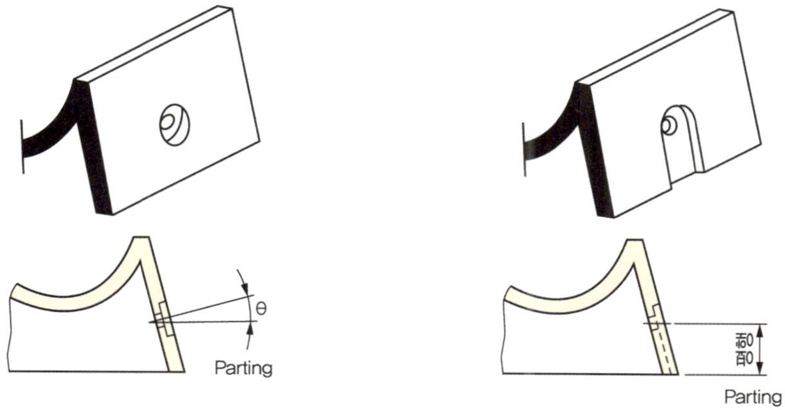

(a) (b)

그림 5.19 언더컷(undercut)과 언더컷 개선설계(용이설계) 예

제 3 절 금형을 고려한 제품설계 요점(예)

그림 5.20에서 보여주는 설계요점의 예는 제품설계를 할 때 반드시 고려해야 할 금형제작상의 문제점을 비교하여 분석한 사례이다.

따라서 금형제작상에 있어 발생하는 문제점을 미리 알고 이를 피하며, 개선하는 설계가 아주 좋은 제품개발 및 제품설계가 된다. 그리고 양질의 성형품(제품)을 생산하는 데 크게 영향을 준다.

다음에서 구체적으로 설명하는 설계요점의 예를 잘 파악하고 이해하여 양질의 제품설계를 하도록 해야 한다.

나쁜 설계-불가(不可)	좋은 설계-가(可)	설계요점
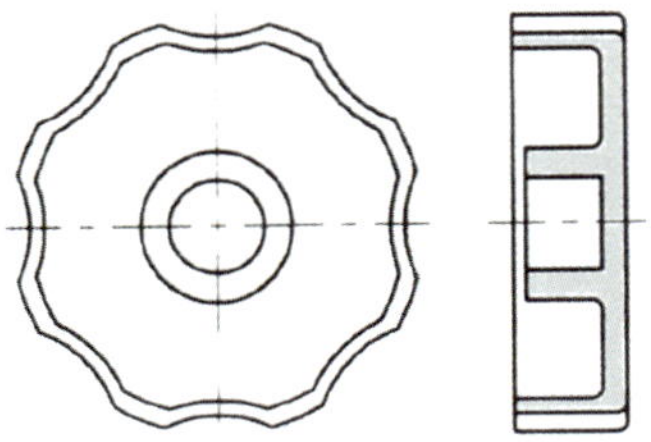	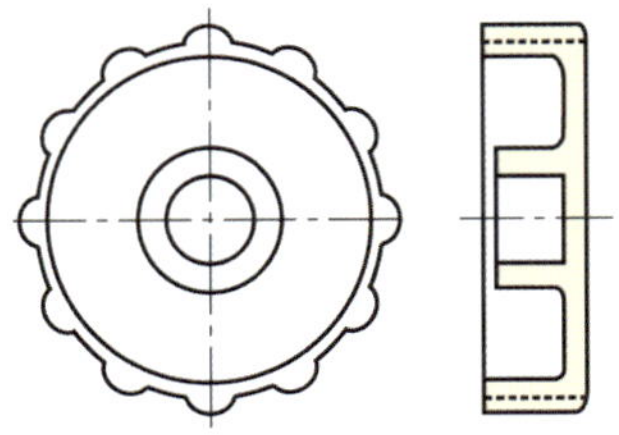	튀어 나온 모양의 손잡이는 금형의 절삭 가공이 용이하다. 호빙(hobbing) 가공의 경우는 마스터(master)를 만들게 되므로 그 반대가 된다.
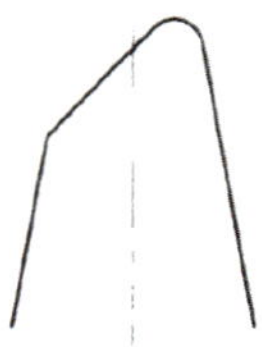	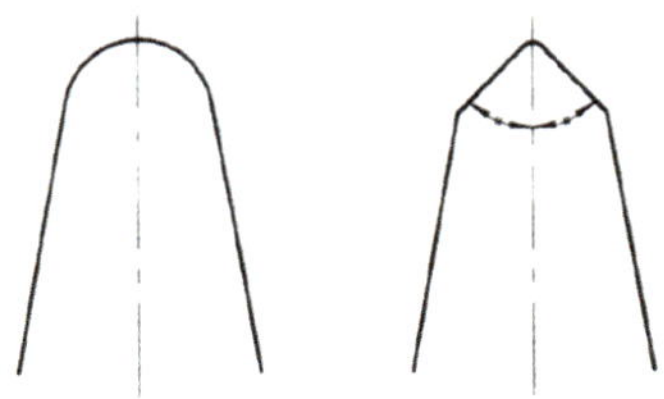	파들어갈 때, 좌우대칭의 형상은 쉽게 가공이 되지만, 그렇지 않을 경우는 가공이 곤란하다.
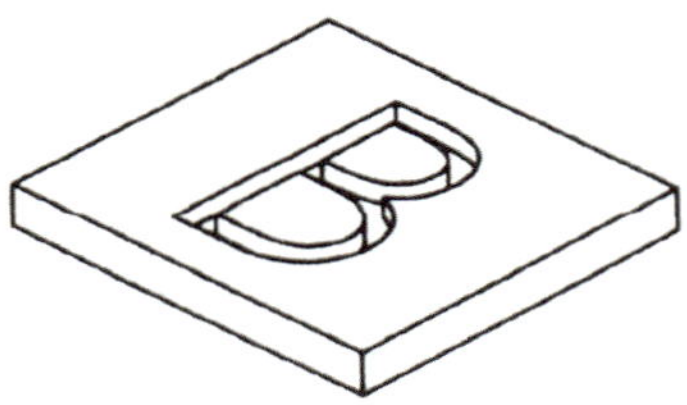	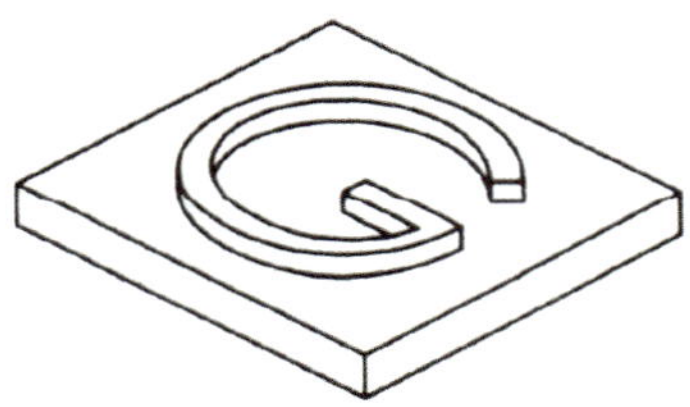	들어간 문자(음각문자)는 튀어나온 문자(양각문자)에 비하여 금형가공이 곤란하다. 호빙(hobbing) 가공할 경우는 그 반대가 된다.
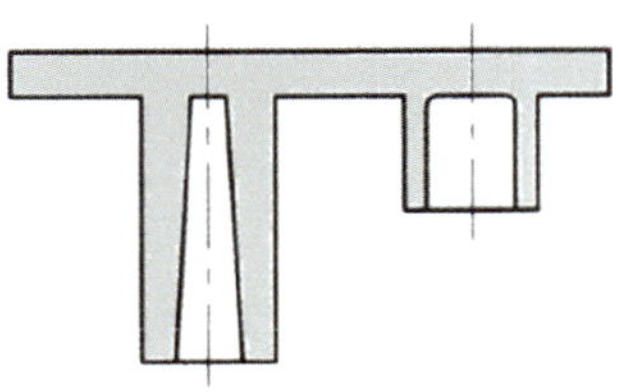	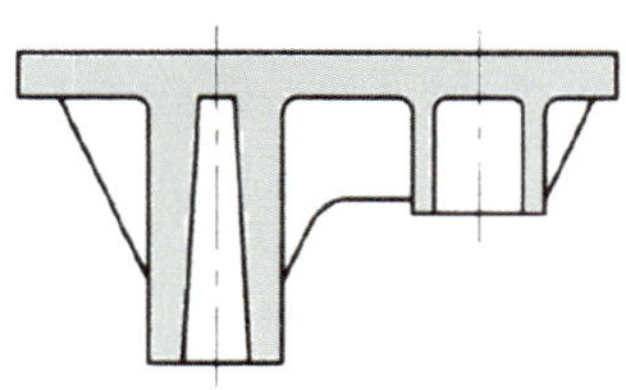	보스(boss)의 강도(强度, strength)를 내기 위해서는 리브(rib)를 만들고 귀퉁이에 R을 붙인다. R을 주면 응력집중을 피하며 보강하는 역할이 된다.

나쁜 설계-불가(不可)	좋은 설계-가(可)	설계요점
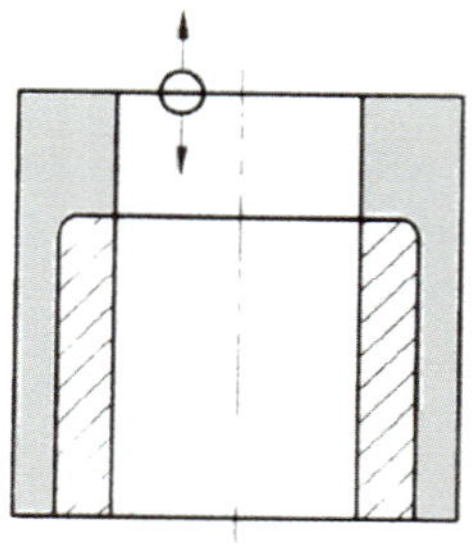	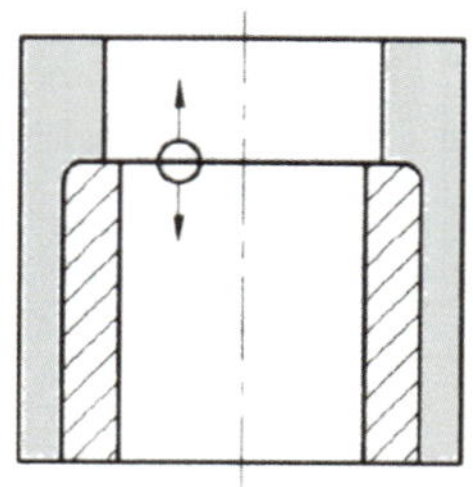	성형을 할 때 인서트(insert)를 확실하게 고정시킬 수 있도록 인서트의 끝면에서 코어핀(core pin)을 분할하여, 인서트가 움직이지 않도록 눌림여유를 댄다.
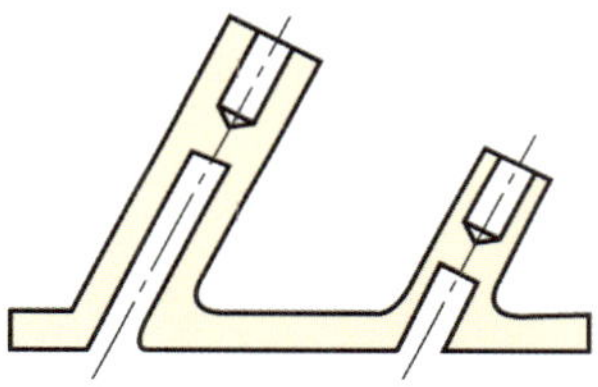	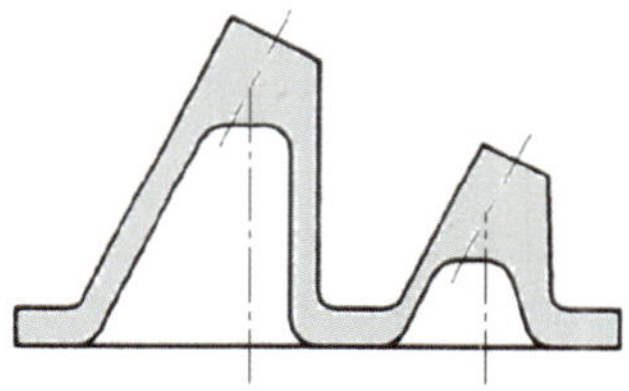	기울어진 보스(boss) 또는 형상은 금형의 구조가 복잡하고 대형이 되기 때문에 파팅라인(parting line)에 대하여 직각이 되도록 설계한다.
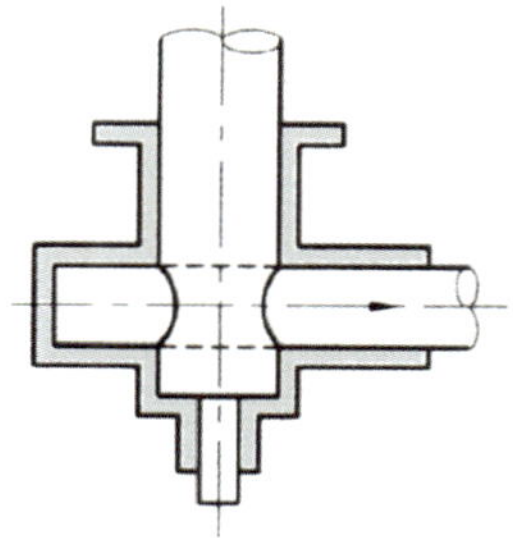	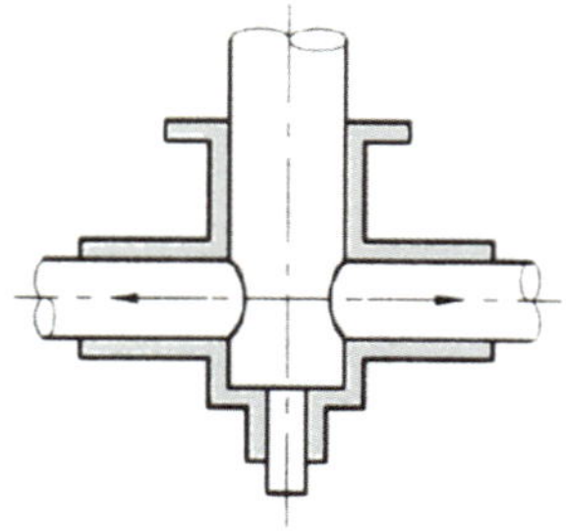	코어(core)에 비교적 큰 사이드 코어(side core)를 관통하면, 고장의 요인이 되므로 두 방향에서 두 개의 코어(core)를 맞닿게 하는 것이 좋다.
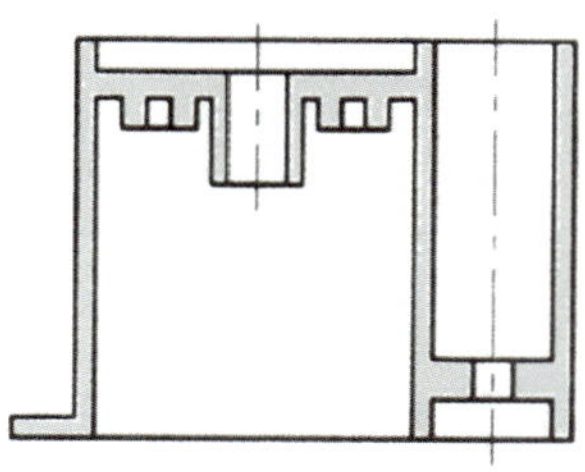	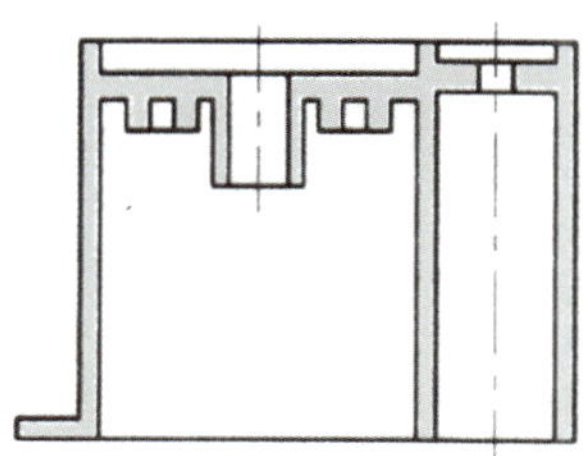	깊은 부분은 되도록 제품의 한 방향으로 붙도록 한다.

나쁜 설계-불가(不可)	좋은 설계-가(可)	설계요점
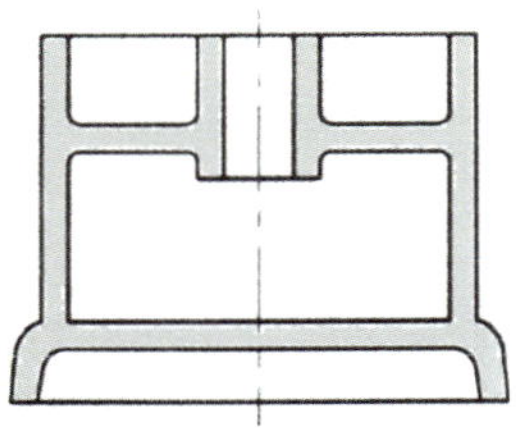	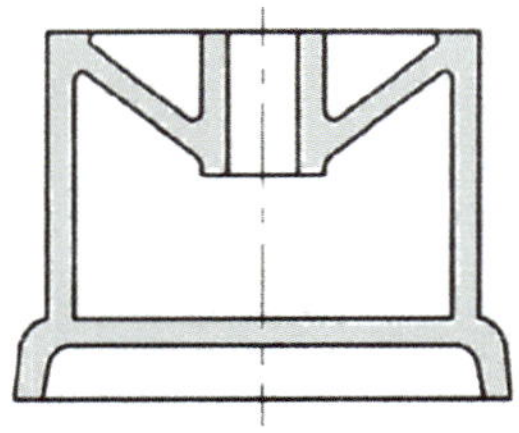	금형에서 고정측 코어(ccre)의 형상은 수축에 의한 흡착을 피하도록 한다.
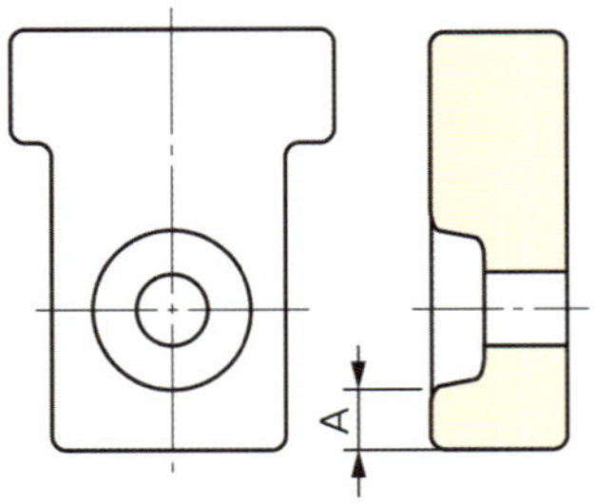	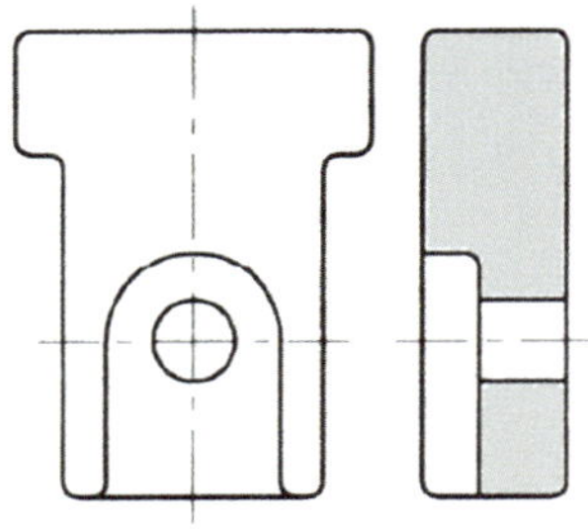	살두께가 얇은 벽이나 언더컷(undercut)을 없애기 위해서는 U형으로 구멍을 늘리면 된다. 즉, "A"부의 살을 파내는 구조(형상)를 만든다.
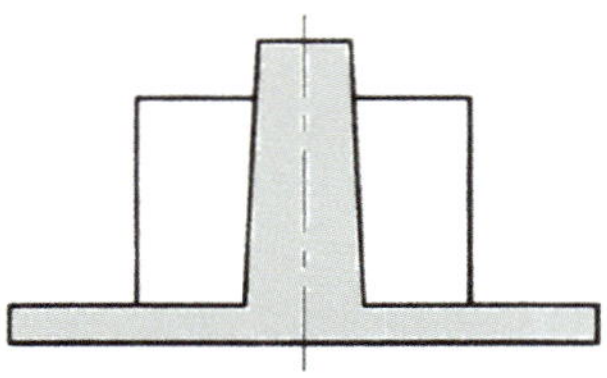	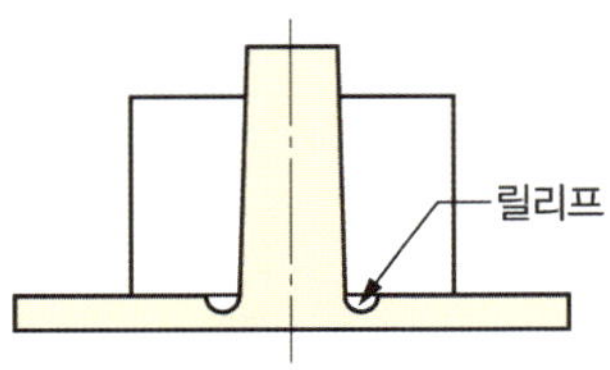	성형품을 조합해서 고정시키게 되는 것(특히 리브 혹은 보스)은 그 코너(corner)에 릴리프(relief, 평면에 자리를 파줌)를 설치한다. 이는 싱크(sink, 수축)를 방지하기 위한 설계이다.
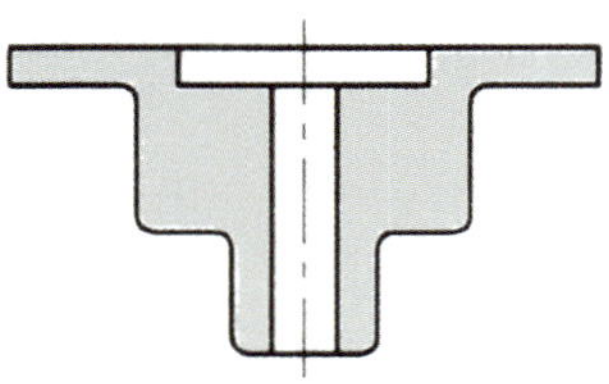	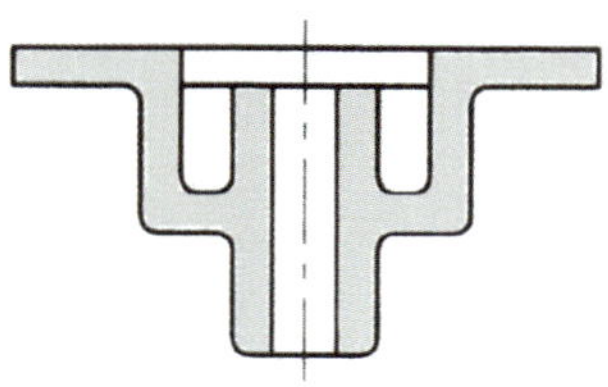	단면의 살두께가 두꺼운 곳에는 싱크(sink, 수축)가 생기므로 보강 리브(rib)를 붙여서 살두께는 균일하게 한다.
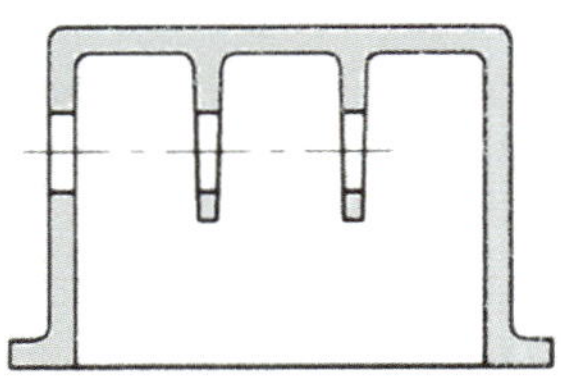	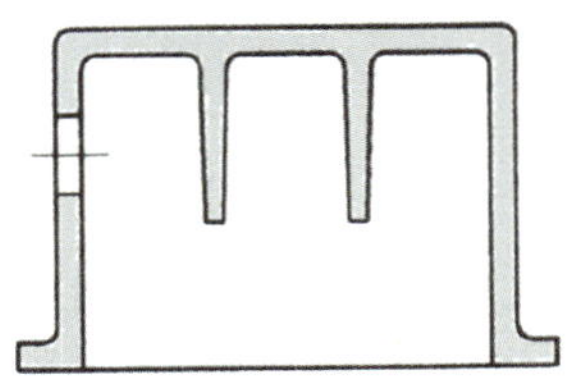	내부의 브래킷(bracket)에 구멍을 뚫으려 할 때에는 경제성을 충분히 고려해야 한다. 관통구멍(through hole)은 금형의 구조가 복잡해지며 비용도 높아진다.

나쁜 설계-불가(不可)	좋은 설계-가(可)	설계요점
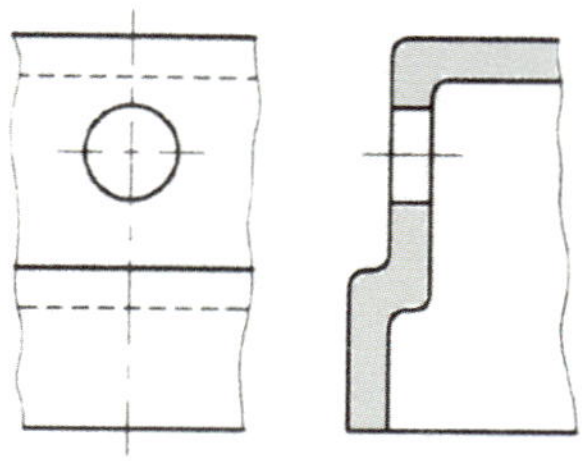	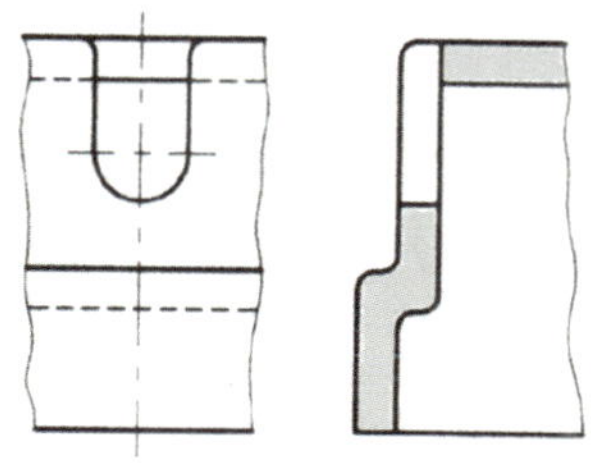	측면의 구멍에 있어 가능한 것은 사이드 코어(side core)로 하지 않아도 좋을 설계로 하면 된다. 측면구멍은 언더컷(undercut)이 되므로 언더컷을 없애는 언더컷 회피설계가 좋은 설계이다.
		살두께는 되도록 균일한 두께로 해야 한다. 균일한 살두께는 싱크(sink, 수축)를 방지하는 설계이다. 보강을 위해서는 내부에 리브(rib)를 설치하면 된다.
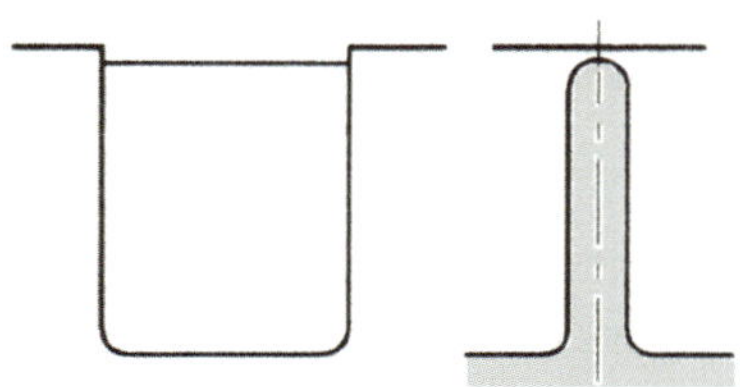	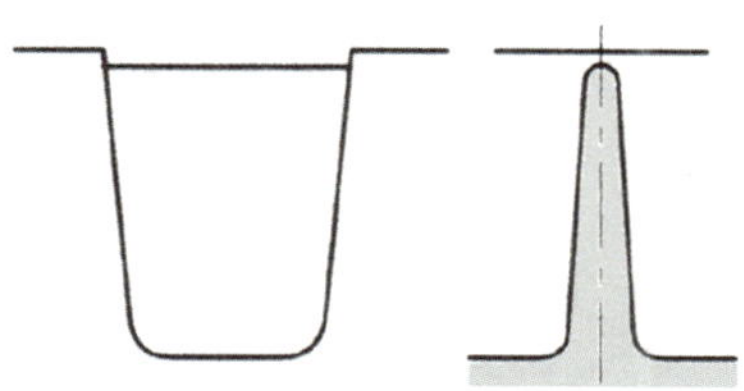	깊은 리브(rib)는 잘 빠지게 하기 위하여 되도록 최대의 빼기구배(draft angle, 경사)를 주어야 한다.
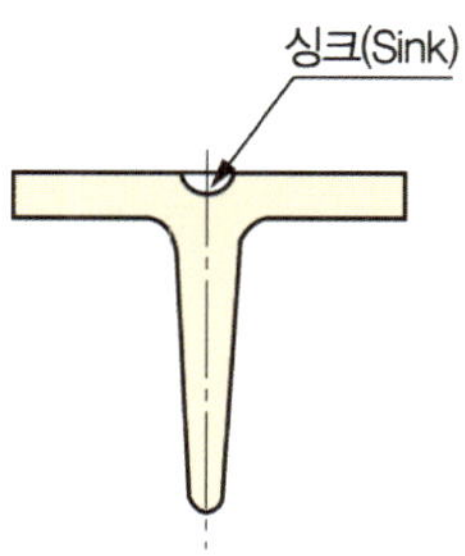	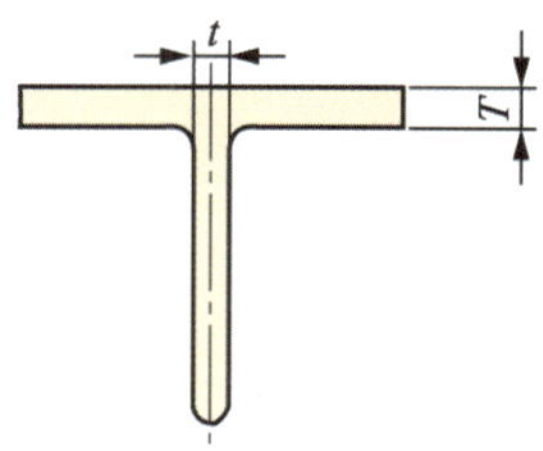(t=0.5~0.7T)	두꺼운 리브(rib)는 표면 싱크(sink, 수축)의 원인이 되므로, 되도록 얇게 한다.

나쁜 설계-불가(不可)	좋은 설계-가(可)	설계요점
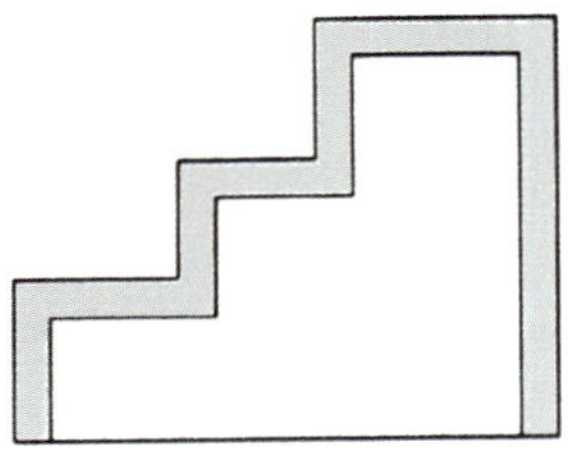	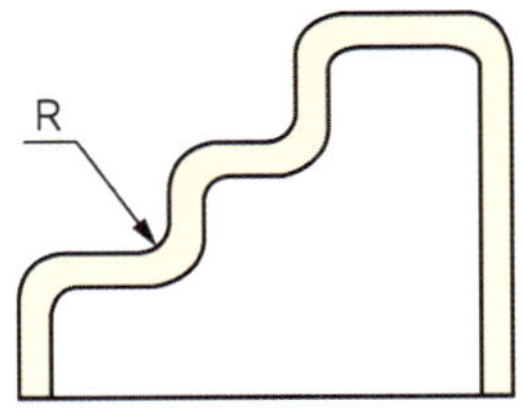	모든 코너에는 최대의 R을 준다.
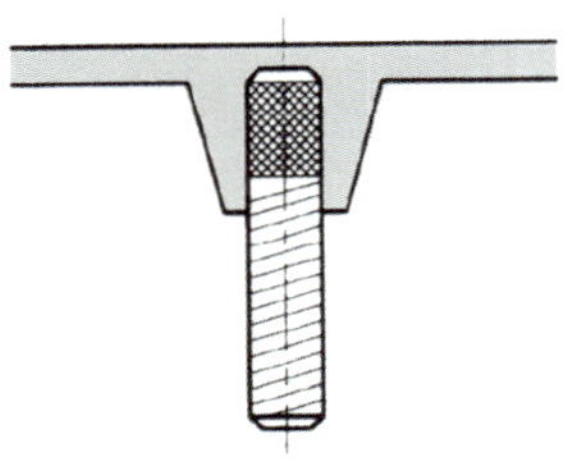	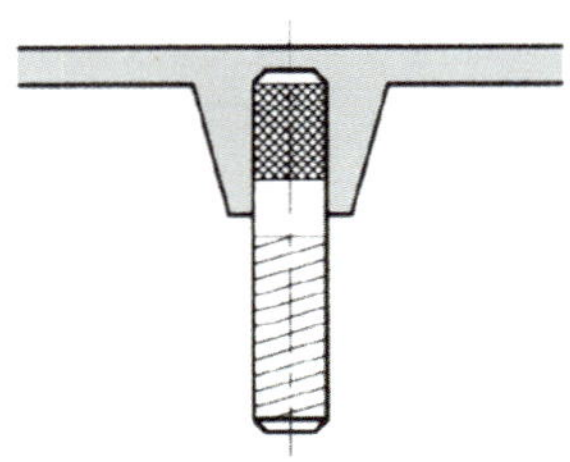	인서트(insert) 나사는 나사가 성형품에까지 닿는 것을 피하도록 하고, 평면부를 붙이면 매끈해진다.
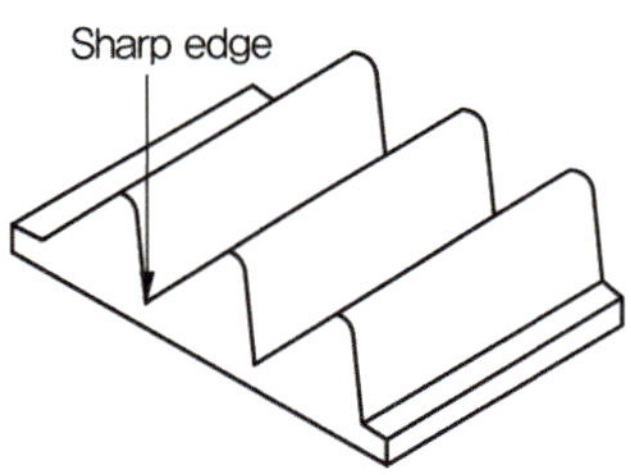	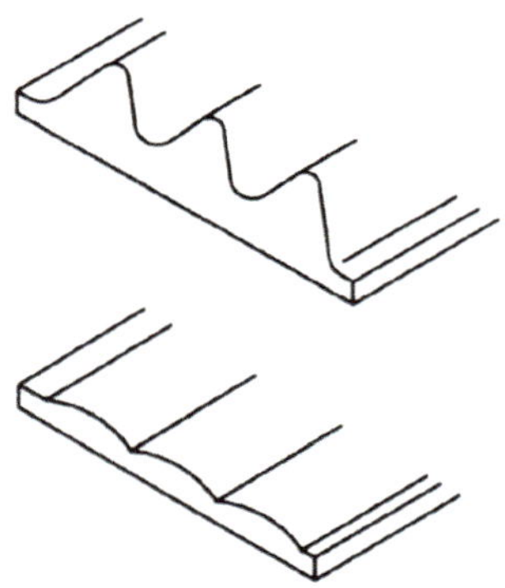	물결 모양의 이음부분의 골은 금형으로 예각(sharp edge)이 되는 것을 피한다.
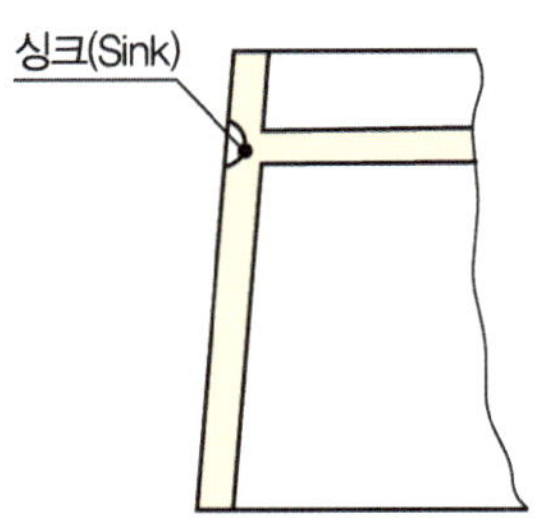	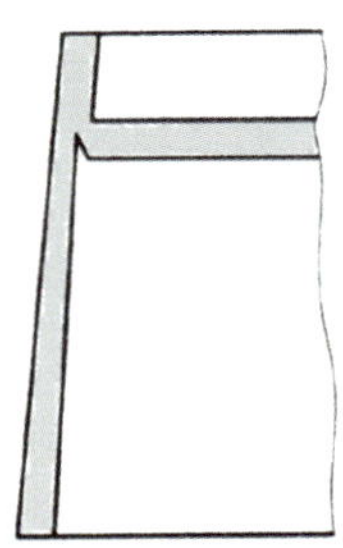	단면이 T형으로 이어진 부분은 들어가게 되므로 코어(core) 쪽에 엣지(edge)를 만들어 살이 빠져나가게 한다.

나쁜 설계-불가(不可)	좋은 설계-가(可)	설계요점
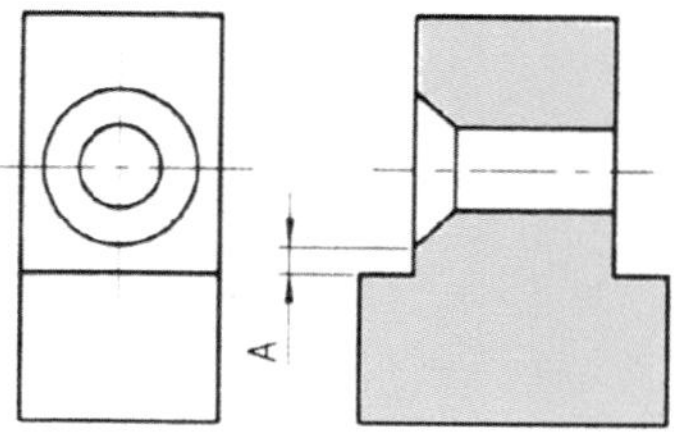	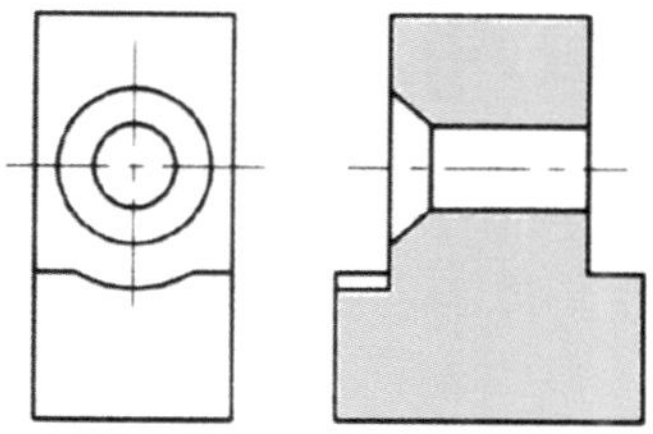	금형 구조상에서 “A”부의 살이 얇아지는 것을 방지하도록 한다.
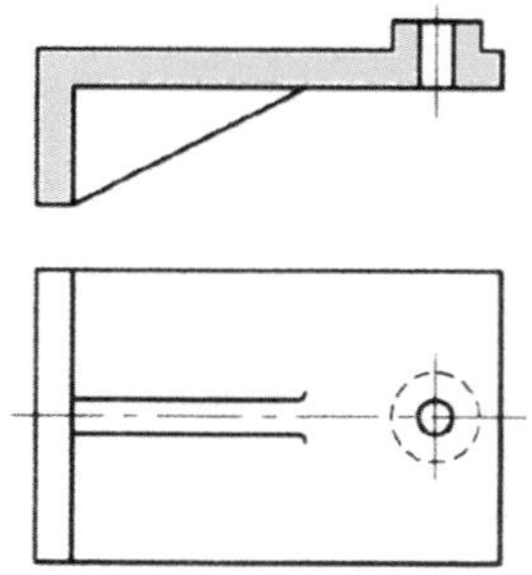	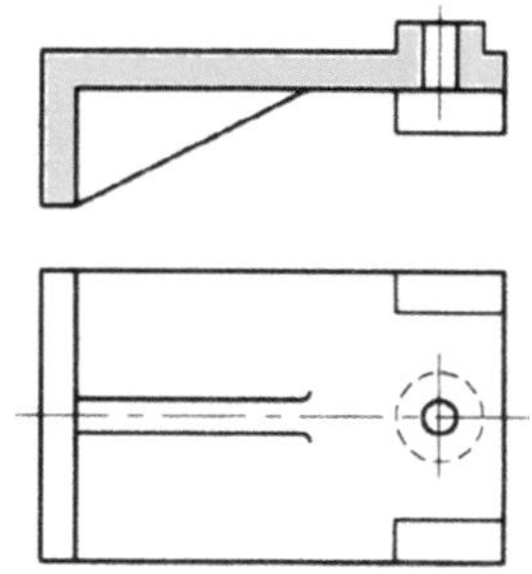	형(型)에서 떨어질 때 코어핀(core pin)에 수축의 힘이 걸려서 굽어질 수 있으므로 보스(boss)를 만들면 좋다.
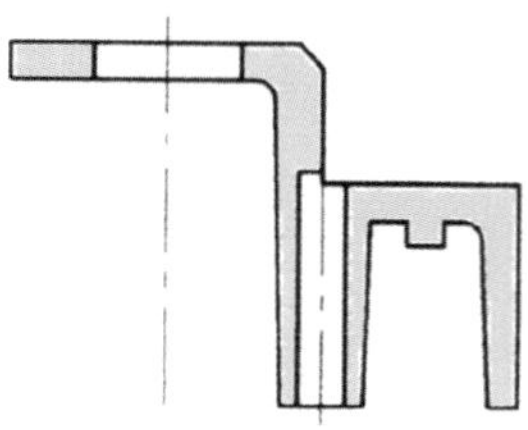	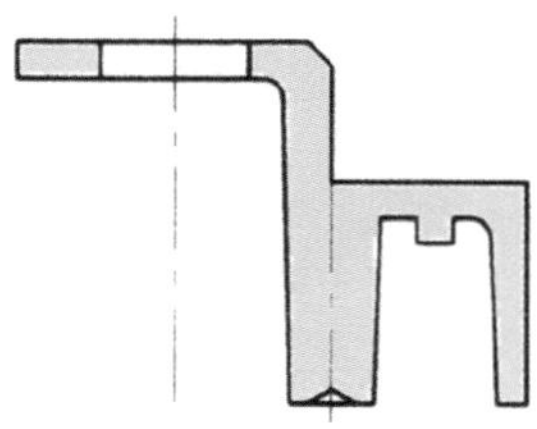	구멍을 관통하기가 곤란할 때에는 적당한 위치로 하든지 또는 드릴 스폿(drill spot)만으로 하는 것이 좋다.
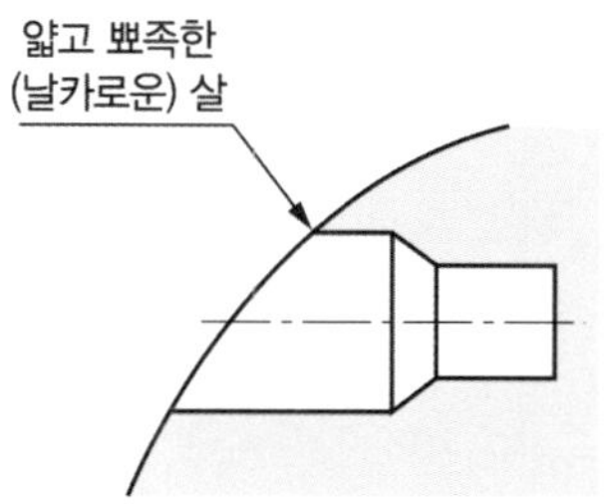	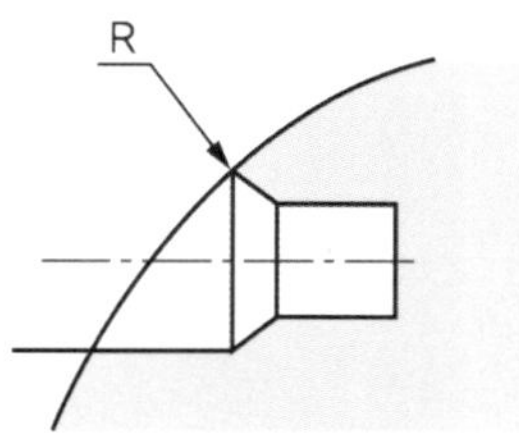	살이 얇은 단면 부분은 재료의 충전(filling) 부족이 되기 쉽다. 충전이 부족하면 미성형(未成形)이 생긴다. 또한 샤프 엣지(sharp edge)가 되어 끝단이 날카롭게 된다. 끝단에 R을 준다.

그림 5.20 양질의(좋은) 제품설계를 위한 설계요점의 예

CHAPTER 06

제품설계 사례연구

(Case study)

제 1 절 플라스틱 제품설계 사례 - 스마트폰 갤럭시 S5

다음과 같이 삼성 스마트폰 갤럭시 S5에 있어 주요 부품의 설계 도면을 사례로 보여주고 있다. 플라스틱 제품개발에 있어 제품설계를 반영한 사례이기에 설계기술의 활용과 적용에 도움이 될 것이다. 그림 6.1 ~ 6.4는 여러 종류의 스마트폰 제품에 있어 주요 성형품(main part, 주요 부품) 중의 하나인 프런트 케이스(front case)에 대한 상세설계 도면을 보여주고 있다. 설계 도면의 구성, 치수기입, 특징, 주기(註記, notes), 재질 등을 참고하길 바란다.

01 Front case (1)

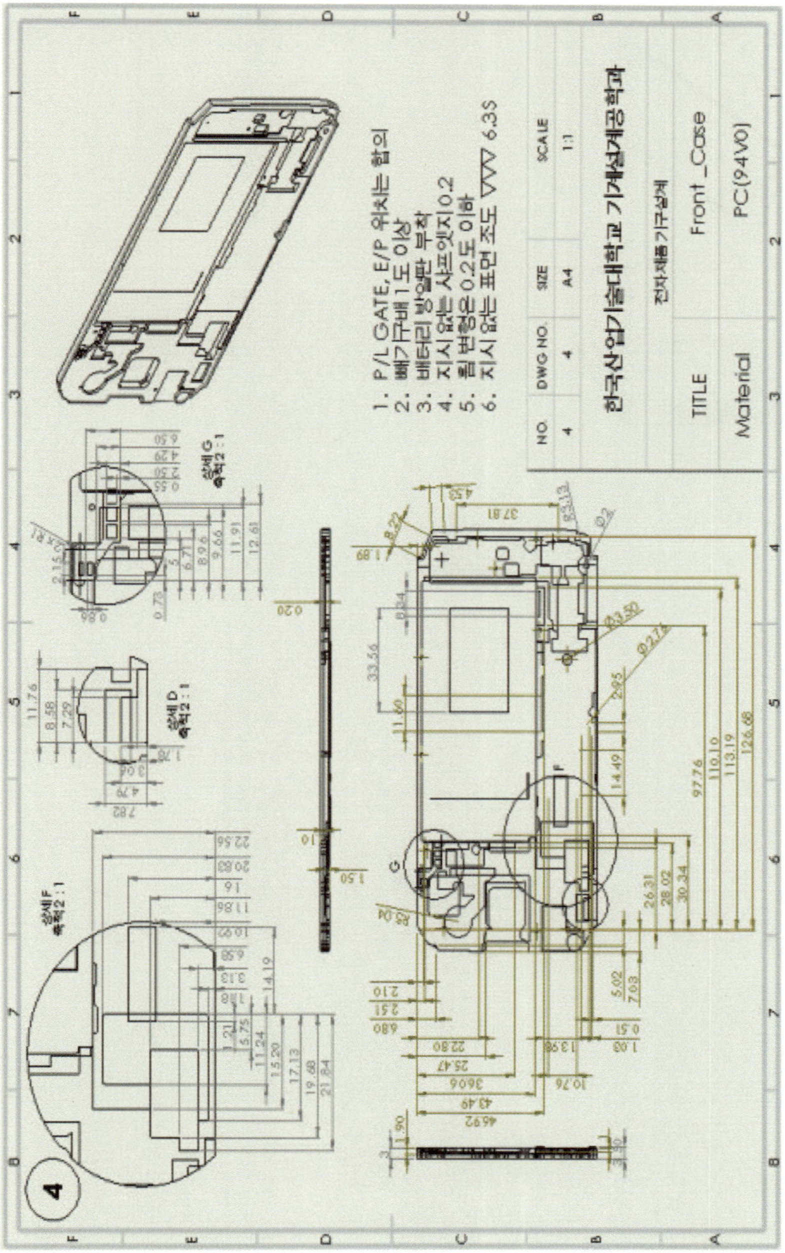

그림 6.1 프런트 케이스(front case) 상세설계 도면(1) 예

02 Front case (2)

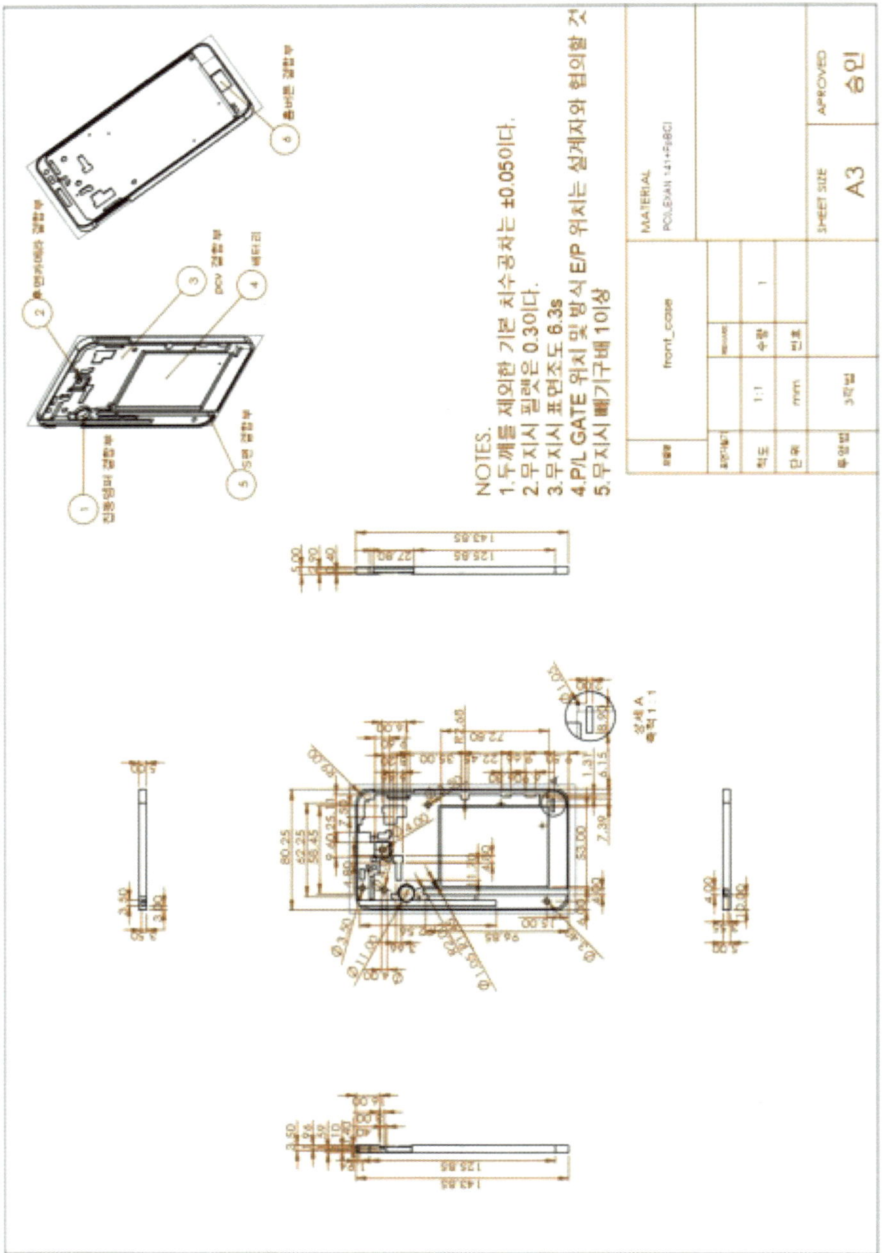

그림 6.2 프런트 케이스(front case) 상세설계 도면(2) 예

03 Front case (3)

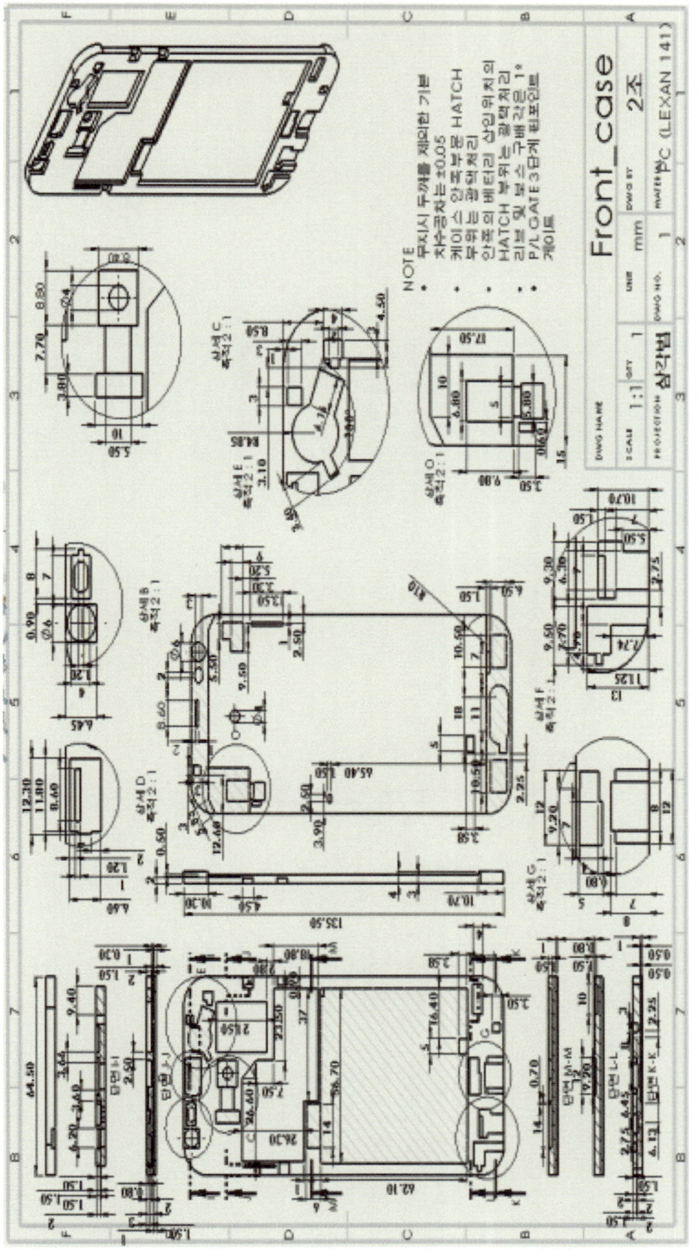

그림 6.3 프런트 케이스(front case) 상세설계 도면(3) 예

04 Front case (4)

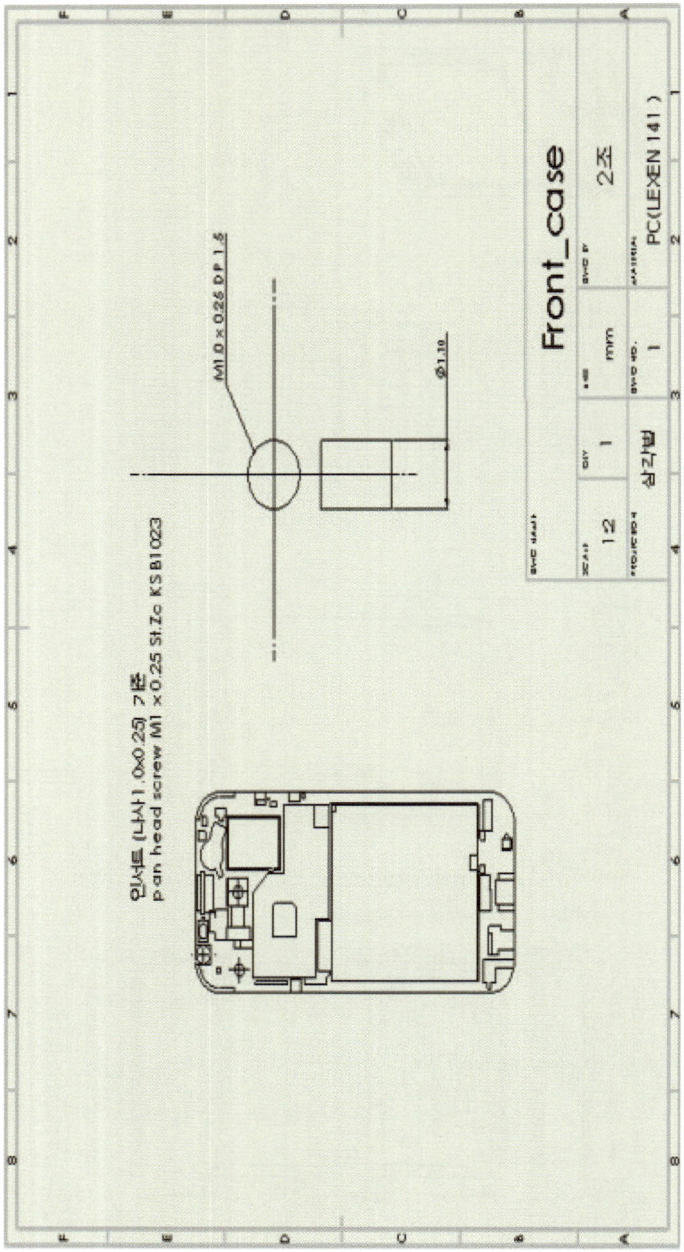

그림 6.4 프런트 케이스(front case) 상세설계 도면(4) 예

그림 6.5와 그림 6.6은 스마트폰 제품에 있어 주요 성형품(main part, 주요 부품) 중의 하나인 백 케이스(back case)에 대한 상세설계 도면을 보여주고 있다. 설계 도면의 구성, 치수기입, 특징, 주기(註記, notes), 재질 등을 참고하길 바란다.

05 Back case_front (1)

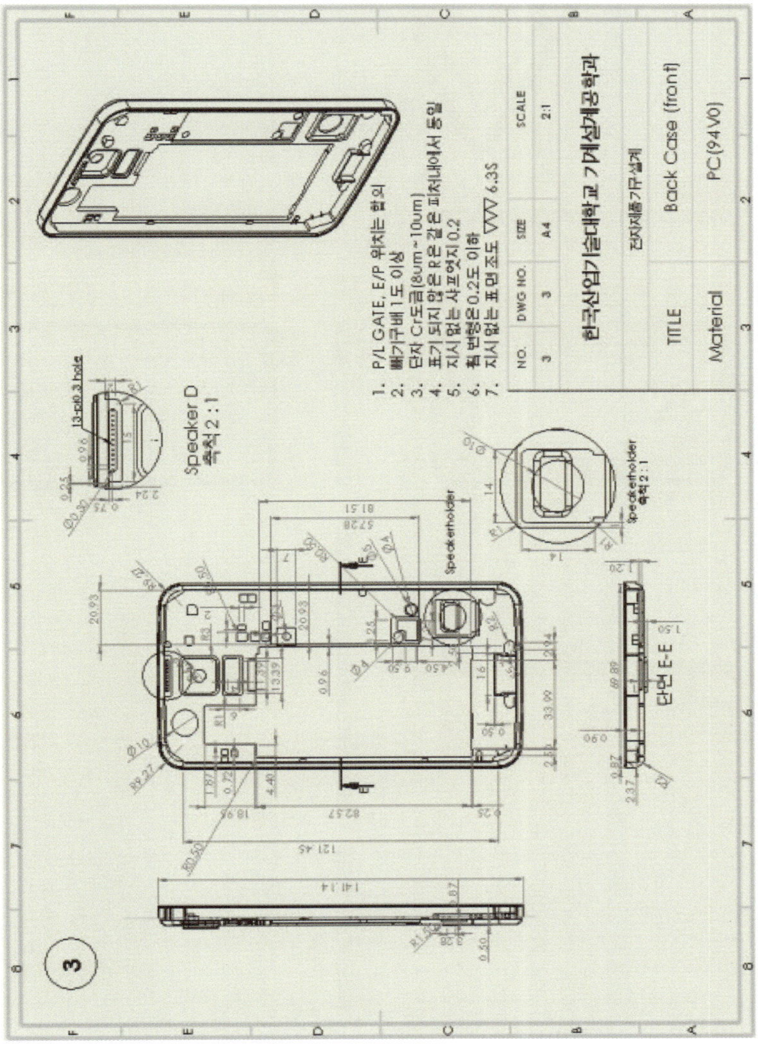

그림 6.5 백 케이스(back case) 상세설계 도면(1) 예

06 Back case_front (2)

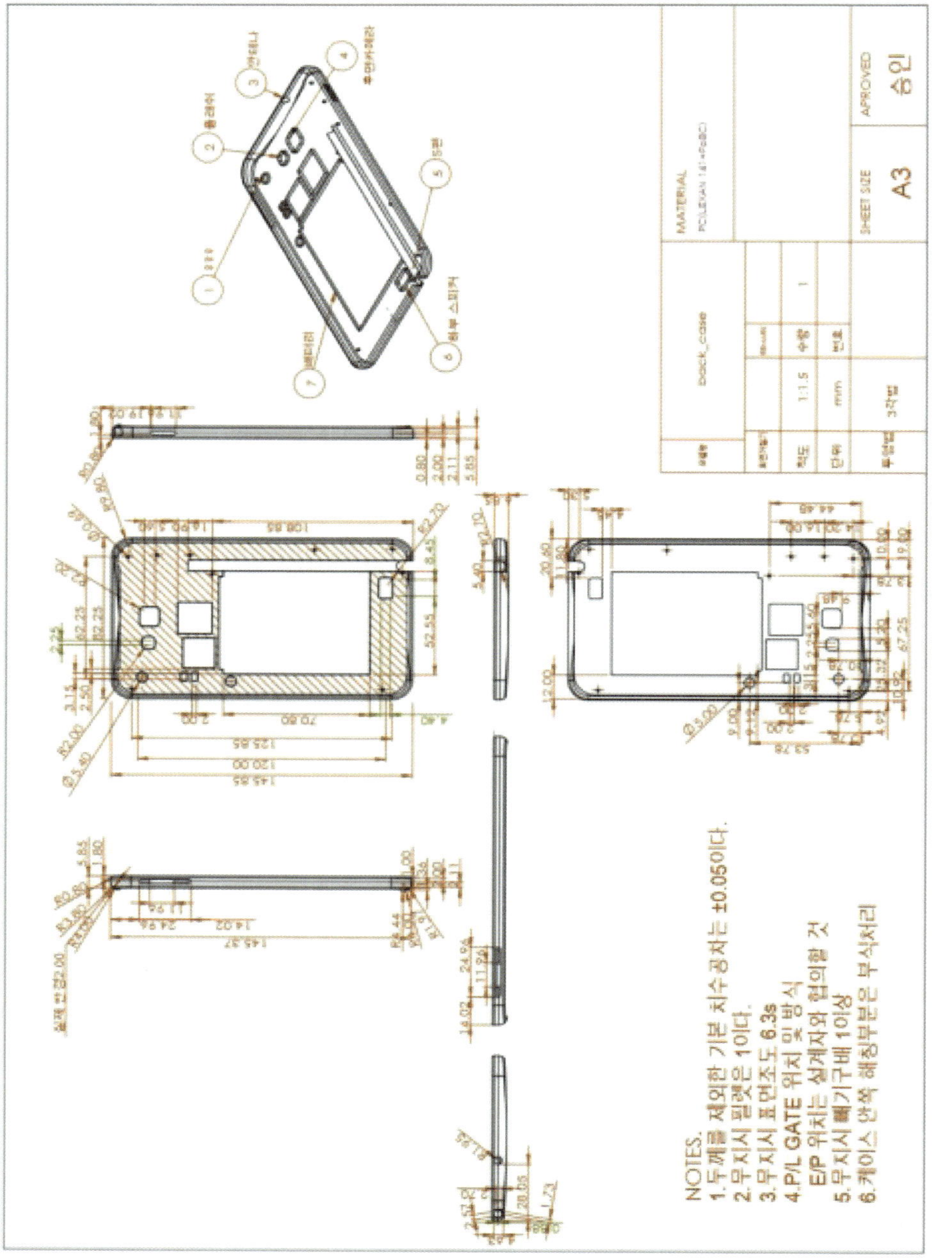

그림 6.6 백 케이스(back case) 상세설계 도면(2) 예

그림 6.7은 스마트폰 제품에 있어 주요 성형품(main part, 주요 부품) 중의 하나인 바디 바톰(body_bottom)에 대한 상세설계 도면을 보여주고 있다. 설계 도면의 구성, 치수기입, 특징, 주기(註記, notes), 재질 등을 참고하길 바란다.

07 Body_bottom

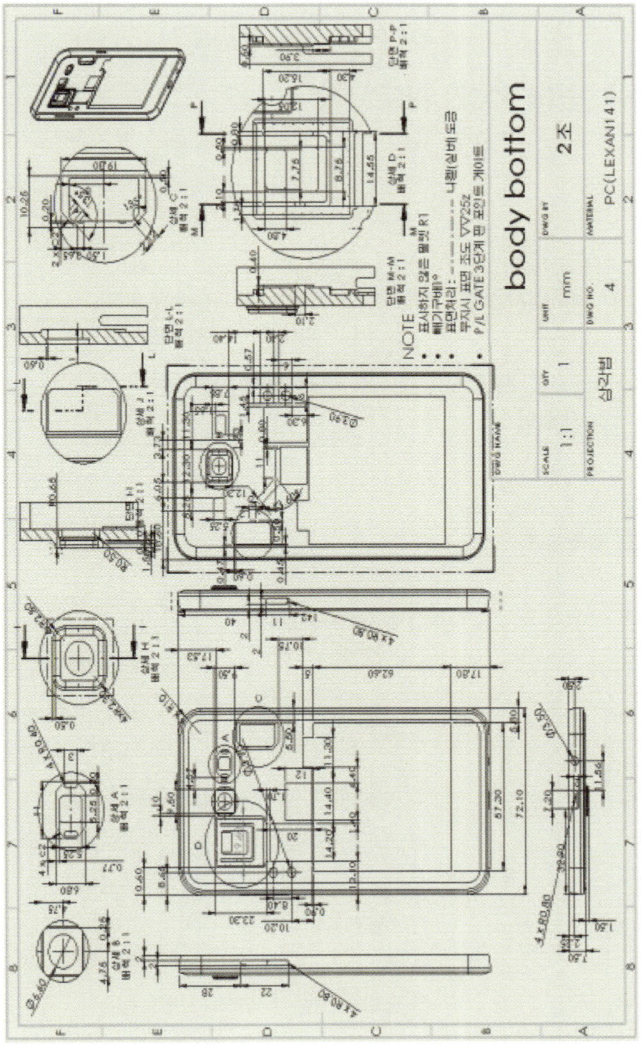

그림 6.7 바디 바톰(body_bottom) 상세설계 도면 예

제 2 절 플라스틱 제품개발과 주요 검토사항

플라스틱 제품개발에 있어 필요한 프로세스(process, 절차·과정)와 주요 검토 사항들이다.

제품디자인, 제품설계 후 양질의 금형설계 및 금형제작을 위해 거쳐야 할 기본적이고 필수적인 검토단계 사항은 다음과 같다.

01 제품개발 전반에 있어 주요 검토사항

(제품의 개념안)
① 제품디자인
- 1) 제품디자인(Product Design)
- 2) 스케치(렌더링, Rendering) 혹은 개념도(Conceptual Design)

↓

(디자인과 제품의 기능 고려)
② 제품설계
- 1) 상대부품과의 간섭을 고려한 구조설계
- 2) 형합, 조립성, 기능성, 기계적 강도, 원가, 공정, 디자인 등을 고려한 설계

↓

(사출성형과 생산성 고려)
③ 제품설계 검토

성형품 검토
- 1) 성형품 외관 검토 (성형불량 검토)
  - ㉠ 게이트 위치+파팅라인
  - ㉡ 웰드라인
  - ㉢ 취급방법(특히 투명 성형품)
- 2) 금형 가공성 고려 (기능, 의장 충족)
  - ㉠ 상대품 조립방법+적용공차
  - ㉡ 조립용 나사 방식
- 3) 사용재료 파악(특성+성형조건+수축정보 등)
- 4) 후가공 검토(도장+도금+접착+인서트+인쇄 등)
- 5) 성형품 양호여부 검토
  - ㉠ 빼기구배
  - ㉡ 살(제품)두께
  - ㉢ 수지 유동성
- 6) 정보(사출중량+투영면적+표면적 등)

①

②

③

예 : 모니터용 프런트 커버 (Front cover for Monitor)

02 제품도 및 최적 금형설계 시 주요 검토 사항

플라스틱 제품개발에 있어 제품설계와 금형설계는 아주 중요하고도 밀접한 관계이다. 제품디자인을 반영한 제품설계의 특성을 고려한 금형설계와 금형제작을 위해서는 최적의 설계품질이 뒷받침해줘야 한다.

특히 금형설계 중에서도 런너(runner)와 게이트(gate)의 설계는 매우 섬세하고도 민감한(delicate) 부분으로, 그 설계의 양부(良否)에 따라 성형품의 품질이 좌우된다 해도 과언이 아니다. 양질의 성형품을 위한 최적설계를 위해 CAE(Computer Aided Engineering, 컴퓨터에 의한 해석·컴퓨터 응용해석)에 의한 수지유동해석이 도입되고 있는데, 이는 런너(runner)와 게이트(gate)설계의 중요성에서 발전하고 있으며 많은 소프트웨어와 그 응용 예가 발표되고 있다. 그중에서도 몰드플로우(Moldflow, 수지유동해석)가 해석용 소프트웨어(S/W)로 널리 사용되고 있다.

CAE에 의한 금형설계 적용 예는 표 6.1과 같다.

▶▶ 표 6.1 CAE에 의한 금형설계 적용 예

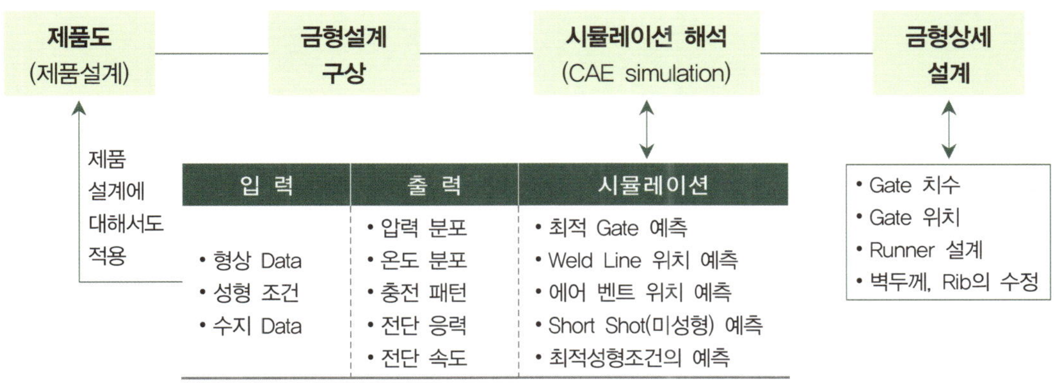

금형 CAE에 의한 사출성형해석의 적용 예는 그림 6.8과 같다.

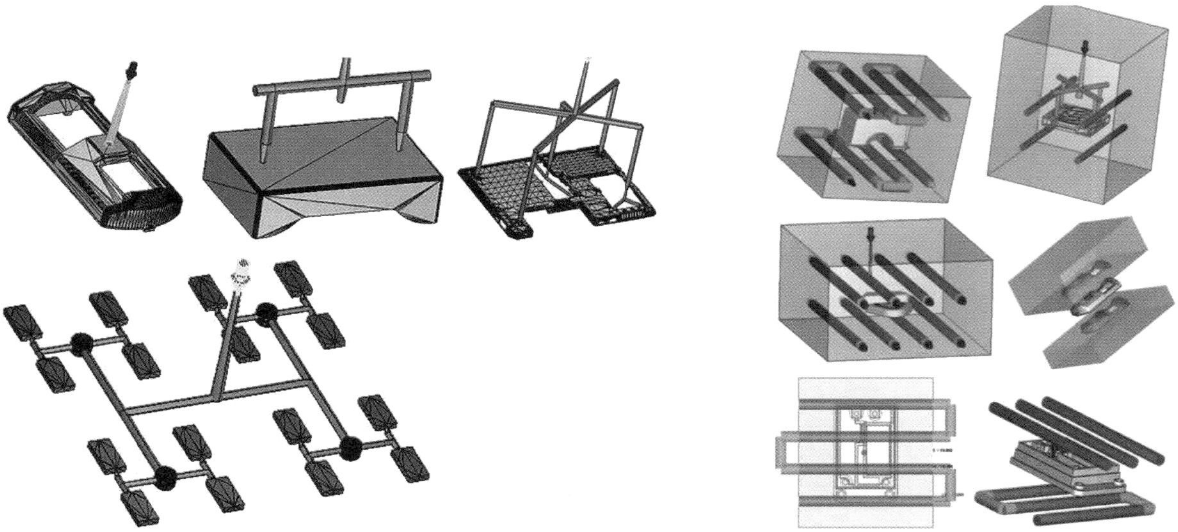

(a) 용융수지 흐름(flow) 해석-Sprue, Runner, Gate (스프루, 런너, 게이트)

(b) 냉각(cooling)해석

그림 6.8 금형 CAE에 의한 사출성형해석의 예

제 3 절 조립구상도와 제품설계의 적용 예

01 조립구상도(검토도)와 부품 도면의 작성

제품디자인 도면과 설계 도면으로 제작된 디자인 목업(design mock-up 또는 dummy mock-up)을 참고하여 조립구상도(검토도)를 그리게 된다. 이 조립구상도는 제품으로 양산되는 모든 부품들을 조립시켜 구성해 놓은 상태의 도면이다. 조립구상도(組立構想圖)의 내용을 살펴보면 다음과 같다.

1) 관련 부품의 배치 및 실장(實裝)

① 플라스틱 재질의 각종 케이스(case)
② 버튼, 커버, 손잡이 등의 수지물
③ PCB(Printed Circuit Board, 인쇄회로기판)
④ 고무부품류
⑤ 프레스물
⑥ 스위치, LED, 디스플레이 모듈(OLED, LCD), C-mike, 카메라 모듈 등 각종 전자부품 및 모듈(module)
⑦ 스피커(speaker), 자석(magnet) 등 자성부품
⑧ PCB상의 부품 배치
⑨ 배터리(battery)
⑩ 힌지(hinge)를 비롯한 메커니즘

2) 부품간의 간섭 체크 및 연결 상태 확인

① 수지물과 부품간의 간섭 체크
② 부품과 부품간의 간섭 체크
③ 기구의 동작 검토(구동 시 애니메이션(animation)화하여 동작 상태 점검 및 주변과의 접촉 여부 파악)

④ 도선(lead wire), 케이블(cable) 및 커넥터(connector)류와의 연결
⑤ 나사의 체결

3) 케이스와의 형합(fitting) 및 조립상태 확인

① 수지물간의 끼워맞춤 및 공차
② 수지물과 전자부품간의 조립
③ 전자부품 및 모듈간의 연결 및 조립
④ 조립성 검토(조립과 분해)

4) 외관 형상 정의

① 외형의 디자인(심미성, 사이즈 등)
② 소비자 입장에서의 편의성 및 기능성 검토
③ 색상 및 표면처리 등
④ 부가 제품과의 연계성
⑤ 금형가공 전에 외관 형상의 정의를 명확화시킴

5) 금형제작 시의 발생 예상 문제점 체크 및 보완

① 성형성
② 조립성
③ 양산성

02 부품 도면(Part drawing) 작성

조립구상도가 완전하게 작성된 후 각종 부품에 대한 도면 정보만을 추출하여 부품 도면 작업을 수행한다.

03 도면 작업을 위한 CAD 장비

일반적인 개발과 설계 목적으로 2차원 CAD인 AutoCAD가 가장 널리 사용되며, 최근 외관 모델링 및 동시공학(concurrent engineering)용으로 3차원 CAD인 CATIA, Pro/Engineer, Unigraphics, SolidWorks, Inventor, SolidEdge 등이 주로 사용되고 있다.

04 적용 예(비디오 카메라, 프린터 복합기, 디지털 카메라, 무선호출기)

그림 6.9는 비디오 카메라(camcorder, 캠코더)의 조립구상도의 일부를 나타냈으며, 그림 6.10은 상기 조립구상도에서 품명(part name)이 배터리 커버(battery cover)인 부품도 작업을 수행한 도면이다. 그림 6.11(a)는 3D CAD에 의한 프린터 복합기의 외관 모델링, 그림 6.11(b)는 프린터 복합기의 조립도 모델링으로 이미지를 구체적으로 나타냈고, 그림 6.11(c)는 프린터 복합기의 분해도 모델링 작업을 수행한 도면의 예를 보여주고 있다.

그림 6.12(a)는 IT기기의 대표적인 제품의 일종인 디지털 카메라(digital camera)의 완전한 외관을 보여주는 조립된 완제품(set) 모델링이고, 그림 6.12(b)는 조립도 및 분해도의 모델링이고, 그림 6.12(c)는 디지털 카메라를 구성하고 있는 모든 부품목록을 제시한 조립구성도 및 파트리스트(partlist, 부품목록, 부품표)이다.

그림 6.13은 무선호출기(pager, 페이저, 일명 삐삐)의 조립구상도(검토도)로서, 핵심부품으로서 페이저의 대부분의 면적을 차지하고 있는 시스템 PCB와의 상관도(회로부품 위치, 크기, 치수, 높이제한 등)를 보여주고 있다.

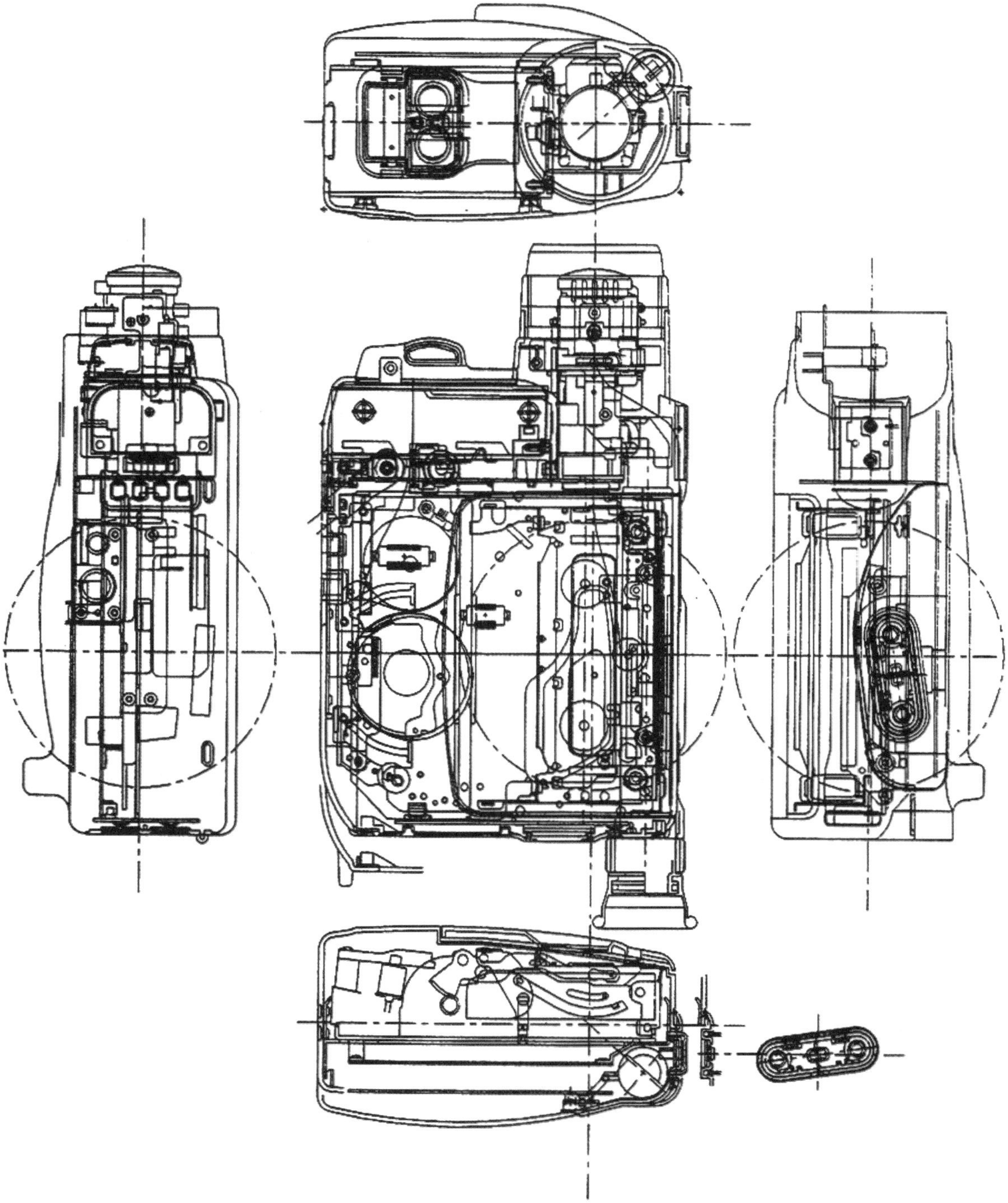

➲ **그림 6.9** 캠코더(camcorder, 비디오 카메라)의 조립구상도(검토도)의 일부

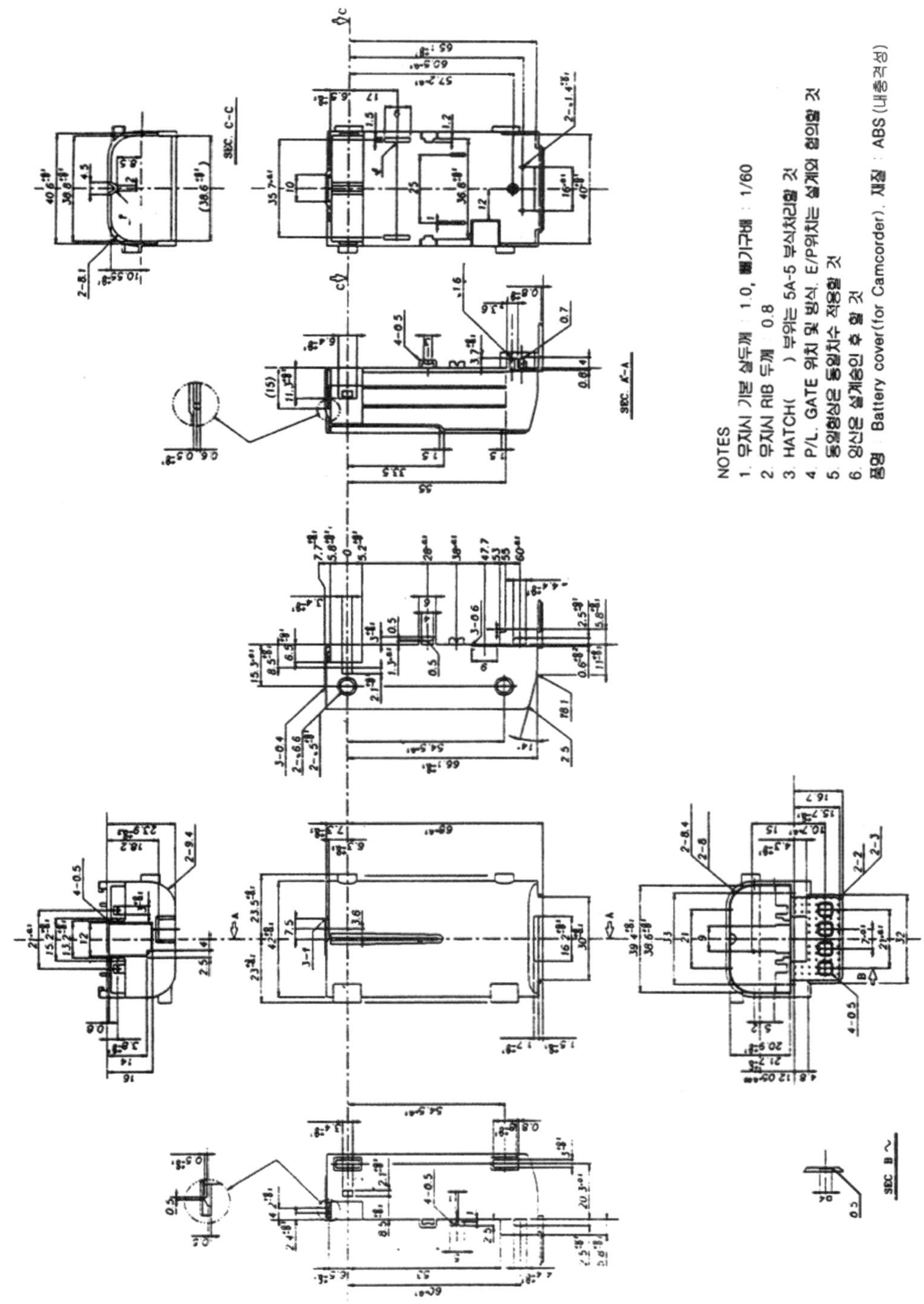

➲ 그림 6.10 배터리 커버 부품도(품명 : battery cover)

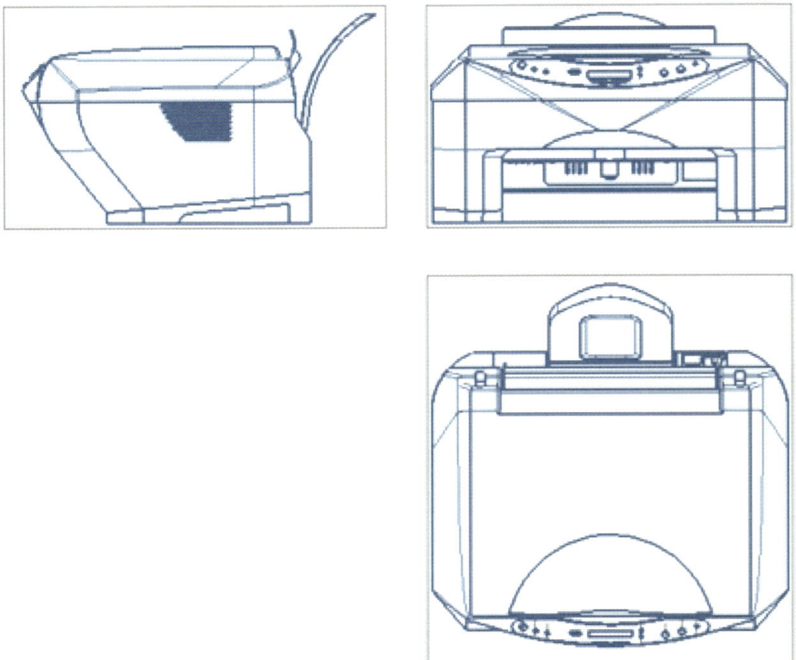

(a) 프린터 복합기의 외관 모델링(outer design modeling)

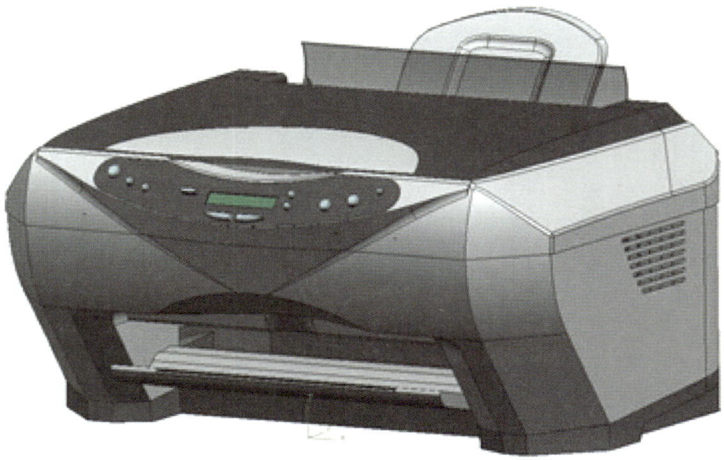

(b) 프린터 복합기의 조립도 모델링(assembly modeling)-완제품(set)

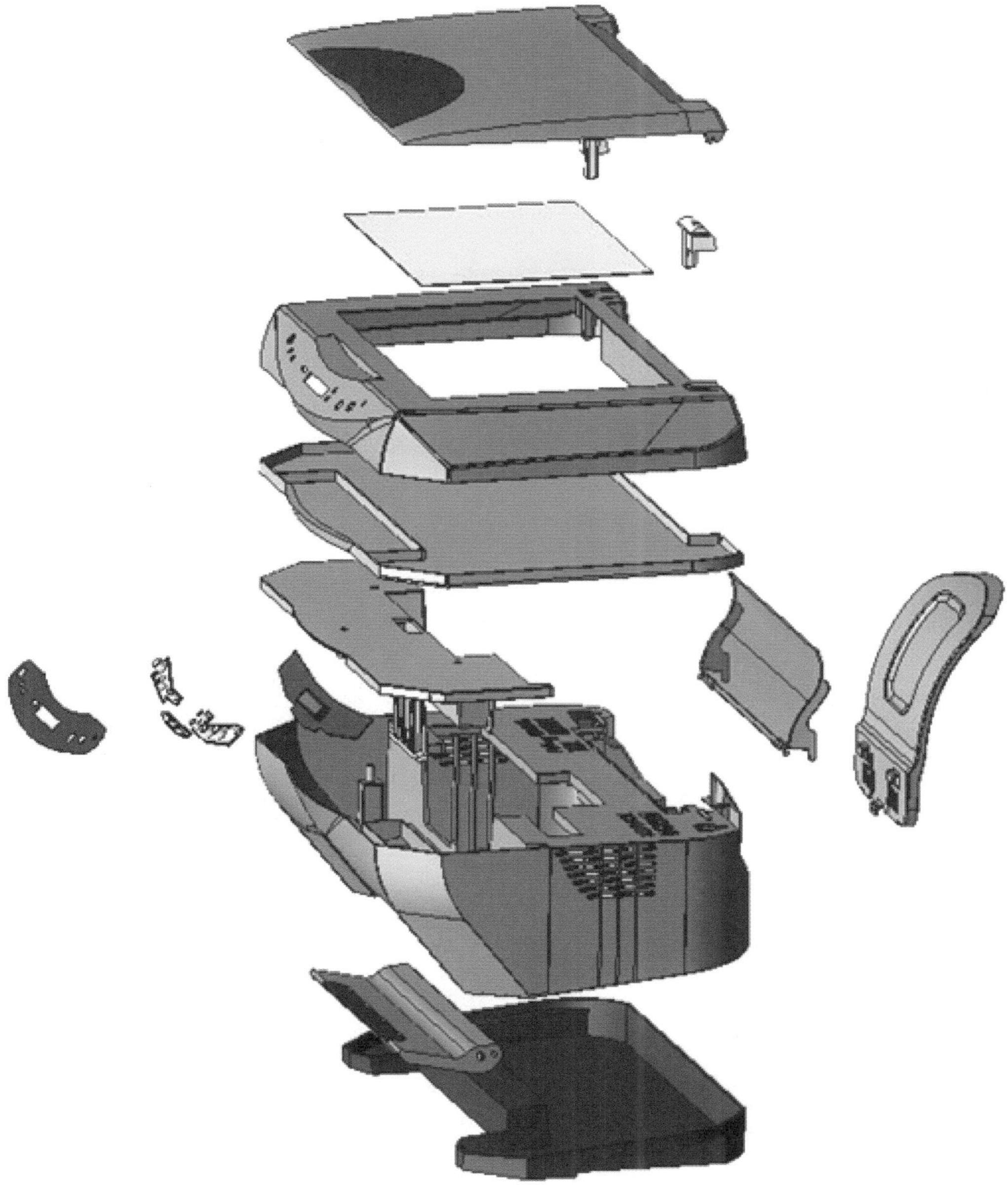

(c) 프린터 복합기의 분해도 모델링(disassembly modeling)

그림 6.11 프린터 복합기의 디자인 외관, 조립도 및 분해도 모델링

(a) 디지털 카메라의 완제품(set) 모델링

(b) 디지털 카메라의 조립도 및 분해도 모델링

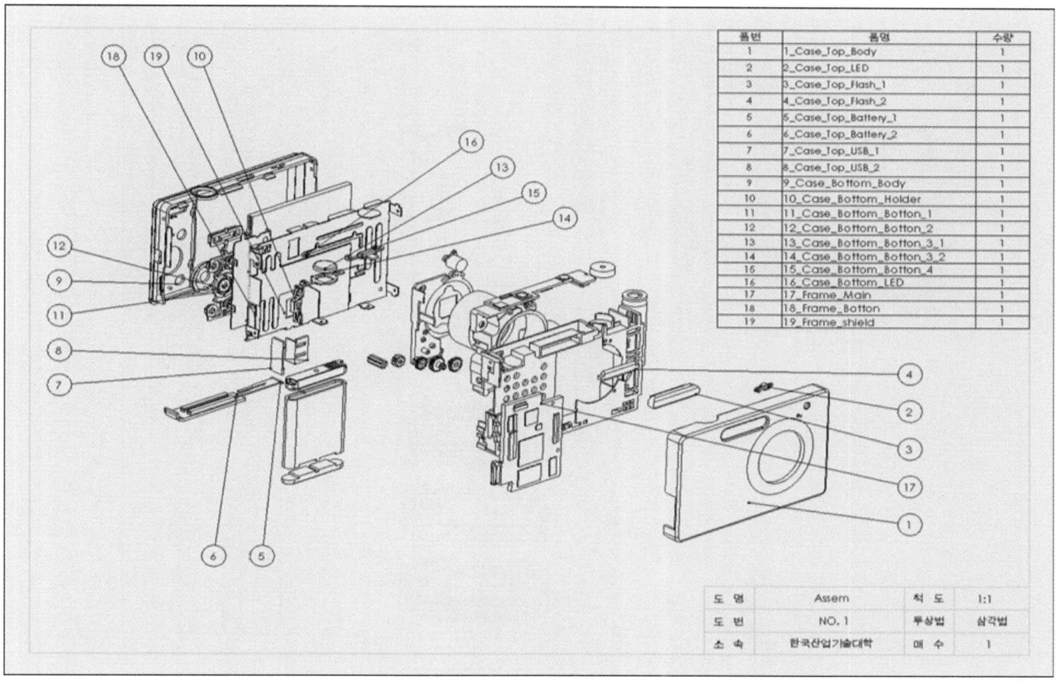

품번	품명	수량
1	1_Case_Top_Body	1
2	2_Case_Top_LED	1
3	3_Case_Top_Flash_1	1
4	4_Case_Top_Flash_2	1
5	5_Case_Top_Battery_1	1
6	6_Case_Top_Battery_2	1
7	7_Case_Top_USB_1	1
8	8_Case_Top_USB_2	1
9	9_Case_Bottom_Body	1
10	10_Case_Bottom_Holder	1
11	11_Case_Bottom_Botton_1	1
12	12_Case_Bottom_Botton_2	1
13	13_Case_Bottom_Botton_3_1	1
14	14_Case_Bottom_Botton_3_2	1
15	15_Case_Bottom_Botton_4	1
16	16_Case_Bottom_LED	1
17	17_Frame_Main	1
18	18_Frame_Botton	1
19	19_Frame_shield	1

도 명	Assem	척 도	1:1
도 번	NO. 1	투상법	삼각법
소 속	한국산업기술대학	매 수	1

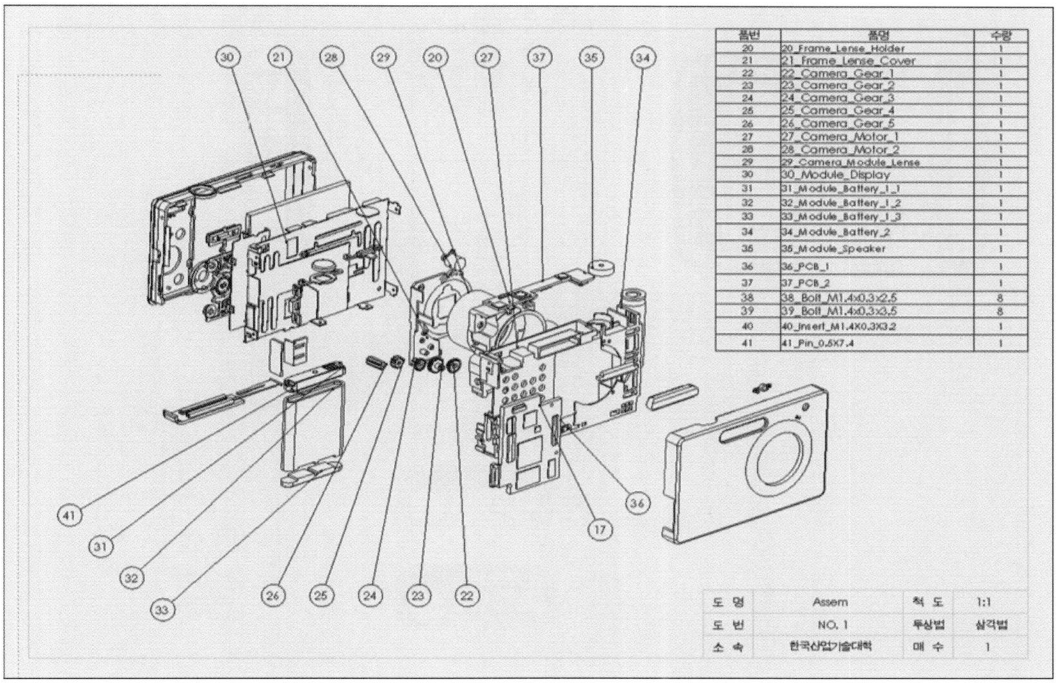

품번	품명	수량
20	20_Frame_Lense_Holder	1
21	21_Frame_Lense_Cover	1
22	22_Camera_Gear_1	1
23	23_Camera_Gear_2	1
24	24_Camera_Gear_3	1
25	25_Camera_Gear_4	1
26	26_Camera_Gear_5	1
27	27_Camera_Motor_1	1
28	28_Camera_Motor_2	1
29	29_Camera_Module_Lense	1
30	30_Module_Display	1
31	31_Module_Battery_1_1	1
32	32_Module_Battery_1_2	1
33	33_Module_Battery_1_3	1
34	34_Module_Battery_2	1
35	35_Module_Speaker	1
36	36_PCB_1	1
37	37_PCB_2	1
38	38_Bolt_M1.4x0.3x2.5	8
39	39_Bolt_M1.4x0.3x3.5	8
40	40_Insert_M1.4X0.3X3.2	1
41	41_Pin_0.5X7.4	1

도 명	Assem	척 도	1:1
도 번	NO. 1	투상법	삼각법
소 속	한국산업기술대학	매 수	1

(c) 디지털 카메라의 조립구성도 및 파트리스트 (partlist)

그림 6.12 디지털 카메라(digital camera)의 외관, 조립도·분해도 모델링과 조립구성도(partlist)

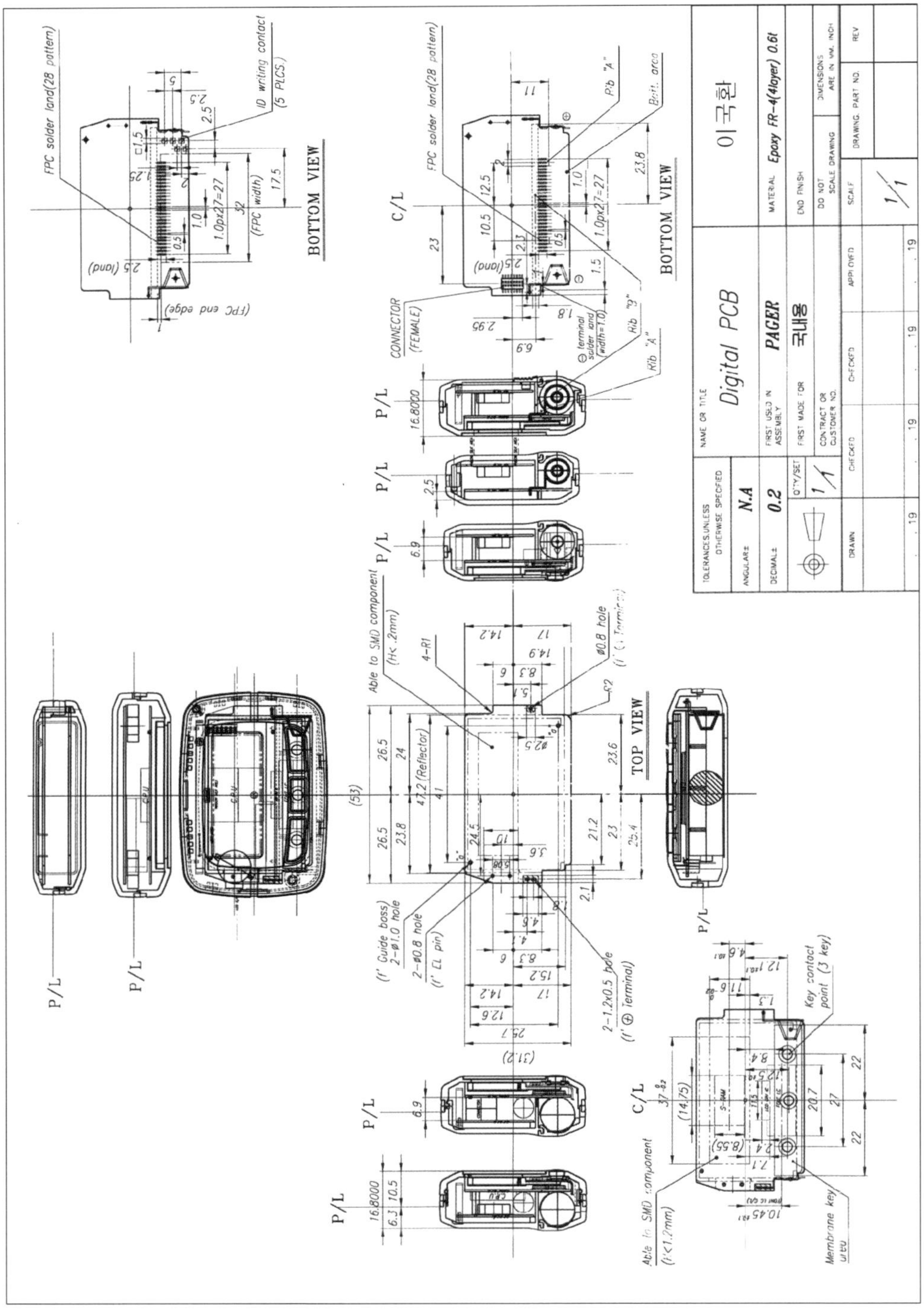

➔ 그림 6.13 무선호출기(pager, 일명 삐삐)의 조립구상도(검토도)

참고문헌

1. 이국환, “최신 제품설계(Advanced Product Design)”, 기전연구사, 2017.
2. 이국환, “설계사례 중심의 기구설계(개정증보판)”, 기전연구사, 2021.
3. 이국환, “플라스틱 개론과 제품설계”, 기전연구사, 2021.
4. 이국환, “스마트폰 개발과 설계기술”, 기전연구사, 2020. (39회(2021년) 한국과학기술도서 출판대상 수상, 시리즈 4권. 과학기술정보통신부장관상).
5. 이국환, “스마트폰 개발전략”, 기전연구사, 2020.
6. 이국환, “스마트폰 부품목록과 설계도면”, 기전연구사, 2021.
7. 이국환, “스마트폰 해석(CAE)과 개선설계”, 기전연구사, 2022.
8. 이국환, “4차 산업혁명의 핵심소재, 플라스틱 미래산업에 답하다”, 기전연구사, 2019.
9. 이국환, “전자제품 기구설계 강의자료”, 2018~2022.
10. 이국환 외 공저, “제품개발과 기술사업화 전략”, 한티미디어, 2009.
11. 이국환, “최신 기계도면 보는 법”, 기전연구사, 2018.
12. 이국환 외 공저, “설계사례중심의 3차원 CAD SolidWorks 2015”, 기전연구사, 2015.
13. 이국환 외 공저, “3차원 CAD SolidWorks를 활용한 해석(CAE)”, 기전연구사, 2009.
14. 이국환 외 공저, “AutoCAD 2022”, 기전연구사, 2021.
15. 이국환, “기계시스템응용설계 강의자료”, 2021.
16. 이국환, “교육 · 강연 · 세미나 자료 등”, 2019~2022.
17. 이국환, “동시공학기술(Concurrent Engineering & Technology”, 기전연구사, 2001. (문화관광부 선정 2001년 기술과학 분야 우수학술도서).
18. 이국환, “제품설계의 총론”, 기전연구사, 1997. (문화관광부 선정 1998년 기술과학 분야 우수학술도서).

찾아보기

[한글]

ㄱ

ㄴ

ㄷ

ㄹ

ㅁ

ㅂ

ㅅ

ㅇ

ㅈ

ㅊ

ㅋ

ㅌ

ㅍ

ㅎ

기타

[영문]

A

B

C

D

R

S

T

U

V

W

저자소개

이국환(李國煥)

한양대학교 정밀기계공학과와 동대학원을 졸업한 후 한국산업기술대학교에서 기계시스템응용설계 관련 박사학위를 받았다. 35년 이상 대우자동차 연구소, LG전자 중앙연구소, 대학교에서 기계·시스템 및 부품·소재, 전자·정보통신, 환경·에너지, 의료기기 산업 등에서 아주 다양한 융·복합기술 분야의 첨단 R&D, 제품개발 및 프로젝트를 수행하였다.

주요 내역은 다음과 같다.

- LG전자 특허발명왕 2년(1992년~1993년) 연속 수상(회사 최초)
- LG그룹 연구개발 우수상 수상(1996년) – 국내 최초 및 세계 최소형·최경량 PDA(개인휴대정보단말기) 개발로 1996년 한국전자전시회 국무총리상 수상
- 문화관광부선정 과학기술분야 우수학술도서 저술상 3회 수상(1998년, 2001년, 2014년)–국내 최다
- 2021년 제39회 한국과학기술도서상 출판대상 수상(과학기술정보통신부장관상) – "이국환 교수와 함께하는 스마트폰 개발과 설계기술" 시리즈 총 3권
- "중소기업을 위한 지식재산관리 매뉴얼" 자문 및 감수위원(특허청, 대한변리사회)
- LG전자, 삼성전자, 에이스안테나, 만도 등 다수 기업(BM발굴, 개발 및 현업문제해결 컨설팅, 특강)과 현대·기아 차세대 자동차 연구소(창의적 문제해결 방법론 교육)
- 삼성전기에서 제품개발 및 설계 직무교육
- 정부출연연구기관, 한국산업단지공단, 중소기업진흥공단, 한국생산성본부, 지자체, 대학교 등에서 창의적 제품개발, 신사업발굴, R&D전략 및 기술사업화(R&BD), 창의적 문제해결 방법론 등 교육 및 강의
- 첨단 제품 및 시스템 관련 미국특허(2건), 중국특허(2건) 및 국내특허 20여개 보유

현재 한국공학대학교에서 기계시스템응용설계, 창의적 공학설계, ICT 제품설계·개발 등과 더불어 대학원에서 기술사업화 및 R&D전략, 특허기반의 제품·시스템개발 및 기술사업화(IP-R&D, R&BD), 기술경영(MOT) 등을 가르치고 있으며, 정부 R&D 개발사업화 과제 선정 및 평가위원장 등 다수 역할을 수행하고 있다.

또한, 다양한 융·복합기술 분야에서 창의적이며 혁신적인 특허·지식재산권(PM : Personal Mobility, 전동개인이동수단 관련 다수의 국내 및 미국특허등록, 중국특허등록, 해외특허 PCT 출원)을 보유하고 있으며 이를 활용한 글로벌 혁신적, 창의적이며 차별화된 첨단 제품과 시스템 개발에도 열정을 쏟고 있다.
㈜피엠모터스(www.pmmotors.co.kr) 창업자 겸 원천기술 개발자(30여 편의 국내외 특허 보유)로 과학자, 공학자, 발명가로 활동 중이다.

다음과 같은 전문 분야에서도 활발한 활동을 하고 있다.

- 창의성, 창의적 문제해결의 방법론 및 창의적 개념설계안의 도출·구체화
- 혁신적·창의적 개념설계(Concept design) R&D 및 연구과제·아이템 창출
- 선행 연구개발 및 창의적(Creative) 도전기획과제 발굴 및 창출
- 특허기술의 사업화(Open innovation), 특허분석 및 회피설계
- 제품개발과 기술사업화 전략, 사업아이템 발굴 및 BM(비즈니스 모델) 전략수립
- 제품·시스템설계 및 개발공학, 동시공학적 개발(CAD/CAE/CAM), 원가절감(VE) 및 생산성(Q.C.D) 향상
- 기술예측, R&D 평가 등

저서로는 〈냉각장치·냉각시스템 개발 및 활용〉, 〈알기쉬운 도면연습〉, 〈알기쉬운 기계제도 도면해석〉, 〈제품·서비스 플랫폼 개발전략〉, 〈스마트폰 해석과 개선설계〉, 〈플라스틱 응용과 재활용〉, 〈플라스틱 금형·사출성형과 제품설계〉, 〈복합 엔지니어링 플라스틱 및 응용〉, 〈수퍼 엔지니어링 플라스틱 및 응용〉, 〈엔지니어링 플라스틱 및 응용〉, 〈플라스틱 개론과 제품설계〉, 〈설계사례 중심의 기구설계(개정증보판)〉, 〈스마트폰 부품목록과 설계도면〉, 〈스마트폰 개발전략(Development Strategy of Smart Phone)〉, 〈스마트폰 개발과 설계기술〉, 〈최신 제품설계(Advanced Product Design)-ICT 및 융·복합 제품개발을 위한〉, 〈4차 산업혁명의 핵심소재, 플라스틱 미래산업에 답하다〉, 〈최신 기계도면 보는 법〉, 〈메커니즘 사전〉, 〈제품설계·개발공학〉, 〈제품개발과 기술사업화 전략〉, 〈동시공학기술(Concurrent Engineering & Technology)〉, 〈설계사례 중심의 기구설계〉, 9〈2차원 CAD AutoCAD 2023, 2022, 2021, 2020, 2019, 2018, 2017, 2016, 2015, 2014 등〉, 〈3차원 CAD SolidWorks 2015, 2013, 2011 등〉, 〈SolidWorks를 활용한 해석·CAE〉, 〈3차원 CAD Pro-ENGINEER Wildfire 2.0 등〉, 〈기계도면의 이해 Ⅰ·Ⅱ〉, 〈2D 드로잉 및 3D 모델링 도면 사례집〉, 〈미래창조를 위한 창의성〉, 〈알파고 시대, 신인류 인재 육성 프로젝트〉 등 제품설계 및 개발, R&D, 기술사업화, CAD/CAE, 특허, 창의성, 창의적인 혁신제품의 개발전략 분야 등 상품기획, 제품설계 및 생산에 이르는 전분야·전주기에 걸친 총 77권의 관련 저서가 출간되어 있다.